“十二五”职业教育国家规划教材（经全国职业教育教材审定委员会审定）

高等职业教育精品示范教材（信息安全系列）

数字身份认证技术

主　编　梁雪梅　路　亚

副主编　周观民　罗　萱

主　审　武春岭

中国水利水电出版社
www.waterpub.com.cn

内 容 提 要

数字身份认证的目的是使通信双方建立信任关系，从而保证后续的网络活动正常进行。公钥基础设施能为各种不同安全需求的用户提供不同的网上安全服务，主要有身份识别与鉴别、数据保密、防止数据篡改、抗抵赖等，在国内外得到广泛应用。

本书共7章，每一章都精心设计了图文并茂的实训内容，便于学生学习和实践，内容安排合理、重点突出。本书可以作为普通高校、应用型本科、高职高专或成人教育计算机、信息安全等专业学生的PKI相关课程教材，也可作为电子商务、电子政务的参考书或培训教材。

本书配有电子教案，读者可以从中国水利水电出版社网站和万水书苑免费下载，网址为：http://www.waterpub.com.cn/softdown/和 http://www.wsbookshow.com。

图书在版编目（CIP）数据

数字身份认证技术 / 梁雪梅，路亚主编. -- 北京 ：中国水利水电出版社，2014.9

“十二五”职业教育国家规划教材. 高等职业教育精品示范教材. 信息安全系列

ISBN 978-7-5170-2581-8

Ⅰ. ①数… Ⅱ. ①梁… ②路… Ⅲ. ①计算机网络－身份认证－安全技术－高等职业教育－教材 Ⅳ. ①TP393.08

中国版本图书馆CIP数据核字(2014)第228382号

策划编辑：祝智敏　责任编辑：李　炎　加工编辑：田新颖　封面设计：李　佳

书　名	“十二五”职业教育国家规划教材（经全国职业教育教材审定委员会审定） 高等职业教育精品示范教材（信息安全系列） **数字身份认证技术**
作　者	主　编　梁雪梅　路　亚　副主编　周观民　罗　萱 主　审　武春岭
出版发行	中国水利水电出版社 （北京市海淀区玉渊潭南路1号D座　100038） 网址：www.waterpub.com.cn E-mail：mchannel@263.net（万水） sales@waterpub.com.cn 电话：（010）68367658（发行部）、82562819（万水）
经　售	北京科水图书销售中心（零售） 电话：（010）88383994、63202643、68545874 全国各地新华书店和相关出版物销售网点
排　版	北京万水电子信息有限公司
印　刷	北京蓝空印刷厂
规　格	184mm×240mm　16开本　15印张　377千字
版　次	2014年9月第1版　2014年9月第1次印刷
印　数	0001—4000册
定　价	32.00元

高等职业教育精品示范教材（信息安全系列）

丛书编委会

序言

随着信息技术和社会经济的快速发展，信息和信息系统成为现代社会极为重要的基础性资源。信息技术给人们的生产、生活带来巨大便利的同时，计算机病毒、黑客攻击等信息安全事故层出不穷，社会对于高素质技能型计算机网络技术和信息安全人才的需求日益旺盛。党的十八大明确指出“高度关注海洋、太空、网络空间安全”，信息安全被提到前所未有的高度。加快建设国家信息安全保障体系，确保我国的信息安全，已经上升为我国的国家战略。

发展我国信息安全技术与产业，对确保我国信息安全有着极为重要的意义。信息安全领域的快速发展，亟需大量的高素质人才。但与之不相匹配的是，在高等职业教育层次信息安全技术专业的教学中，还更多地存在着沿用本科专业教学模式和教材的现象，对于学生的职业能力和职业素养缺乏有针对性的培养。因此，在现代职业教育体系的建立过程中，培养大量的技术技能型信息安全专业人才成为我国高等职业教育领域的重要任务。

信息安全是计算机、通信、数学、物理、法律、管理等学科的交叉学科，涉及计算机、通信、网络安全、电子商务、电子政务、金融等众多领域的知识和技能。因此，探索信息安全专业的培养模式、课程设置和教学内容就成为信息安全人才培养的首要问题。高等职业教育信息安全系列丛书编委会的众多专家、一线教师和企业技术人员，依据最新的专业教学目录和教学标准、结合就业实际需求，组织了以就业为导向的高等职业教育精品示范教材（信息安全系列）的编写工作。该系列教材由《网络安全产品调试与部署》、《网络安全系统集成》、《Web开发与安全防范》、《数字身份认证技术》、《计算机取证与司法鉴定》、《操作系统安全（Linux）》、《网络安全攻防技术实训》、《大型数据库应用与安全》、《信息安全工程与管理》、《信息安全法规与标准》、《信息安全等级保护与风险评估》等组成，在紧跟当代信息安全研究发展的同时，全面、系统、科学地培养信息安全类技术技能型人才。

本系列教材在组织规划的过程中，遵循以下几个基本原则：

（1）体现就业为导向、产学结合的发展道路。学科和专业同步加强，按企业需要、按岗位需求来对接培养内容。既能反映信息安全学科的发展趋势，又能结合信息安全专业教育的改革，且及时反映教学内容和教学体系的调整更新。

（2）采用项目驱动、案例引导的编写模式。打破传统的以学科体系设置课程体系、以知识点为核心的框架，更多地考虑学生所学知识与行业需求及相关岗位、岗位群的需求相一致，坚持“工作流程化”、“任务驱动式”，突出“走向职业化”的特点，努力培养学生的职业素养、职业能力，实现教学内容与实际工作的高仿真对接，真正以培养技术技能型人才为核心。

（3）专家和教师共建团队，优化编写队伍。由来自信息安全领域的行业专家、院校教师、企业技术人员组成编写队伍，跨区域、跨学校进行交叉研究、协调推进，把握行业发展和创新教材发展方向，融入信息安全专业的课程设置与教材内容。

（4）开发课程教学资源，推进专业信息化建设。从充分关注人才培养目标、专业结构布局等入手，开发补充性、更新性和延伸性教辅资料，开发网络课程、虚拟仿真实训平台、工作过程模拟软件、通用主题素材库以及名师讲义等多种形式的数字化教学资源，建立动态、共享的课程教材信息化资源库，服务于系统培养技术技能型人才。

信息安全类教材建设是提高信息安全专业技术技能型人才培养质量的关键环节，是深化职业教育教学改革的有效途径。为了促进现代职业教育体系的建设，使教材建设全面对接教学改革、行业需求，更好地服务区域经济和社会发展，我们殷切希望各位职教专家和老师提出建议，并加入到我们的编写队伍中来，共同打造信息安全领域的系列精品教材！

丛书编委会

2014 年 6 月

前　言

近几年来，随着国内的网上银行、电子商务、电子政务的飞速发展，广大用户对提供网上交易普适性的安全服务，如网上身份认证，防止假冒；网上传输数据不被篡改；网上交易绝对保密；发生争端有相应的仲裁措施等的需求越来越迫切。经过近几年的应用与实践得出，数字证书是目前解决上述问题比较有效的措施，其相关知识和技术也成为信息安全技术专业学生必须掌握的核心知识和技术。

在教学实践中，我们发现目前适合高职信息安全技术专业教学使用的数字身份认证教材及参考书籍稀缺，不适应专业教学需要。因此为了更好地适应教学，满足学生未来的职业需求，我们共同开发了本教材。本教材主要针对高职学生学习需求和高职教育教学要求，采用项目案例引导、任务需求驱动的形式组织教材，精选最新社会案例，增加趣味性，将相对枯燥的基础知识贯穿于趣味盎然的故事中，激发学生学习兴趣，提高学习效率。

本书主要论述数字身份认证技术的广泛应用以及相关知识。全书共 7 章，第 1 章介绍和分析了公钥基础设施的概念、由来和典型应用；第 2 章讲述了 PKI 相关的密码学基础知识；第 3 章介绍了 PKI 的功能和结构；第 4 章具体介绍了 PKI 数字认证技术；第 5 章介绍了 Kerberos 数字认证技术；第 6 章介绍了微软数字认证技术；第 7 章介绍了 PKI 的常规应用。全书注重讲述技术实现和具体操作，减少纯理论性内容，以适应高职学生特点和高职教学需要。

本书可以作为普通高校、应用型本科、高职高专或成人教育计算机、信息安全等专业学生的 PKI 相关课程教材，也可作为学习 PKI 技术的参考书或培训教材。

本书由重庆电子工程职业学院梁雪梅、路亚担任主编，武春岭任主审，梁雪梅编写了全书大纲，并统稿。本书第 1 至 3 章由路亚编写，第 4 至 6 章由梁雪梅编写，第 7 章由重庆青年职业技术学院罗萱编写，周观民参与方案制定、大纲讨论和初稿的修改工作。本书在编写和出版过程中得到了中国水利水电出版社的大力支持和帮助，也得到了单位领导和同事的支持，在此一并表示感谢。

由于编者水平有限且时间仓促，尽管我们花了大量时间和精力校验，但书中疏漏之处仍在所难免，敬请各位读者批评指正，万分感谢。

编　者

2013 年 10 月

目　录

1

PKI 概述

本章导读：

本章主要介绍公钥基础设施（Public Key Infrastructure，PKI）的概念及发展过程，并简单分析 PKI 的各个组成部分的内容。由于公钥基础设施必须有信息安全作为基础，因此本章也介绍了信息安全基础的相关内容。

学习目标：

- 了解网络信息安全的基本概念
- 掌握公钥基础设施（PKI）的基本概念
- 掌握 PKI 的基本组成以及各组成部分的基本功能

引入案例

网易等 7 家互联网巨头启动网络安全教育活动

2013-08-26 15:41　来源：中国网

日前，网易联合阿里巴巴及支付宝、百度、腾讯、新浪、360 等联合启动名为“守护英雄”的网络安全教育主题活动，旨在通过在线科普网络安全知识，培养用户良好的网络安全使用习惯，增强用户对信息安全保障的信心。

这是继去年 7 月举办“反裸奔”网络安全教育活动后，我国互联网巨头再一次联动科普网络安全知识。

近年，随着互联网应用深入亿万民众的日常生活，围绕网络信息的安全威胁也日渐增加，而一些网友的安全防范意识薄弱，放任电脑和账号“裸奔”，导致信息被盗等情况时有发生，严重的甚至危及用户资金安全。

为帮助网民防御网络安全威胁，共建互联网健康发展环境，去年6月，网易联合阿里巴巴集团及支付宝、微软、百度、腾讯、新浪、人人等互联网巨头共同组建了互联网企业安全工作组（ISWG.CN），通过用户教育和技术创新的方式，双管齐下为用户网络信息安全“保驾护航”。

而“守护英雄”活动，则是今年工作组利用安全教育提升用户安全意识和知识水平的重要举措。据悉，“守护英雄”活动由互联网企业安全工作组成员网易联手阿里巴巴集团及支付宝、新浪、百度、腾讯以及360七家互联网企业联合发起，作为去年“反裸奔”活动的延伸，发起方希望帮助用户树立正确的网络安全观。

“我们需要业内企业单位协同合作，给用户提供良好的网络安全防护习惯指引，网聚最广大网民的主动性，共同维护中国互联网用户安全。”网易安全专家表示。

事实上，随着互联网巨头联动协作日渐紧密，网络安全问题已得到很大的改善。据介绍，2013年上半年，互联网企业安全工作组共拦截2110万个钓鱼网站，处理不法信息达8700万条，拦截木马达到365万次，给用户网络信息安全提供了巨大的保障。再以拥有超过5.7亿邮箱用户的网易公司为例，其积极推广DMARC技术以支持安全工作组成员单位进行反钓鱼工作，已经取得了极大的成果。目前DMARC已保护了中国超过50%的邮箱用户，而且还有越来越多的企业正在部署DMARC。

业内人士认为，网易等互联网巨头对网络安全普及教育的持续推动，将深化网络安全防范行动的效果和影响，有助于帮助更多网民树立安全上网意识，提高安全防护技术，从而进一步净化网络环境。

知识模块

1.1 网络攻击与防范

计算机网络出现后，在世界范围内得到了迅猛的发展，网络用户数量每年都呈几何级数增长，中国互联网络信息中心（CNNIC）所做的《第 31 次中国互联网络发展状况统计报告》显示，截至 2012 年 12 月底，我国网民规模达 5.64 亿人，网络购物用户规模达到 2.42 亿人，团购用户数为 8327 万人。

在网络应用普及的背景下，网络上的信息安全问题越来越突出，网络攻击事件逐年增长，越来越受到人们的重视。CNNIC《2012 年中国网民信息安全状况研究报告》显示，84.8%的网民遇到过信息安全事件，总人数为 4.56 亿。安全事件中，垃圾短信和手机骚扰电话发生比例最高，分别有 68.3%和 56.5%的网民遇到过，其他事件比例分别为：欺诈诱骗信息（38.2%）、中病毒或木马（23.1%）、假冒网站（17.6%）、账号或密码被盗（13.8%）、手机恶意软件（10.6%）、个人信息泄露（7.1%）。

在电子商务和电子政务飞速发展的今天，网络信息安全问题更是成为关系所有上网用户切身利益的大问题。

1.1.1 常见的网络攻击方式

对常见的网络安全事件进行分析后，可以总结出基本的网络攻击形式有四种：中断、截获、篡改、伪造。

图 1-1（a）表示的是在没有攻击发生的正常情况下，信息从信源传向信宿的过程。

图 1-1（b）表示的是“中断”攻击，它是以可用性作为攻击目标，它毁坏系统资源，切断通信线路，或使文件系统变得不可用。拒绝服务攻击、制造并传播病毒等属于中断攻击。

图 1-1（c）表示的是“截获”攻击，它是以保密性作为攻击目标，非授权用户通过某种手段获得通信信息，如搭线窃听、非法拷贝、截获个人信息等，这种攻击会给通信带来很大的隐患，因为通信双方可能在不知道的情况下已经泄露了机密信息。

图 1-1（d）表示的是“篡改”攻击，它是以信息的完整性作为攻击目标，非授权用户不仅获得对系统资源的访问，而且对文件进行篡改，如改变文件中的数据或修改网上传输的信息等，可以用消息摘要的方式防范这种攻击。

图 1-1（e）表示的是“伪造”攻击，它是以信源的完整性作为攻击目标，非授权用户要么将伪造的数据插入到正常的系统中，要么发布欺诈诱骗信息、假冒网站，要么未经授权使用、获取系统资源和权限。

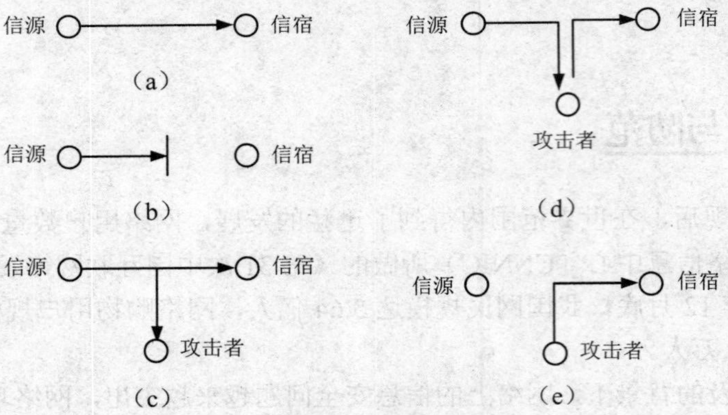

图 1-1　网络攻击的几种形式

1.1.2　网络信息安全的概念

网络信息安全是一个复杂领域，是涉及计算机科学、网络通信、密码学、应用数学、数论、信息论等多学科的综合学科。信息安全又与系统的硬件、软件、网络、数据等复杂系统有关，是与信息、人、组织、网络、环境有关的技术安全、结构安全和管理安全的总和，要求确保信息在存储、处理和传输过程中的可靠性、可用性、保密性、完整性、不可抵赖性和可控性。

（1）可靠性（Reliability）：指信息系统能够在规定条件下和规定时间内完成规定功能的特性。

（2）可用性（Availability）：指信息可被授权实体访问并按需求使用的特性，是系统面向用户的安全性能。

（3）保密性（Confidentiality）：指信息不被泄露给非授权的用户、实体或过程，或供其利用的特性。

（4）完整性（Integrity）：指网络信息未经授权不能进行改变的特性，即信息在存储或传输过程中保持不被偶然或蓄意地删除、修改、伪造、乱序、重放、插入等破坏和丢失的特性。

（5）不可抵赖性（Non-repudiation）：指在信息交互过程中，确信参与者的真实同一性，即所有参与者都不可否认或抵赖曾经完成的操作和承诺的特性。

（6）可控性（Controllability）：指对信息传播及内容具有控制能力的特性。

为了提供上述安全特性，ISO7498-2 建议的安全机制主要有：

（1）密码机制（Encipherment）：密码技术提供数据或信息交互的保密性，而且对其他安全机制也起着非常重要的基础作用。

（2）数字签名机制（Digital Signature Mechanisms）：应用公钥密码体制，使用私钥进行签名，公钥进行验证，防止否认、伪造、篡改和冒充等安全方面的问题。

（3）访问控制机制（Access Control Mechanisms）：访问控制机制是从计算机系统的处理

能力方面对信息提供保护。防止资源的非授权使用或越权使用。

（4）数据完整性机制（Data Integrity Mechanisms）：通常使用消息摘要加时间戳信息的形式判断消息是否被篡改或重发，消息摘要很多时候使用杂凑函数来产生。

此外还有验证交换机制、业务流填充机制、仲裁机制、可信功能等。

1.2 PKI 的基本概念

1.2.1 基础设施的概念和特点

在学习 PKI 的概念前，我们先了解下一般基础设施的概念。

基础设施一般是由政府提供给公众享用或使用的公共产品，所以经常称为“公共基础设施”。基础设施建设是经济发展的奠基石，在经济学上，是一种“社会先行资本”（Social Overhead Capital，SOC），例如各地的招商引资，在招商之前都要做大量的基础设施建设，以达到吸引资金的目的。基础设施建设也是保障和改善民生的需要，其建设水平直接影响和决定人民的生活水平和质量，影响民众的幸福指数。

基础设施出现在人们生活的方方面面，主要有：

（1）交通。包括：地面交通、航空、水道和港口、联合运输设施、公共交通。

（2）电力。包括：电力生产和电力传送设施，如水电站、煤、石油、天然气发电站、高压电传输线、变电站、电力分配系统和控制中心、服务和保护设施和核电站等。

（3）给水和污水处理设施。包括：给水供应设施，如给水和水处理厂、主要供水线、井、机械和电力设备；供水的构筑物，如大坝、临时性的支路、构筑物、水道和沟渠；污水处理设施，如污水管线、化粪池、污水处理厂。

（4）通信。包括电话网、电视网、无线和卫星网络、信息高速公路网络。

（5）垃圾处理。包括：垃圾填埋、处理厂、循环利用设施。

（6）煤气供应及管道设施。如煤气生产、管道、控制中心、储存柜、维护设施等。

（7）石油运输设施。如输油管道等。

（8）公共建筑设施。包括：学校、医院、政府办公楼、警察局、消防站、邮局、监狱、法庭、剧场、会议中心、展览中心、体育馆、电影院等。

（9）休闲设施。主要是指公园和广场。

分析上述基础设施，不难总结出基础设施的一些共同点：

（1）由可信机构（政府）兴建和管理。

（2）有统一的标准。如电力基础设施中，有统一的供电标准、统一的用电标准（市电 220V 等）、统一的接口规范（电源插座的设计规范等）。网络基础设施中，有统一的数据传输规范、统一的接口规范、统一的网络协议等。

（3）使用便捷（接入）。只要遵循相关设施的使用原则，不同的实体都可以方便地使用基础设施提供的服务。

（4）根据环境的不同，实现方式可以略有不同。如在网络基础设施中，不同的物理层接口规范等。

（5）不同实现方式之间具有互操作性。如手机可以拨打座机，移动终端上网和台式 PC 上网可以互联等。

（6）支持新的应用扩展。如新的电器设备可以在旧的电力基础设施上应用等。

1.2.2 公钥基础设施的概念

公钥基础设施（Public Key Infrastructure，PKI）是利用公钥理论和技术建立的提供信息安全服务的基础设施，是生成、管理、存储、分发和吊销基于公钥密码学的公钥证书所需要的硬件、软件、人员、策略和规程的总和，提供身份鉴别和信息加密，保证消息的数据完整性和不可否认性。

PKI 是一种普遍适用的网络信息安全基础设施，最早是 20 世纪 80 年代由美国学者提出来的概念，实际上，授权管理基础设施、可信时间戳服务系统、安全保密管理系统、统一的安全电子政务平台等系统的构筑都离不开它的支持，是目前公认的保障网络信息安全的最佳体系。

PKI 包括权威认证机构 CA（如政府部门）、证书库、密钥备份及恢复系统、证书作废管理系统、PKI 应用接口系统等主要组成部分。各部分的主要功能如下：

（1）认证机构 CA，是证书的签发机构，它是 PKI 的核心，是 PKI 中权威的、可信任的、公正的第三方机构。

（2）证书库，数字证书的集中管理和存放地，提供公众查询。数字证书（Digital Certificate）就是标志网络用户身份信息的一系列数据，用来在网络通信中识别通信各方的身份，数字证书是一个经证书授权中心数字签名的包含公开密钥（简称公钥）拥有者信息以及公开密钥的文件。证书包含的信息：证书使用者的公钥值、使用者的标识信息、证书的有效期、颁发者的标识、颁发者的数字签名等。

（3）密钥备份及恢复系统，对用户的解密密钥进行备份，当丢失时进行恢复，而签名密钥不能备份和恢复。

（4）证书作废管理系统，当证书由于某种原因（密钥丢失、泄密、过期等）需要作废、终止使用时，将证书放入证书作废列表（CRL）进行管理、存放，提供公众查询。

（5）PKI 应用接口系统，为各种各样的应用提供安全、一致、可信任的接口与 PKI 系统进行交互，确保所建立起来的网络环境安全可信，并降低管理成本。

1.2.3 公钥基础设施的特点

PKI 作为一种信息安全基础设施，其目标就是要充分利用公钥密码学的理论基础，建立起一种普遍适用的基础设施，为各种网络应用提供全面的安全服务。公开密钥密码为我们提供了一种非对称性质，使得安全的数字签名和开放的签名验证成为可能，而这种优秀技术的使用却面临着理解困难、实施难度大等问题。正如让每个人自己开发和维护发电厂有一定的难度一样，要让每一个开发者完全正确地理解和实施基于公开密钥密码的安全系统有一定的难度。PKI希望通过一种专业的基础设施的开发，让网络应用系统的开发人员从繁琐的密码技术中解脱出来同时享有完善的安全服务。

PKI 作为基础设施，提供的服务必须简单易用，便于实现。将 PKI 在网络信息空间的地位与电力基础设施在工业生活中的地位进行类比可以更好地理解 PKI。电力基础设施，通过延伸到用户的标准插座为用户提供能源，而 PKI 通过延伸到用户本地的接口，为各种应用提供安全的服务。有了 PKI，安全应用程序的开发者可以不用再关心那些复杂的数学运算和模型，而直接按照标准使用一种插座（接口）。正如电冰箱的开发者不用关心发电机的原理和构造一样，只要开发出符合电力基础设施接口标准的应用设备，就可以享受基础设施提供的能源。

PKI 与应用的分离也是 PKI 作为基础设施的重要特点。正如电力基础设施与电器的分离一样。网络应用与安全基础设施实现分离，有利于网络应用更快地发展，也有利于安全基础设施更好地建设。正是由于 PKI 与其他应用能够很好地分离，才使我们能够将其称为基础设施，PKI 也才能从千差万别的安全应用中独立出来，有效地、独立地发展壮大。PKI 与网络应用的分离，实际上就是网络社会的一次分工，有效促进各自独立发展，并在使用中实现无缝结合。

CA 认证系统要在满足安全性、易用性、扩展性等需求的同时，从物理安全、环境安全、网络安全、CA 产品安全以及密钥管理和操作运营管理等方面按严格标准制定相应的安全策略；要有专业化的技术支持力量和完善的服务系统，保证系统 7×24 小时高效、稳定运行。

1.3　PKI 的功能

PKI 可以解决绝大多数信息安全问题，并初步形成了一套完整的解决方案，它是基于公开密钥理论和技术建立起来的安全体系，是提供信息安全服务的具有普适性的安全基础设施。PKI 体系为网上金融、网上银行、网上证券、电子商务、电子政务、网上交税、网上工商等多种网上办公、交易提供了完备的安全服务功能，这是 PKI 最基本、最核心的功能。

PKI 提供的系统功能是指 PKI 的各个功能模块分别具有的功能，主要包括证书的审批和颁发、密钥的产生和分发、证书查询、证书撤销、密钥备份和恢复、证书撤销列表管理等，这些内容将在第 3 章详细介绍。

PKI 体系提供的安全服务功能主要包括：身份认证、数据完整性、数据机密性、不可否认性、时间戳等。

1．身份认证

认证的实质就是证实被认证对象是否属实和是否有效的过程，常常被用于通信双方相互确认身份，以保证通信的安全。其基本思想是通过验证被认证对象的某个专有属性，达到确认被认证对象是否真实、有效的目的。被认证对象的属性可以是口令、数字签名或者指纹、声音、视网膜这样的生理特征等。

目前，实现认证的技术手段很多，通常有口令技术+ID（实体唯一标识）、双因素认证、挑战应答式认证、著名的 Kerberos 认证系统，以及 X.509 证书及认证框架。这些不同的认证方法所提供的安全认证强度不一样，具有各自的优势和不足，以及所适用的安全强度要求的应用环境也不一样。

PKI 的认证技术使用的是基于公钥密码体制的数字签名。PKI 体系通过权威认证机构 CA，为每个参与交易的实体签发数字证书，数字证书中包含证书所有者、公开密钥、证书颁发机构的签名、证书的有效期等信息，私钥由每个实体自己掌握并防止泄密。在交易时，交易双方就可以使用自己的私钥进行签名，并使用对方的公钥对对方的签名进行认证。

2. 数据完整性

数据完整性就是防止篡改信息，如修改、复制、插入、删除等。在交易过程中，要确保交易双方接收到的数据和从数据源发出的数据完全一致，数据在传输和存储的过程中不能被篡改，否则交易将无法完成或所做交易违背交易意图。

但直接通过观察原始数据的状态来判断其是否改变，在很多情况下是不可行的。如果数据量很大，将很难判断其是否被篡改，即完整性很难得到保证。在密码学中，通过采用安全的杂凑函数（散列函数，Hash 函数）和数字签名技术实现数据完整性保护，特别是双重数字签名可以用于保证多方通信时数据的完整性。这种方法实际就是通过构造杂凑函数，对所要处理的数据计算出固定长度（如 128bit）的消息摘要或称消息认证码（MAC）。Hash 算法的特点决定任何原始数据的改变都会在相同的计算条件下产生不同的 MAC。这样我们在传输或存储数据时，附带上该消息的 MAC，通过验证该消息的 MAC 是否改变，可高效、准确地判断原始数据是否改变，从而保证数据的完整性。

Hash 算法的设计依赖于构造合理的杂凑函数。可以设计专用的 Hash 算法，例如，目前比较成熟的、标准的 Hash 算法有 SHA-l、MD5 等，也可以通过标准的分组密码算法来构造 Hash 算法。在实际应用中，通信双方通过协商以确定使用的算法和密钥，从而在两端计算条件一致的情况下，对同一数据应当用相同的算法来计算以保证数据不被篡改，实现数据的完整性。

3. 数据机密性

数据机密性就是对传输数据进行加密，从而保证数据在传输和存储过程中，未授权的人无法获取真实的信息。数据的加解密操作通常用到对称密码，这就涉及到会话密钥分配的问题，PKI 体系下进行密钥分配可以通过公钥密码分配方案很容易地解决。

4. 不可否认性

不可否认性是指参与交互的双方都不能事后否认自己曾经处理过的每笔业务。具体来说主要包括数据来源的不可否认性、发送方的不可否认性，以及接收方在接收后的不可否认性，还有传输的不可否认性、创建的不可否认性和同意的不可否认性等。PKI 所提供的不可否认功能是基于数字签名及其所提供的时间戳服务功能的。

在进行数字签名时，签名私钥只能被签名者自己掌握，系统中的其他参与实体无法得到该密钥，因此只有签名者自己能做出相应的签名，其他实体是无法做出这样的签名的。这样，签名者从技术上就不能否认自己做过该签名。为了保证签名私钥的安全，一般要求这种密钥只能在防篡改的硬件令牌上产生，并且永远不能离开令牌，以保证签名私钥的安全。

再利用 PKI 提供的时间戳功能，来证明某个特别事件发生在某个特定时间或某段特别数据在某个日期已存在。这样，签名者对自己所做的签名将无法进行否认。

5. 时间戳

时间戳也叫做安全时间戳，是一个可信的时间权威，使用一段可以认证的完整数据表示的时间。最重要的不是时间本身的精确性，而是相关时间、日期的安全性。支持不可否认服务的一个关键因素就是在 PKI 中使用安全时间戳，也就是说，时间源是可信的，时间值必须特别安全地传送。

PKI 中必须存在用户可信任的权威时间源，权威时间源提供的时间并不需要正确，仅仅供用户作为一个参照"时间"，以便完成基于 PKI 的事物处理，如事件 A 发生在事件 B 的前面等。一般的 PKI 系统中都设置一个时钟系统来统一 PKI 的时间。当然也可以使用世界官方时间源所提供的时间，其实现方法是从网络中的这个时钟位置获得安全时间。要求实体在需要的时候向这些权威请求在数据上盖上时间戳。一份文档上的时间戳涉及到对时间和文档内容的杂凑值（哈希值）的数字签名，而权威的签名提供了数据的真实性和完整性。

虽然安全时间戳是 PKI 支撑的服务，但它依然可以在不依赖 PKI 的情况下实现安全时间戳服务。一个 PKI 体系中是否需要实现时间戳服务，完全依据应用的需求来决定。

1.4 PKI 的发展概况

自 20 世纪 80 年代，美国学者提出了 PKI 的概念以来，PKI 已经经过了 30 多年的发展历史，下面简要回顾具有标志性意义的时间节点，以加深对 PKI 发展的了解。

1996 年，美国成立了联邦 PKI 指导委员会，以推进 PKI 的开发、应用。

1996 年，由 Visa、MasterCard、IBM、Netscape、MS、数家银行推出 SET 协议，推出 CA 和证书概念。

1999 年，PKI 论坛成立，制定了 X.500 系列标准。

2000 年 4 月，美国国防部宣布采用 PKI 安全倡议方案。

2001 年 6 月 13 日，在亚洲和大洋洲推动 PKI 进程的国际组织宣告成立，该国际组织的名称为"亚洲 PKI 论坛"，其宗旨是在亚洲地区推动 PKI 标准化，为实现全球范围的电子商务奠定基础，其成员包括日本、韩国、新加坡、中国、中国香港、中国台北和马来西亚。论坛呼吁加强亚洲国家和地区与美国 PKI 论坛、欧洲 EESSI 等 PKI 组织的联系，促进国际间 PKI 互操作体系的建设与发展。

1996－1998 年，国内开始电子商务认证方面的研究，中国电信率先派专家到美国学习 SET 认证安全体系。

1997 年 1 月，科技部下达任务，中国国际电子商务中心（外经贸委）开始对认证系统进行研究开发。

1999 年，上海 CA 中心开始试运行。

1999 年 10 月 7 日，《商用密码管理条例》颁布。

1999－2001 年，中国电子口岸执法系统建设完成。

2000 年 6 月 29 日，中国金融认证中心 CFCA 挂牌成立，是经中国人民银行和国家信息安全管理机构批准成立的国家级权威的安全认证机构，也是《中华人民共和国电子签名法》颁布后，我国首批获得电子认证服务许可的电子认证服务机构之一。

国内 PKI 发展有过一段过热期，先后建设了大小 70 多家 CA，目前常用的在 10 家左右。全国性的 CA 有金融 CA、电信 CA、海关 CA 等；地方性的 CA 有北京 CA、上海 CA、福建 CA、山东 CA 等，各自的应用领域不尽相同。

多数 CA 采用的都是国内厂商的技术，CFCA 采用的是加拿大 Entrust 公司的技术，核心加密部分实现国产化。目前来看国外的安全技术依然高出国内相当水平。

1.5 典型应用案例

1.5.1 网上银行应用

网上银行业务是指商业银行将其传统的柜台业务拓展到 Internet 上，用户访问其 Web Server 进行在线查询、转账、汇款、支付等业务。随着电子商务的普及，网上银行的 PKI 应用也越来越普及，其应用示意图如图 1-2 所示。

在进行网上银行业务时，用户对其发出的指令用其签名私钥进行签名，银行校验签名，并且保存此次签名，从而使银行用户所发出的指令具有不可抵赖性，签名及校验的过程保证了用户指令的真实性和完整性；用户发出的交易内容用指定银行的公钥进行加密，银行用银行私钥才能解秘，此环节保证了银行指令信息的私密性。这样在整个交易的过程中确保了网上信息安全。

网上银行的证书应用也分证书管理和证书应用两部分。证书管理中心 CA 和注册审核机构 RA 一般设立在银行的总部，也是个多层的结构，其使用操作员证书进行证书相关的管理操作。证书应用是和其网银应用结合在一起的，将安全部分嵌入到网银中，这中间包括互相交换证书、验证身份、建立安全通道、加密、数字签名等应用操作。

网上银行的证书应用模式大同小异，真正的差别还是取决于具体业务的应用。网上银行应用具有如下特点：

- 客户端和银行服务器端各自自动进行黑名单（CRL）查询，减少交易风险。
- 双重密钥（加密密钥、签名密钥）支持数字签名的不可否认性。
- 高强度加密机制（对称 128 位，非对称 1024 位）保证数据传输保密性强。
- 具有完善的密钥和证书生命周期管理，客户端证书到期前，可自动进行更新，不需人工办理任何手续，极大地方便了用户。

- 客户端、服务器端操作简便，透明性强。

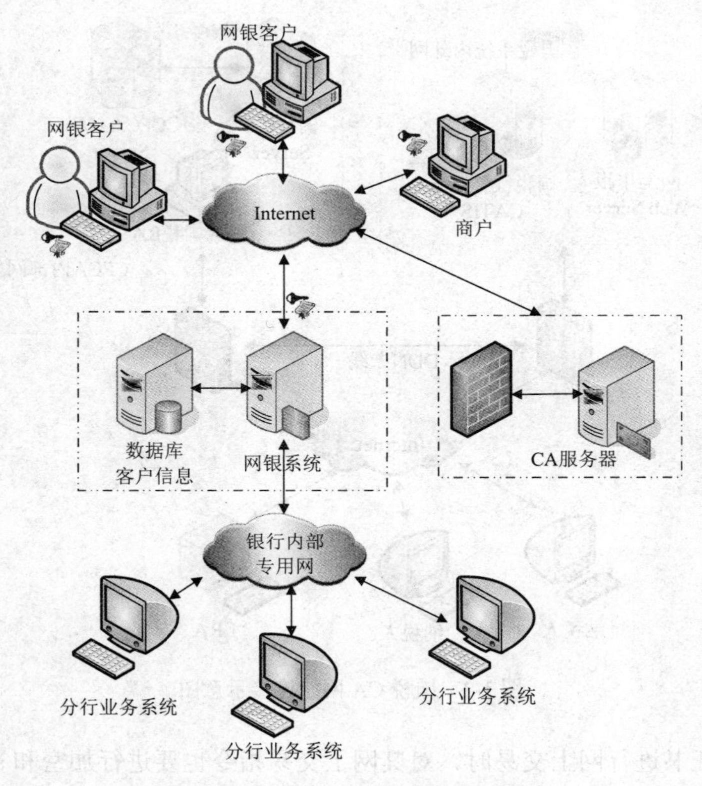

图 1-2　网上银行应用示意图

1.5.2　税务网上申报缴税

国税证书签发中心 CA 与国税系统的网络连接采用 DDN 专线的方式，国税 CA、RA 和 CFCA 都在 CFCA 内部网中进行管理，如图 1-3 所示。

证书发放管理由操作员（LRA）来进行，只要具有操作员证书及上网的条件就可以安全地连接到 RA 系统。网上缴税证书发布流程如下：①操作员安全登录到 RA 系统；②输入需要制作证书的纳税人识别号；③RA 系统将相关的请求发送到国税发行平台查询并返回相关信息；④CA 系统接收制证请求并签发证书；⑤操作员获得证书存放到存储介质中封装并分发。纳税人凭借证书及个人私钥就可以登录 Web Server 进行网上申报缴税。

1.5.3　网上证券交易

网上证券交易可分为网上炒股和网上银证转账，网上炒股是股民和证券公司之间发生的两方交易。网上银证转账是指股民通过因特网将资金在银行股民账户和证券公司账户之间划入或划出，是涉及到股民、证券公司、银行的三方交易。

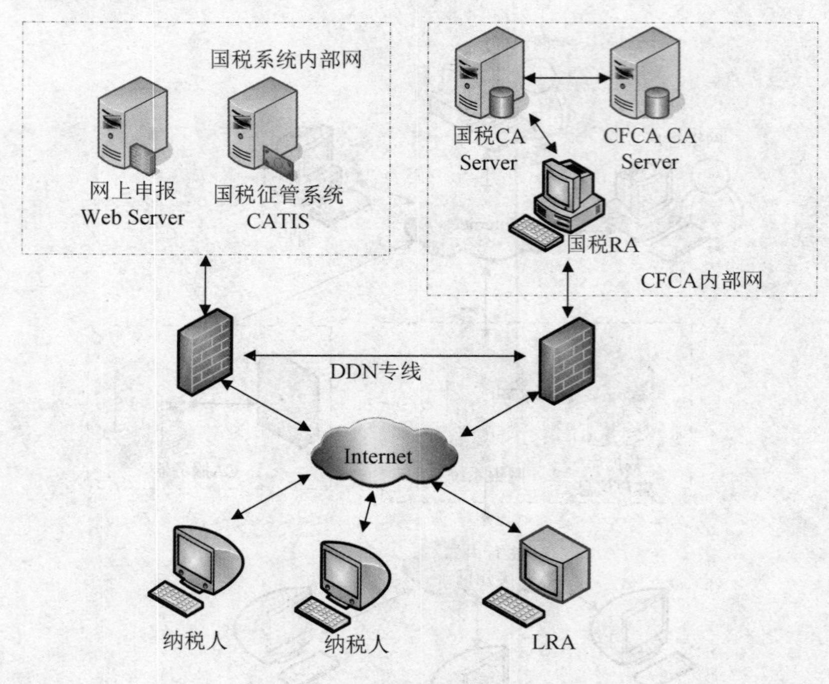

图 1-3 国税 CA 网络连接示意图

股民在使用证书进行网上交易时，对其网上交易指令也要进行加密和签名，以确保交易数据的有效性、机密性、完整性和不可抵赖性。网上证券交易对交易的实时性和方便性要求比较高，应用 CFCA 证书可以较好地解决安全和效率之间的矛盾。

实际的做法是在证券公司总部设立 RA，将证书的申请、使用、管理等功能集成到客户端软件中去。客户申请开通网上交易并下载使用证书后，在一定的时间去签署一份书面的协议即可正常使用。

学习项目

1.6 项目一 身份认证安全性演示

1.6.1 任务 1：在 DOS 环境中调试远程登录 Telnet 命令

实训目的：让学生掌握如何在 DOS 环境下进行远程登录，理解其安全性。

实训环境：装有 Windows XP 及以上操作系统的计算机

●项目内容

远程登录（Telnet）是 Internet 的一种特殊服务，它是指用户使用 Telnet 命令，通过网络登录到远在异地的主机系统，把用户正在使用的终端或主机虚拟成远程主机的仿真终端。仿真终端等效于一个非智能的机器，它只负责把用户输入的每个字符传递给主机，再将主机输出的每个信息回显在屏幕上，从而使用户可以像使用本地资源一样使用远程主机上的资源。提供远程登录服务的主机一般都位于异地，但使用起来就像在身旁一样方便。

使用 Telnet 登录远程计算机有以下几种方式：

1. 远程登录（Telnet）服务

使用 Telnet 一般分为三步：

（1）在本地主机登录。

（2）运行本地的 Telnet 程序，在“运行”对话框中或命令提示符下执行 Telnet。

（3）与远程主机 192.168.0.65 建立连接，如图 1-4 所示。即可执行远程计算机上的各种命令。

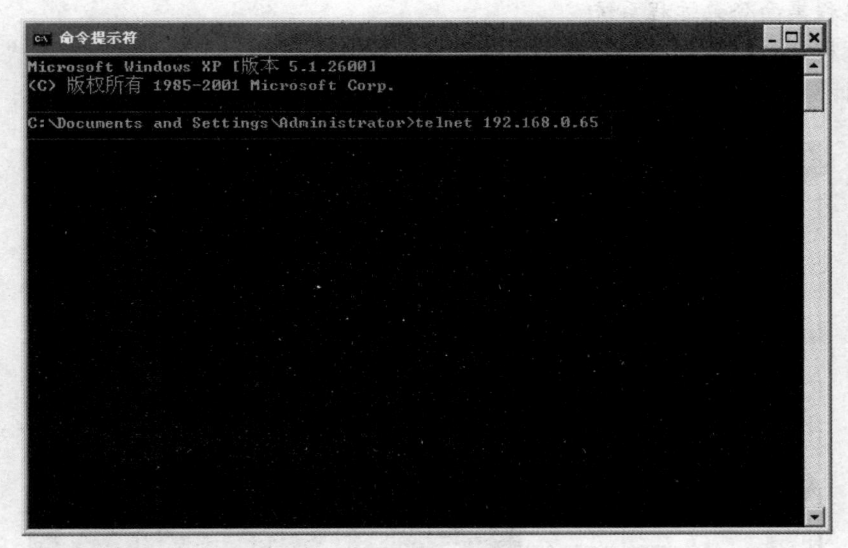

图 1-4　远程登录

2. 用 IE 浏览器方式登录远程主机系统

打开 IE 浏览器，在地址栏中输入：telnet://<远程主机名>，如 telnet://192.168.0.65，即可打开超级终端窗口，同时打开远程主机，在登录后便可以使用远程资源。

登录后试验 Telnet 的常用命令：

（1）open

格式：open hostname

用它来建立到主机的 Telnet 连接，要求给出目标机器的名字或 IP 地址。如果未给出机器名，Telnet 就将要求你选择一个机器名，如果连接到了远程主机，系统将提示你输入用户名和密码，只有输入正确的用户名和密码才能登录成功。

（2）display

使用 display 命令可以查看 Telnet 客户端的当前设置。

（3）close

close 命令用来终止远程连接，但并不中止 Telnet 程序的运行。

（4）quit

quit 命令用来终止 Telnet 程序。若一个远程连接程序仍是运行的，quit 也将会终止它。

1.6.2　任务 2：在 Windows 环境中调试远程桌面功能

实训目的：让学生掌握在 Windows 环境中调试远程桌面功能，登录远程系统。

实训环境：装有 Windows XP 及以上操作系统的计算机。

●项目内容

1. 用远程桌面登录远程系统

（1）远程登录机器：右击“我的电脑”→“属性”→“远程”标签→勾上“允许用户远程连接到此计算机”，如图 1-5 所示。

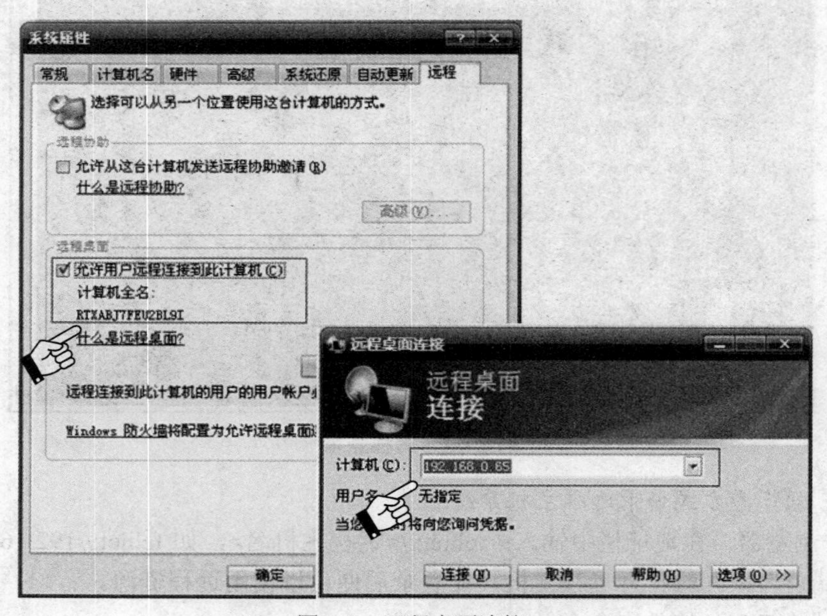

图 1-5　远程桌面连接

（2）登录远程计算机：“开始”→“程序””→“附件”→“通讯”→“远程桌面连接”

→输入远程计算机 IP→输入用户名和密码，如图 1-5 所示。

2. 用超级终端窗口式软件登录远程主机系统

单击“开始”→“程序”→“附件”→“通讯”→“超级终端”→“新建连接”→输入连接的名称，单击“确定”→选择连接时使用：TCP/IP（Winsock）→输入主机 IP 地址，单击“确定”→输入用户名、密码（注：这是使用的是 Windows 操作系统的 Server 版本自带的“超级终端”软件，也可以使用其他终端软件）

1.6.3　任务 3：登录腾讯 QQ 聊天软件调试远程协助功能

实训目的：让学生掌握互联网环境下如何进行远程协助，并理解其安全性。

实训环境：装有 Windows XP 及以上操作系统的计算机，计算机需要接入 Internet。

●项目内容

QQ 有远程协助功能，主要操作过程如图 1-6、图 1-7 所示。需要注意的是，受控方主动邀请控制方进行远程控制，而控制方接受受控方邀请。双方协商一致后，被邀请方即获得邀请方桌面的控制权，可以进行远程协助。

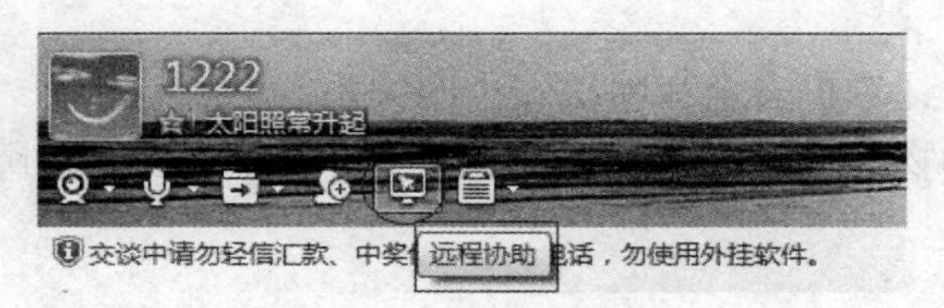

图 1-6　远程协助按钮

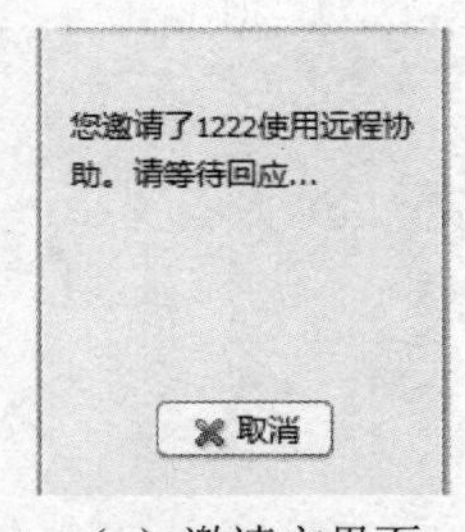

（a）邀请方界面

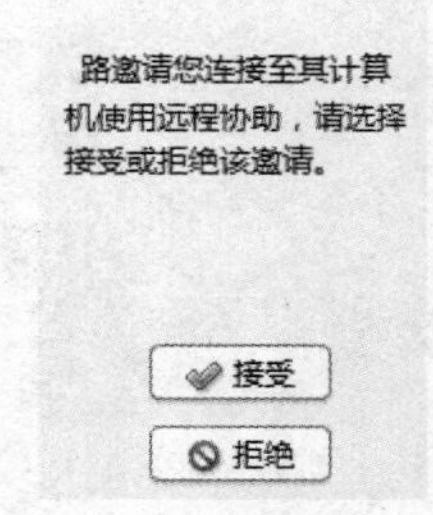

（b）被邀请方界面

图 1-7　会话双方的界面

知识巩固

一、选择题

1. 网络安全的基本属性是（　　）。

A. 机密性　　B. 可用性　　C. 完整性　　D. 上面 3 项都是

2．Telnet 协议主要应用于哪一层（　　）。

A．应用层　　B．传输层　　C．Internet 层　　D．网络层

3．在制定网络安全策略时，经常采用的思想方法是（　　）。

A．凡是没有明确表示允许的就要被禁止

B．凡是没有明确表示禁止的就要被允许

C．凡是没有明确表示允许的就要被允许

D．凡是没有明确表示禁止的就要被禁止

4．信息被（　　）是指信息从源结点到目的中途被攻击者非法截获，攻击者在截获的信息中进行修改或插入欺骗性的信息，然后将修改后的错误信息送给目的结点。

A．伪造　　B．窃听　　C．截获　　D．篡改

5．（　　）是指保证存储在连网计算机上的信息不被未授权用户非法使用。

A．信息存储安全　B．信息传输安全　C．信息转换安全　D．信息加工安全

二、名词解释

保密性　完整性　可用性　可控性　非否认性　防火墙　PKI

三、简答题

1．说出信息安全，计算机安全和网络安全的关系？

2．你有没有网上购物的经历？有没有想过交易过程中的安全保障问题？

2

PKI密码学基础

本章导读：

本章主要介绍 PKI 的密码学基础。密码学是网络与信息安全的基础，各类安全措施如保密通信、身份认证、消息完整性认证、抗抵赖等都是以密码学为基础的。密码学分为公钥密码学和对称密码学。本章以古典密码为基础进行介绍，便于学生理解和掌握，进而介绍现代密码和公钥密码，使学生对密码学的基础知识有个整体认识和把握。

学习目标：

- 学会密码学基本概念、特点、分类
- 熟练操作古典密码、现代密码和公钥密码的典型密码算法
- 能够分析数字签名的实现和意义
- 能够分析密钥管理的概念和内涵

引入案例

美国曾监听联合国总部：侵入内部设备 破解加密系统

2013-08-27 09:20　南方都市报

中国 IDC 圈 8 月 27 日报道，据德国《明镜》周刊网站 25 日报道，该刊获得的美国国家安全局秘密文件显示，美国国家安全局不仅监听欧盟目标，而且也对联合国总部实施了监听行动。

报道说，美国国家安全局 2012 年夏季成功侵入了联合国总部的内部视频电话会议设备，并破解了加密系统。由此，美国情报部门获取视频会议数据以及破译数据传输的能力都得到了显著提高。秘密文件说，“数据传输给我们送来了联合国内部视频电话会议”，在不到 3 周的时

间内，美方破译的通讯量由 12 猛增到 458。

内部文件显示，除了对欧盟在纽约的代表处进行监听外，美国国家安全局还在全球 80 多个美国使领馆开展自己的监听计划，并且常常不为驻在国所知。美国国家安全局在美国驻德国法兰克福领事馆以及奥地利首都维也纳也都设有相应的监听站。

从今年 6 月初开始，“棱镜门”事件告密者、前防务承包商雇员爱德华·斯诺登通过多家媒体披露美国国家安全局“棱镜”项目等涉及的机密文件，指认美国情报机构多年来在国内外持续监视互联网活动以及通信运营商用户信息。“棱镜门”事件引起国际社会的高度关注，直接波及美俄关系，以及美国与欧盟关系。

知识模块

2.1 密码学的相关概念

密码学（Cryptology）作为数学的一个分支，是密码编码学和密码分析学的统称。使消息保密的技术和科学叫做密码编码学（Cryptography）。密码编码学是密码体制的设计学，即怎样编码，采用什么样的密码体制以保证信息被安全地加密。从事此行业的人员叫做密码编码者（Cryptographer）。与之相对应，密码分析学（Cryptanalysis）是在未知密钥的情况下从密文推演出明文或密钥的技术，即破译密文的科学和技术。密码分析者（Cryptanalyst）是指从事密码分析的专业人员。

保密通信过程如图 2-1 所示。Alice 和 Bob 想要在公开的信道传递秘密信息，事先他们商定好相同的密钥 k，Alice 将明文信息使用密钥 k 加密产生密文，然后在公开信道中传送，Bob

收到密文后使用相同密钥 k 进行解密，获得明文信息。在消息传递过程中，Oscar 从信道中获得了密文信息的拷贝，但是想要从密文中获取消息，就必须对密文进行破译，否则只能得到难以识别的密文信息。

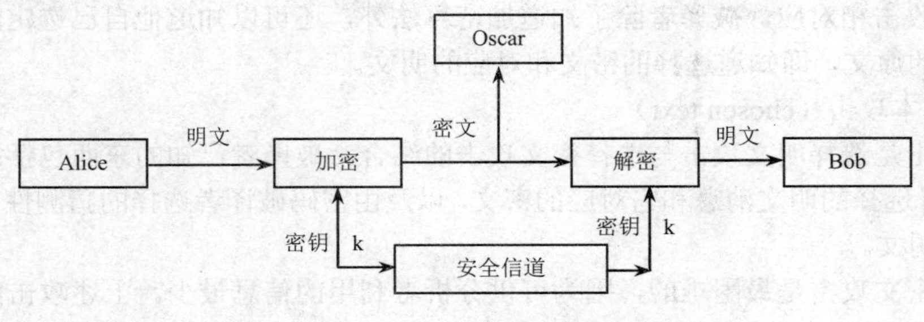

图 2-1 保密通信的过程

从图中可以看出，在密码学中，有一个五元组：{明文、密文、密钥、加密算法、解密算法}，对应的加密方案称为密码体制（或密码）。

明文：是作为加密输入的原始信息，即消息的原始形式，通常用 m 或 p 表示。所有可能明文的有限集称为明文空间，通常用 M 或 P 表示。

密文：是明文经加密变换后的结果，即消息被加密处理后的形式，通常用 c 表示。所有可能密文的有限集称为密文空间，通常用 C 表示。

密钥：是参与密码变换的参数，通常用 k 表示。一切可能的密钥构成的有限集称为密钥空间，通常用 K 表示。

加密算法：是将明文变换为密文的变换函数，相应的变换过程称为加密，即编码的过程（通常用 E 表示，即 $c = E_k(p)$ ）。

解密算法：是将密文恢复为明文的变换函数，相应的变换过程称为解密，即解码的过程（通常用 D 表示，即 $p = D_k(c)$ ）。

对于有实用意义的密码体制而言，总是要求它满足： $p = D_k(E_k(p))$ ，即用加密算法得到的密文总是能用一定的解密算法恢复出原始的明文来。而密文消息的获取同时依赖于初始明文和密钥的值。

根据密码分析者对明文、密文等信息掌握的多少，可将密码分析分为以下五种情形。

（1）唯密文攻击（cipher text only）

对于这种形式的密码分析，破译者已知的东西只有两样：加密算法、待破译的密文。

（2）已知明文攻击（known plain text）

在已知明文攻击中，破译者已知的东西包括：加密算法和经密钥加密形成的一个或多个明文-密文对，即知道一定数量的密文和对应的明文。

（3）选择明文攻击（chosen plain text）

选择明文攻击的破译者除了知道加密算法外，还可以选定明文消息，并可以知道对应的加密得到的密文，即知道选择的明文和对应的密文。例如，公钥密码体制中，攻击者可以利用公钥加密他任意选定的明文，这种攻击就是选择明文攻击。

（4）选择密文攻击（chosen cipher text）

与选择明文攻击相对应，破译者除了知道加密算法外，还可以知道他自己选定的密文和对应的、已解密的原文，即知道选择的密文和对应的明文。

（5）选择文本攻击（chosen text）

选择文本攻击是选择明文攻击与选择密文攻击的结合。破译者已知的东西包括：加密算法、由密码破译者选择的明文消息和它对应的密文，以及由密码破译者选择的猜测性密文和它对应的已破译的明文。

很明显，唯密文攻击是最困难的，因为可供分析者利用的信息最少。上述攻击的强度是依次递增的。说一个密码体制是安全的，通常是指在前三种攻击下的安全性，即攻击者一般容易具备进行前三种攻击的条件。

2.2 古典密码

战争在推动科学技术进步上发挥了很大作用，自从有了战争，人类就面临着秘密通信的需求，密码技术很早就应用在战争中。现存文献或石刻记载表明，许多古代文明都在实践中发明并使用了密码系统。从古至今，密码学的发展大致经历了古典密码、现代密码和公钥密码三个阶段。1949 年 Shannon 发表的“保密系统的通信理论”（The Communication Theory of Secrecy Systems），将密码学纳入通信理论的研究范畴，奠定了密码学的数学基础，1976 年 W.Diffie 和 M.Hellman 发表的“密码学的新方向”（New Directions in Cryptography），提出公钥密码思想，开辟了密码学的新领域，也为数字签名奠定了基础。本节将介绍具有典型特点的几个古典密码学实例，以便读者对密码学的基本概念加深了解。

2.2.1 隐写术

前面说过，保密通信的实现方式，一种是信道保密，一种是信息加密。隐写术是将消息隐藏起来，本质上是属于一种信道保密方式。

现存最早有关密码学的记录是公元前 440 年在古希腊战争中出现过的隐写术。当时为了安全传送军事情报，奴隶主剃光奴隶的头发，将情报写在奴隶的光头上，待头发长长后将奴隶送到另一个部落，再次剃光头发，原有的信息复现出来，从而实现这两个部落之间的秘密通信。这实际是隐写术的例子。

我国古代也早有以藏头诗、藏尾诗、漏格诗及绘画等形式，将要表达的真正意思或“密语”隐藏在诗文或画卷中特定位置的记载，一般人只注意诗或画的表面意境，而不会去注意或很难发现隐藏其中的“话外之音”。《水浒传》中，吴用为逼反卢俊义，扮成一个算命先生，利用卢俊义正为躲避“血光之灾”的惶恐心理，口占四句卦歌，并让他端书在家宅的墙壁上。这四句卦歌是：

芦花丛中一扁舟，
俊杰俄从此地游，
义士若能知此理，
反躬难逃可无忧。

巧妙地把“卢俊义反”四个字暗藏于四句之首，最终惹得官府来捉，从而逼反卢俊义。

被称为千古奇文的“璇玑图”更是将“诗文中的隐写术”发挥到了极致。璇玑图是前秦时期秦州刺史窦滔之妻苏惠所做，原文总计八百四十字，后人在其中心添加了一个“心”字，纵横各二十九字，纵、横、斜、交互、正、反读或退一字、迭一字读均可成诗，诗有三、四、五、六、七言不等，据说藏诗数千首，甚至有称其藏诗万余首的，其诗或悱恻幽怨、或情深似海、或真挚悲切，流传甚广，影响深远，如图 2-2 所示。

琴清流楚激弦商秦曲发声悲摧藏音和咏思惟空堂心忧增慕怀惨伤仁
芳廊东步阶西游王姿淑窈窕伯邵南周风兴自后妃荒经离所怀叹嗟智
兰休桃林阴翳桑怀归思广河女卫郑楚樊厉节中闱淫遐旷路伤中情怀
凋翔飞燕巢双鸠土逶迤路遐志咏歌长叹不能奋飞妄清帏房君无家德
茂流泉情水激扬眷颀其人硕兴齐商双发歌我衮衣想华饰容朗镜明圣
熙长君思悲好仇旧蕤葳桀翠荣曜流华观冶容为谁感英曜珠光纷葩虞
阳愁叹发容摧伤乡悲情我感伤情徵宫羽同声相追所多思感谁为荣唐
春方殊离仁君荣身苦惟艰生患多殷忧缠情将如何钦苍穹誓终笃志贞
墙禽心滨均深身加怀忧是婴藻文繁虎龙宁自感思岑行荧城荣明庭妙
面伯改汉物日我兼思何漫漫荣曜华彫旂孜孜伤情幽未犹倾苟难闱显
殊在者之品润乎愁苦艰是丁丽壮观饰容侧君在时岩在炎在不受乱华
意诚惑步育浸集悴我生何冤充颜曜绣衣梦想劳形峻慎盛戒义消作重
感故昵飘施衍殃少章时桑诗端无终始诗仁颜贞寒嵯深兴后姬源人荣
故遗亲飘生思衍精徽盛翳风比平始璇情贤丧物岁峨虑渐孽班祸馋章
新旧闻离天罪辜神恨昭感兴作苏心玑明别改知识深微至嬖女因奸臣
霜废远微地积何遐微业孟鹿丽氏诗图显行华终凋渊察大赵婕所佞贤
冰故离隔德怨因幽元倾宣鸣辞理兴义怨士容始松重远伐氏好恃凶惟
齐君殊乔贵其备旷悼思伤怀日往感年衰念是旧愆涯祸用飞辞恣害圣
洁子我木平根尝远叹永感悲思忧远劳情谁为独居经在昭燕辇极我配
志惟同谁均艰苦离戚戚情哀慕岁殊叹时贱女怀叹网防青实汉骄忠英
清新衾阴匀寻辛凤知我者谁世异浮奇倾鄙贱何如罗萌青生成盈贞皇
纯贞志一专所当麟沙流颓逝异浮沉华英翳曜潜阳林西昭景薄榆桑伦
望微精感通明神龙驰若然倏逝惟时年殊白日西移光滋愚谗漫顽凶匹
谁云浮寄身轻飞昭亏不盈无倏必盛有衰无日不陂流蒙谦退休孝慈离
思辉光饬粲殊文德离忠体一违心意志殊愤激何施电疑危远家和雍飘
想群离散妾孤遗怀仪容仰俯荣华丽饰身将与谁为逝荣节敦贞淑思浮
怀悲哀声殊乖分圣赀何情忧感惟哀志节上通神祗推持所贞记自恭江
所春伤应翔雁归皇辞成者作下体遗葑非采者无差生从是敬孝为基湘
亲刚柔有女为贱人房幽处己悯微身长路悲旷感生民梁山殊塞隔河津

图 2-2　千古奇文“璇玑图”

在中学的课文《同志的信任》中叙述了鲁迅先生接受方志敏同志的重托，冒着生命危险珍藏、转送密信和文稿的经过。其中有段描写：“……灯下，他郑重地打开纸包，按照那封信里指明的记号，把右角上用墨笔点了两点的一张毛边纸捡出来。那是一张空白毛边纸。鲁迅先生用洗脸盆盛满水，滴入一点碘酒，把纸平放到水面，纸上立刻现出了淡淡的字迹。这是方志敏同志生前从狱中用米汤写给鲁迅先生的一封信。……”这里利用了“淀粉遇碘变蓝”的化学常识，用米汤隐写了一封信，也是隐写术的典型例子。

2.2.2　换位密码

换位，又称“置换”，就是重新排列消息中的字符的位置，字符本身没有变，只是在文中的位置改变了。

有关换位密码的最早记录是 Scytale，斯巴达人于公元前 400 年应用 Scytale 加密工具，在军官间传递秘密信息。Scytale 实际上是一个锥形指挥棒，周围环绕一张羊皮纸，要保密的信息写在羊皮纸上。解下羊皮纸，上面的消息杂乱无章、无法理解，但将它绕在另一个同等尺寸的棒子上后，就能看到原始的消息，如图 2-3 所示。

类似的换位密码的例子有很多，在美国南北战争期间曾出现的加密方法也是典型的换位密码，如图 2-4 所示。明文按行写在一张格子纸上，然后再按列的方式写出密文。前文提到的“璇玑图”，以及其他的如回文诗、藏头诗等，也都可以看做是换位密码的例子。

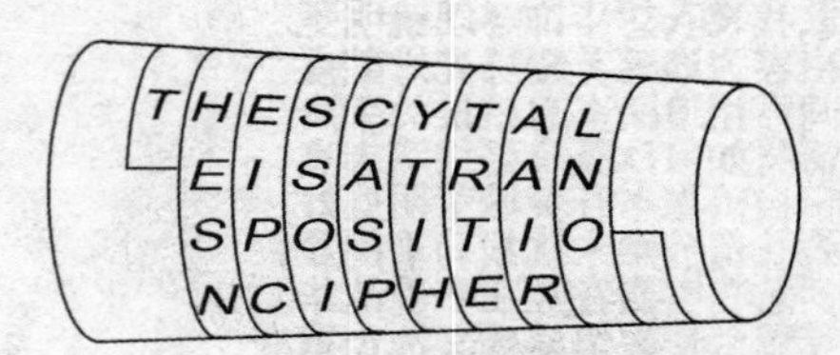

图 2-3　Scytale 加密示意图

输入方向 →

输出方向 ↓

C	A	N	Y
O	U	U	N
D	E	R	S
T	A	N	D

图 2-4　换位密码的例子

下面用几个具体实例来学习换位密码。

【例 1】假设换位密码采用如下置换，以每五位为一组进行置换：

$\frac{1\ \ 2\ \ 3\ \ 4\ \ 5}{3\ \ 4\ \ 1\ \ 5\ \ 2}$，则逆置换为：$\frac{1\ \ 2\ \ 3\ \ 4\ \ 5}{3\ \ 5\ \ 1\ \ 2\ \ 4}$

加密明文：Who is undercover，得密文：OIWSH DEURN VECRO。

使用逆置换可将密文解密成明文：WHOIS UNDER COVER。

【例 2】假设密钥以单词形式给出：china，根据各字母在 26 个英文字符中的顺序，可以确定置换为：23451，加密明文：Kill Baylor，得到密文：ILLBK YLORA。

【例 3】假设换位密码的密钥为如图 2-5 所示的映射。

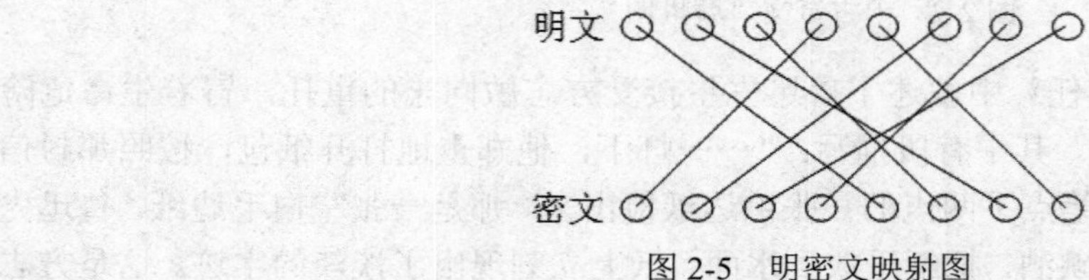

图 2-5　明密文映射图

则加密明文：Six dollars per ton，得到密文：DLALSXIO ETNORPSR。

【例 4】假设换位密码的加密方式如图 2-4 所示，则加密明文：David is a Russian spy，写入换位表格：

D	A	V	I
D	I	S	A
R	U	S	S
I	A	N	S
P	Y		

得到的密文是：DDRIP AIUAY VSSN IASS。空格的部分一般按照约定以特定字符如 A 补足，或者直接留空。

2.2.3 代换密码

代换，也称“代替”、“替换”，就是将字符用其他字符或图形代替，以隐藏消息。

公元前 2 世纪，在古希腊出现了 Polybius 校验表，这个表实际上是将字符转换为数字对（两个数字）。Polybius 校验表由一个 5×5 的网格组成（如表 2-1 所示），网格中包含 26 个英文字母，其中 I 和 J 在同一格中。每一个字母被转换成两个数字，第一个数字是字母所在的行数，第二个数字是字母所在的列数。如字母 A 就对应着 11，字母 B 就对应着 12，以此类推。使用这种密码可以将明文 message 代换为密文“32　15　43　43　11　22　15”。

表 2-1　Polybius 校验表

	1	2	3	4	5
1	A	B	C	D	E
2	F	G	H	I/J	K
3	L	M	N	O	P
4	Q	R	S	T	U
5	V	W	X	Y	Z

另一个代换密码的典型例子是“凯撒挪移码”。据传是古罗马凯撒大帝用来保护重要军情的加密系统，也称凯撒移位。通过将字母按顺序推后 3 位起到加密作用，如将字母 A 换作字母 D，将字母 B 换作字母 E。

上述两种都是用字符换字符的例子，此外还有将英文字符代换为其他形式符号的例子。在 18 世纪出现的 pigpen cipher，也是一个典型的代换密码。它是由一个叫 Freemasons 的人发明的，直译过来叫做“猪笔密码”。它是用一个符号来代替一个字母，把 26 个字母写进如图 2-6 所示的四个表格中，然后在加密时用这个字母所挨着表格的那部分来代替。

A B C
D E F
G H I
J K L
M N O
P Q R
S
T U
V
W
X Y
Z

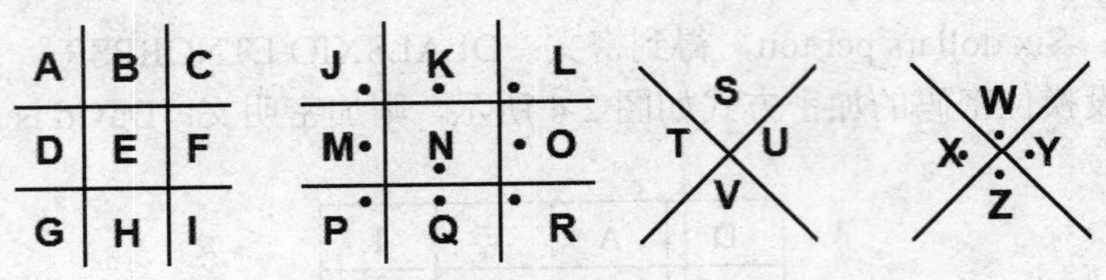

图 2-6 pigpen cipher 代换表

例如，Hello World 加密后的结果如图 2-7 所示：

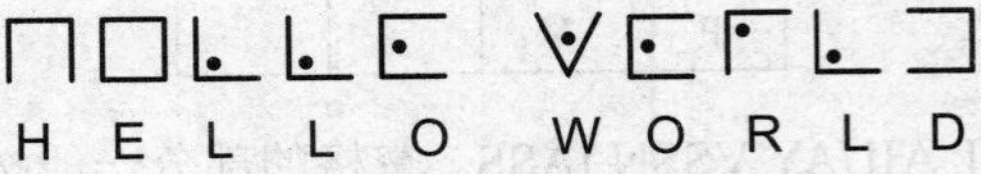

H E L L O W O R L D

图 2-7 加密变换结果

另一个有趣的代换密码的例子是《福尔摩斯探案集》中“跳舞的小人”的故事，读者可以在网上查找相关资料，其故事的具体情节这里不做介绍。故事中，一个组织里的人使用姿态各异的跳舞的小人来代替 26 个英文字母进行秘密通信，小人手拿的旗子表示空格。在故事中曾出现的密文如图 2-8 所示。福尔摩斯根据密文统计规律和人们的用文习惯，破译出跳舞小人与英文字母的对应关系如图 2-9 所示，最终破译整个密文，如图 2-10 所示。

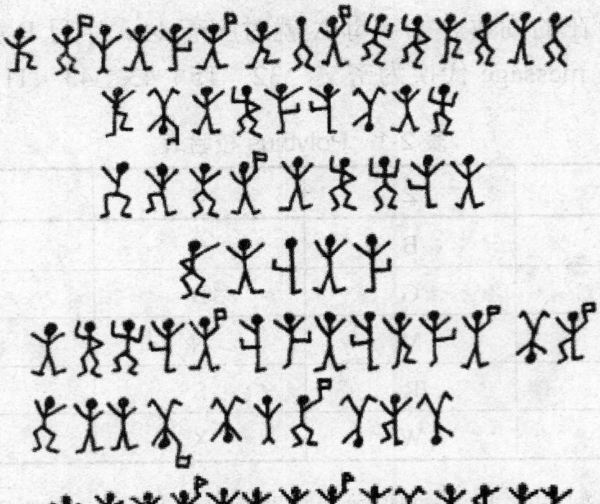

图 2-8 故事中出现的密文

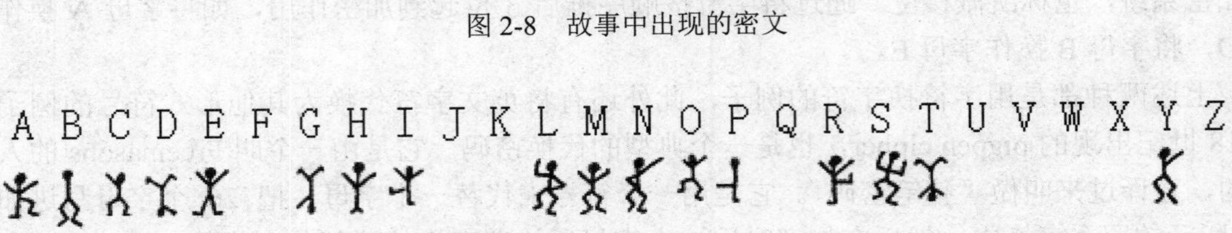

A B C D E F G H I J K L M N O P Q R S T U V W X Y Z

图 2-9 跳舞的小人与英文字母的对应关系

2 Chapter

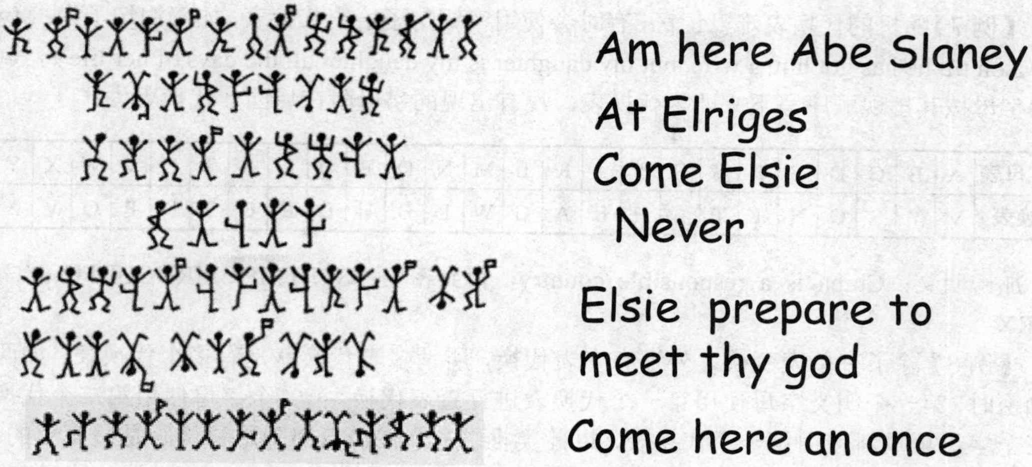

Am here Abe Slaney
At Elriges
Come Elsie
Never
Elsie prepare to meet thy god
Come here an once

图 2-10　破译的密文

羊城晚报 2012 年 9 月 19 日的报道“德庆‘鸟语’濒临失传，如小鸟唱歌曾用于防匪”中，提及的鸟语，也是用“代换”的方法，将日常用语用“鸟语”代替，来进行秘密通信。此外，军队使用的“暗号”，土匪使用的“黑话”等也都可以归入代换密码之列。

下面用几个具体实例来学习代换密码。

【例 5】为了便于对字符进行代换操作，对英文字母进行编号，如表 2-2 所示。

表 2-2　字母编号对照表

A	B	C	D	E	F	G	H	I	J	K	L	M
0	1	2	3	4	5	6	7	8	9	10	11	12
N	O	P	Q	R	S	T	U	V	W	X	Y	Z
13	14	15	16	17	18	19	20	21	22	23	24	25

如前面提到的“凯撒挪移码”可以表示为：$y=(x+3)\bmod 26$，$\bmod 26$ 表示对模 26 取余。加密明文：Japan's Abe to showcase alliance，得到密文：MDSDQVDEHWRVKRZFDVHDOOLDQFH。

【例 6】另一种代换不是简单的移位，而是建立代换表，如表 2-3 所示。

表 2-3　代换表实例

明文	A	B	C	D	E	F	G	H	I	J	K	L	M
密文	Q	M	W	N	E	B	R	V	T	C	Y	X	U
明文	N	O	P	Q	R	S	T	U	V	W	X	Y	Z
密文	Z	I	A	O	S	P	D	L	F	K	G	J	H

加密明文：China is a responsible country，得到密文：WVTZQTPQSEPAIZPTMXEWILZDSJ。

【例 7】随机的代换表难以记忆，有时会使用密钥句子给出代换表，如密钥句子为：My son is my son till he has got him a wife, but my daughter is my daughter all the days of her life 将其中出现的字母按其出现顺序写下来即为代换表，没有出现的字母附在后面。代换表为：

原字母表	A	B	C	D	E	F	G	H	I	J	K	L	M	N	O	P	Q	R	S	T	U	V	W	X	Y	Z
代换表	M	Y	S	O	N	I	T	L	H	E	A	G	W	F	B	U	D	R	C	J	K	P	Q	V	X	Z

加密明文：China is a responsible country，得到密文：SLHFMHCMRNCUBFCHYGNSB KFJRX。

【例 8】除了有单表变换之外还有多表代换，所谓多表代换就是有多个代换表，如两个，在加密时，第一个明文字母使用第一个代换表进行查表代换，第二个字母使用第二个代换表，第三个字母再重新使用第一个代换表，以此类推。多个代换表都采用移位码是最简单的多表代换密码，如代换密钥字为：six，各字母对应的数字编号为：18、8、23，这相当于三个移位变换：

$$y=(x+18)\bmod 26$$
$$y=(x+8)\bmod 26\ ,$$
$$y=(x+23)\bmod 26$$

加密明文：Cryptography is not complicated。

得到密文：UZVHBLYZXHPVAAKGBZGUMDQZSBBV。

这实际是 Vigenère 密码的一个实例，1858 年由法国密码学家 Blaise de Vigenère 提出，它是以移位代换为基础的周期代换密码。

【例 9】移位码的一般表达式是 $y=(x+k)\bmod 26$，在其基础上稍作变换可得到：$y=(ax+b)\bmod 26$，$a,b\in Z_{26}$，且 $\gcd(a,26)=1$，构成仿射密码，系数 a,b 都是取值在 0～25 之间的整数，$\gcd(a,26)=1$ 表示 a 与 26 互素，即没有除 1 以外的公约数。例如当 $a=3$，$b=2$ 时，仿射密码为：$y=(3x+2)\bmod 26$，加密明文：china，即计算：

$$3\begin{pmatrix}2\\7\\8\\13\\0\end{pmatrix}+\begin{pmatrix}2\\2\\2\\2\\2\end{pmatrix}=\begin{pmatrix}8\\23\\0\\15\\2\end{pmatrix}=\begin{pmatrix}\mathrm{I}\\\mathrm{X}\\\mathrm{A}\\\mathrm{P}\\\mathrm{C}\end{pmatrix}\bmod 26$$，即密文为 IXAPC。

【例 10】在仿射密码的基础上更进一步，使得每位密文受多位明文影响，如 $y_1=ax_1+bx_2$，$y_2=cx_1+dx_2$ 等形式，则密码将更难破解，这就是多字母代换密码。Hill 码是典型多字母代换密码，一般使用矩阵来表示：$y=xK$，K 是 $m\times m$ 的可逆矩阵。显然加密时明文将分成 m 位的分组进行。

假设 $m=2$，$K=\begin{pmatrix}3 & 5\\2 & 7\end{pmatrix}$，则加密明文：hill，分为两个分组（7,8）（11,11），分别对应 hi、ll。计算如下：

$$(7,8)\begin{pmatrix}3 & 5\\2 & 7\end{pmatrix}=(21+16,35+56)=(11,13)=(\mathrm{L,N});$$

$$(11,11)\begin{pmatrix}3 & 5\\2 & 7\end{pmatrix}=(33+22,55+77)=(3,2)=(\mathrm{D,C})$$ 。因此，hill 加密结果是 LNDC。

解密时需要使用 K 的逆矩阵：

$$K^{-1}=\begin{pmatrix}3 & 5\\2 & 7\end{pmatrix}^{-1}=\frac{1}{11}\begin{pmatrix}7 & -5\\-2 & 3\end{pmatrix}\bmod 26=\begin{pmatrix}3 & 9\\14 & 5\end{pmatrix}$$ 。

2.3 对称密码体制

2.3.1 概述

对称密码体制也称为秘密密钥密码体制、单密钥密码体制或常规密码体制，其基本特征是加密密钥与解密密钥相同。对称密码体制的基本元素包括原始的明文、加密算法、密钥、密文及攻击者。

发送方的明文消息 $P=[P_1，P_2，…，P_M]$，P 的 M 个元素是某个语言集中的字母，如 26 个英文字母，现在最常见的明文是由二进制字母表{0，1}中元素组成的二进制串。加密之前先生成一个形如 $K=[K_1，K_2，…，K_J]$的密钥作为密码变换的输入参数之一。该密钥或者由消息发送方生成，然后通过安全的渠道送到接收方；或者由可信的第三方生成，然后通过安全渠道分发给发送方和接收方。

发送方通过加密算法根据输入的消息 P 和密钥 K 生成密文：

$$C=[C_1，C_2，…，C_N]，\text{即：}C=E_K(P)。$$

接收方通过解密算法根据输入的密文 C 和密钥 K 恢复明文：

$$P=[P_1，P_2，…，P_M]，\text{即：}P=D_K(C)。$$

一个攻击者（密码分析者）能基于不安全的公开信道观察到密文 C，但不能接触到明文 P 或密钥 K，他可以试图恢复明文 P 或密钥 K。假定他知道加密算法 E 和解密算法 D，若只对当前这个特定的消息感兴趣，则努力的焦点是通过产生一个明文的估计值 P'来恢复明文 P。如果他也对读取未来的消息感兴趣，他就需要试图通过产生一个密钥的估计值 K'来恢复密钥 K，这都是一个密码分析的过程。

对称密码体制的安全性主要取决于两个因素：① 加密算法必须足够安全，使得不必为算法保密，仅根据密文就能破译出消息是不可行的；② 密钥的安全性，密钥必须保密并保证有足够大的密钥空间。对称密码体制要求基于密文和加密/解密算法的知识破译出消息的做法是不可行的。

对称密码算法的优点：加密、解密处理速度快、保密度高等。

对称密码算法的缺点：

（1）密钥是保密通信安全的关键，发信方必须安全、妥善地把密钥护送到收信方，不能泄露其内容。如何才能把密钥安全地送到收信方，是对称密码算法的突出问题。对称密码算法的密钥分发过程十分复杂，所花费代价高。

（2）多人通信时密钥组合的数量会出现爆炸性膨胀，使密钥分发更加复杂化，N 个人进行两两通信，总共需要的密钥数为 N(N-1)/2 个。

（3）通信双方必须统一密钥，才能发送保密的信息。如果发信方与收信方素不相识，这就无法向对方发送秘密信息了。

（4）除了密钥管理与分发问题，对称密码算法还存在数字签名困难问题（通信双方拥有同样的消息，接收方可以伪造签名，发送方也可以否认发送过某消息）。

古典密码中的代换密码、换位密码都属于对称密码体制，在现代密码体制中，分组密码和序列密码，也同样属于典型的对称密码。非对称密码则是指加密密钥和解密密钥不同的公钥密码体制。

2.3.2 分组密码

分组密码和序列密码是现代密码学加密方法，都是先将明文消息编码为数字序列，然后再使用特定方式加密的密码体制。分组密码是将明文消息编码后的数字（简称明文数字）序列，划分成长度为 n 的组（可看成长度为 n 的矢量），每组分别在密钥的控制下变换成等长的输出数字（简称密文数字）序列。

扩散（diffusion）和混乱（confusion）是影响密码安全的主要因素。各种密码算法都在想方设法增加扩散和混乱的程度，以增强密码强度。

扩散是让明文中的单个数字影响密文中的多个数字，从而使明文的统计特征在密文中消失，相当于明文的统计结构被扩散。例如：$c_n = \sum_{i=1}^{k} m_{n+i}$ 是实现扩散的典型例子，从表达式可以看出，k 个明文数字同时决定一个密文数字的生成，相应的，一个明文数字也会影响到 k 个密文数字。

混乱是指让密钥与密文的统计信息之间的关系变得复杂，从而增加通过统计方法进行攻击的难度。使用代换算法就可以很方便实现混乱的作用。

设计安全的分组加密算法，需要考虑对现有密码分析方法的抵抗，如差分分析、线性分析等，还需要考虑密码安全强度的稳定性。分组密码使用硬件实现的优点是运算速度高，使用软件实现的优点是灵活性强、代价低。此外，用软件实现的分组加密要保证每个组的长度适合软件编程（如 8、16、32……），一般使用子块和简单的运算，尽量避免置换操作，以及使用加法、乘法、移位等处理器提供的标准指令；从硬件实现的角度，加密和解密要求在同一个器件上都可以实现，即加密解密硬件实现的相似性。

1. 分组密码的结构

分组密码既要难以破解，又要易于实现，为了克服这一矛盾，分组密码一般采用轮函数 F 进行迭代运算的方式来实现。如图 2-11 所示就是使用轮函数 F 对明文分组 X 进行 r 轮运算，最终得出密文分组 $X=Y(r)$。其中使用的加密密钥，是使用初始密钥 K 在密钥生成器中生成的 r 个密钥：$K(1)$，$K(2)$，……$K(r)$。

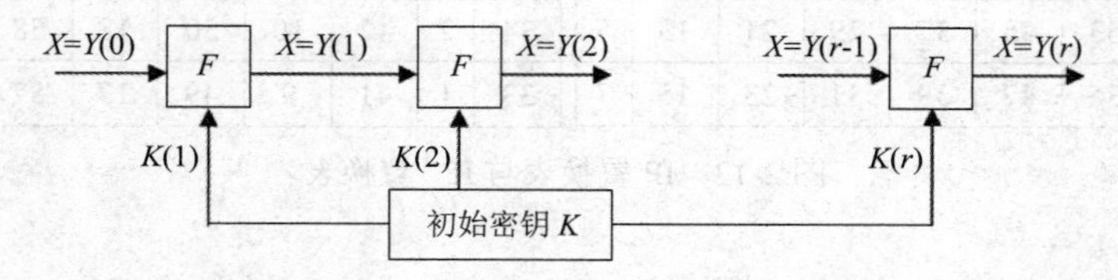

图 2-11 分组密码的一般结构

其中使用的轮函数 F，有时也称“圈函数”，作为分组密码的核心，是经过精心设计的。F 函数一般基于代换-置换网络，代换可以起到混乱作用，而置换可以提供扩散作用。这样经过多轮变换，不断进行代换-置换-代换-置换，最终实现高强度的加密结果。

另外，分组密码还有两种类型的总体结构：Feistel 网络和 SP 网络，其主要区别在于：SP 结构每轮改变整个数据分组，其加解密通常不相似；而 Feistel 结构每轮只改变输入分组的一半，且加解密相似，便于硬件实现。AES 使用的是 SP 结构，而 DES 使用的是 Feistel 结构。

2. 典型的分组密码算法——DES

DES 算法全称为 Data Encryption Standard，即数据加密标准，它是 IBM 公司于 1975 年研究成功的，1977 年被美国政府正式采纳作为数据加密标准。DES 使用一个 56 位的密钥作为初始密钥（如果初始密钥输入 64 位，则将其中 8 位作为奇偶校验位），加密的数据分组是 64 位，输出密文也是 64 位。

DES 算法首先对输入的 64 位明文 X 进行一次初始置换 IP，打乱原有数字顺序得到 X_0，IP 置换表如图 2-12 所示；接着将置换后的 64 位数字分成左右两半，分别记为 L_0 和 R_0，R_1 直接作为下一轮变换的 L_1，同时 R_0 经过子密钥 K_1 控制下的 f 变换的结果与 L_0 逐位异或得到 R_1，这样完成第一轮的变换；接下来用类似方法再进行 15 轮变换后，将得到的 64 位分组进行一次逆初始置换 IP^{-1}，即得到 64 位密文分组（如图 2-13 所示）。运算过程可用公式表示如下：

$$\begin{aligned} R_i &= L_{i-1} \oplus f\left(R_{i-1}, K_i\right), \\ L_i &= R_{i-1}, \end{aligned} \qquad i=1,2,\cdots,16$$

IP							
58	50	42	34	26	18	10	2
60	52	44	36	28	20	12	4
62	54	46	38	30	22	14	6
64	56	48	40	32	24	16	8
57	49	41	33	25	17	9	1
59	51	43	35	27	19	11	3
61	53	45	37	29	21	13	5
63	55	47	39	31	23	15	7

IP^{-1}							
40	8	48	16	56	24	64	32
39	7	47	15	55	23	63	31
38	6	46	14	54	22	62	30
37	5	45	13	53	21	61	29
36	4	44	12	52	20	60	28
35	3	43	11	51	19	59	27
34	2	42	10	50	18	58	26
33	1	41	9	49	17	57	25

图 2-12　IP 置换表与 IP^{-1} 置换表

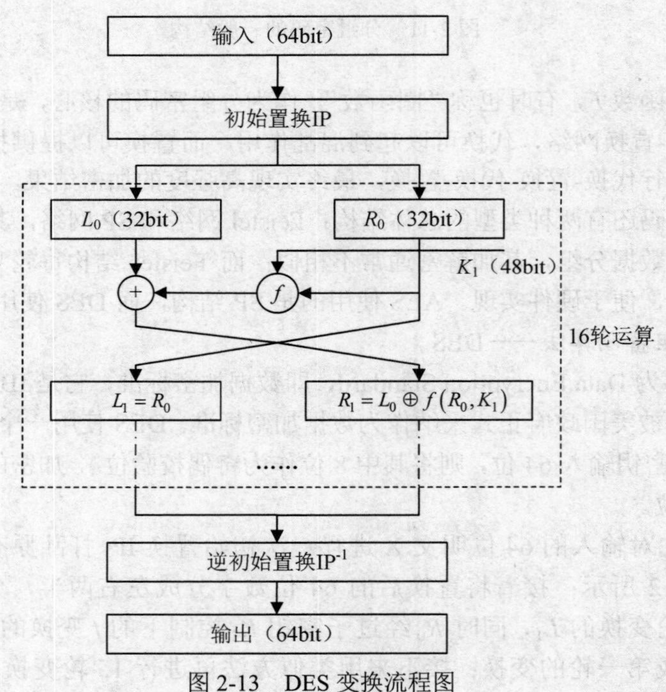

图 2-13　DES 变换流程图

f 函数的变换过程如图 2-14 所示，f 函数有两个输入，一个是 32bit 的 R_{i-1}，一个是 48bit 的 K_i，其输出再与 L_{i-1} 逐位异或，结果为 R_i。在运算中，使用了 E 扩展置换、P 置换，以及 S 盒代换。

轮函数运算中用到的 E 扩展置换（又称扩张函数）、P 置换如图 2-15 所示。

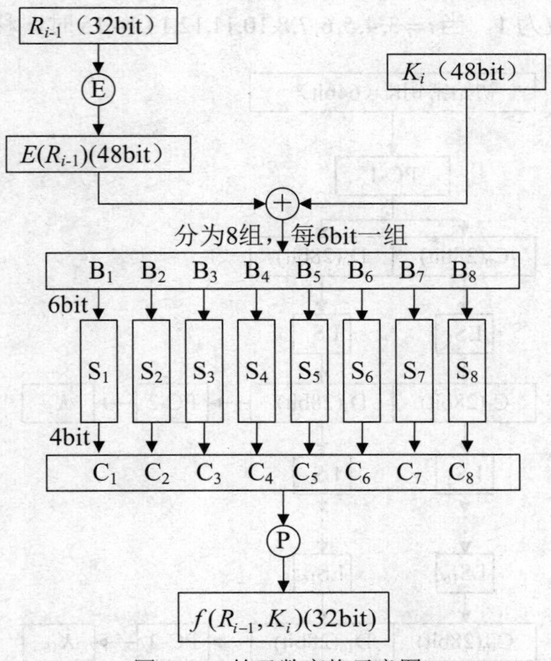

图 2-14　轮函数变换示意图

E					
32	1	2	3	4	5
4	5	6	7	8	9
8	9	10	11	12	13
12	13	14	15	16	17
16	17	18	19	20	21
20	21	22	23	24	25
24	25	26	27	28	29
28	29	30	31	32	1

P			
16	7	20	21
29	12	28	17
1	15	23	26
5	18	31	10
2	8	24	14
32	27	3	9
19	13	30	6
22	11	4	25

图 2-15　E 扩展置换表和 P 置换表

密钥 K_i 的生成过程如图 2-16 所示，在生成密钥的过程中使用了 PC-1、PC-2 两个置换（如图 2-17 所示），由于这两个置换输出位数小于输入位数，故称之为选择置换。

其具体过程是这样的：①首先输入初始密钥 64bit，经过 PC-1 置换，将奇偶校验位去掉，剩余 56bit；②分为两组，每组 28bit，分别经过一个循环左移函数 LS_i，再合并为 56bit；③接着经过 PC-2 置换，将 56bit 转换为 48bit 子密钥。循环进行②③，直到生成 16 轮变换所需的所有子密钥。其中的循环左移函数在每次子密钥生成中，移位位数不同，具体来讲，当

$i = 1,2,9,16$ 时，移位位数为 1，当 $i = 3,4,5,6,7,8,10,11,12,13,14,15$ 时，移位位数为 2。

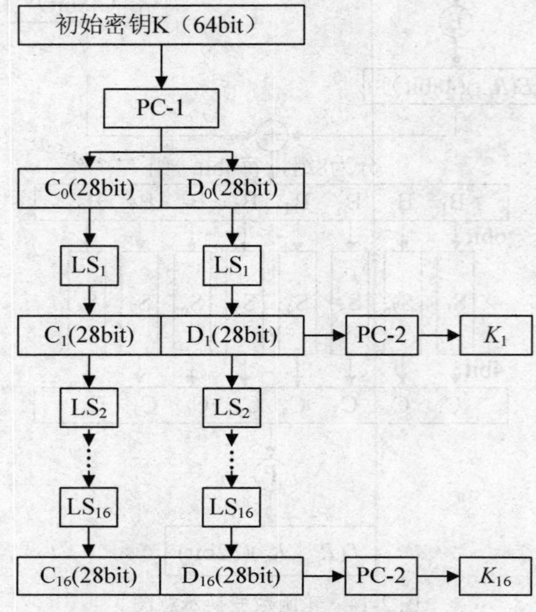

图 2-16　每轮密钥生成过程

PC-1						
57	49	41	33	25	17	9
1	58	50	42	34	26	18
10	2	59	51	43	35	27
19	11	3	60	52	44	36
63	55	47	39	31	23	15
7	62	54	46	38	30	22
14	6	61	53	45	37	29
21	13	5	28	20	12	4

PC-2					
14	17	11	24	1	5
3	28	15	6	21	10
23	19	12	4	26	8
16	7	27	20	13	2
41	52	31	37	47	55
30	40	51	45	33	48
44	49	39	56	34	53
46	42	50	36	29	32

图 2-17　选择置换 PC-1、PC-2

在轮函数中使用的置换盒（S 盒）是经过精心设计的，S 盒共 8 个，每个 S 盒输入为 6bit，输出为 4bit。S 盒的构成如图 2-18 所示，列出了 DES 所使用的 8 个 S 盒。给定 6 位输入后，输出行由外侧 2 位确定，列由内部 4 位确定，每张表的行号分别为“00、01、10、11”，图中使用的是十进制表示，即为“0、1、2、3”，列同样使用十进制数“0~15”表示二进制数“0000~1111”。

列	行																S_i
	0	1	2	3	4	5	6	7	8	9	10	11	12	13	14	15	
0	14	4	13	1	2	15	11	8	3	10	6	12	5	9	0	7	S_1
1	0	15	7	4	14	2	13	1	10	6	12	11	9	5	3	8	
2	4	1	14	8	13	6	2	11	15	12	9	7	3	10	5	0	
3	15	12	8	2	4	9	1	7	5	11	3	14	10	0	6	13	
	0	1	2	3	4	5	6	7	8	9	10	11	12	13	14	15	
0	15	1	8	14	6	11	3	4	9	7	2	13	12	0	5	10	S_2
1	3	13	4	7	15	2	8	14	12	0	1	10	6	9	11	5	
2	0	14	7	11	10	4	13	1	5	8	12	6	9	3	2	15	
3	13	8	10	1	3	15	4	2	11	6	7	12	0	5	14	9	
	0	1	2	3	4	5	6	7	8	9	10	11	12	13	14	15	
0	10	0	9	14	6	3	15	5	1	13	12	7	11	4	2	8	S_3
1	13	7	0	9	3	4	6	10	2	8	5	14	12	11	15	1	
2	13	6	4	9	8	15	3	0	11	1	2	12	5	10	14	7	
3	1	10	13	0	6	9	8	7	4	15	14	3	11	5	2	12	
	0	1	2	3	4	5	6	7	8	9	10	11	12	13	14	15	
0	7	13	14	3	0	6	9	10	1	2	8	5	11	12	4	15	S_4
1	13	8	11	5	6	15	0	3	4	7	2	12	1	10	14	9	
2	10	6	9	0	12	11	7	13	15	1	3	14	5	2	8	4	
3	3	15	0	6	10	1	13	8	9	4	5	11	12	7	2	14	
	0	1	2	3	4	5	6	7	8	9	10	11	12	13	14	15	
0	2	12	4	1	7	10	11	6	8	5	3	15	13	0	14	9	S_5
1	14	11	2	12	4	7	13	1	5	0	15	10	3	9	8	6	
2	4	2	1	11	10	13	7	8	15	9	12	5	6	3	0	14	
3	11	8	12	7	1	14	2	13	6	15	0	9	10	4	5	3	
	0	1	2	3	4	5	6	7	8	9	10	11	12	13	14	15	
0	12	1	10	15	9	2	6	8	0	13	3	4	14	7	5	11	S_6
1	10	15	4	2	7	12	9	5	6	1	13	14	0	11	3	8	
2	9	14	15	5	2	8	12	3	7	0	4	10	1	13	11	6	
3	4	3	2	12	9	5	15	10	11	14	1	7	6	0	8	13	
	0	1	2	3	4	5	6	7	8	9	10	11	12	13	14	15	
0	4	11	2	14	15	0	8	13	3	12	9	7	5	10	6	1	S_7
1	13	0	11	7	4	9	1	10	14	3	5	12	2	15	8	6	
2	1	4	11	13	12	3	7	14	10	15	6	8	0	5	9	2	
3	6	11	13	8	1	4	10	7	9	5	0	15	14	2	3	12	
	0	1	2	3	4	5	6	7	8	9	10	11	12	13	14	15	
0	13	2	8	4	6	15	11	1	10	9	3	14	5	0	12	7	S_8
1	1	15	13	8	10	3	7	4	12	5	6	11	0	14	9	2	
2	7	11	4	1	9	12	14	2	0	6	10	13	15	3	5	8	
3	2	1	14	7	4	10	8	13	15	12	9	0	3	5	6	11	

图 2-18　DES 变换中的 S 盒

例如“**010011**”的输入的外侧位为“**01**”，内侧位为“1001”，在 S_5 中的对应行为 1，列为 9，输出为 0，即为 4 位二进制数“0000”。

DES 算法综合应用了置换、代换、移位等多种密码技术，是一种乘积密码，在结构上使用了迭代运算，结构紧凑、条理清楚，便于实现。算法中只有 S 盒变换为非线性变换，其余变换都是线性变换，其保密性的关键在 S 盒。DES 密钥只有 56 位，这显然难以满足需要。1997 年 4 月 15 日美国国家标准技术研究所（NIST）发起征集 AES（Advanced Encryption Standards，高级数据加密标准）算法的活动，以取代 DES，其基本要求是比三重 DES 快而且更安全，分组长度要求为 128bit，密钥长度为 128/192/256bit。所谓三重 DES 指的是完成三次完整的 DES 运算（16 轮 DES 称为完整的），一般组成有 $E_{k1}E_{k2}E_{k3}$、$E_{k1}D_{k2}E_{k3}$、$E_{k1}E_{k2}E_{k1}$、$E_{k1}D_{k2}E_{k1}$（E 表示加密，D 表示解密，下标表示密钥）。

3. 其他典型的分组密码简介

（1）AES 算法

2000 年 10 月 2 日，NIST 正式宣布选用 Rijndael 算法作为 AES，该算法采用的是 SP 结构，每一轮由三层组成：线性混合层确保多轮之上的高度扩散；非线性层由非线性 S 盒构成，起到混淆作用；密钥加密层的子密钥简单的异或到中间状态上。Rijndael 算法是一个数据块长度和密钥长度都可变的迭代分组密码算法，数据块长度和密钥长度可分别为 128、192、256bit，可以应用于有不同密码强度要求的场合。

（2）Camellia 算法

Camellia 算法是日本电报电话公司和日本三菱电子公司联合设计的，支持 128bit 分组大小，129/192/256bit 密钥长度，和 AES 有着相同的安全限定。Camellia 算法是 NESSIE（New European Schemes for Signature，Integrity and Encryption），推荐作为 128bit 长度的欧洲数据加密标准分组密码算法之一，另一个是 AES。NESSIE 是欧洲信息社会技术委员会计划出资 33 亿欧元支持的一项工程，旨在建立一套完整的数字签名、完整性认证、加密方案的新欧洲方案。

（3）IDEA 国际数据加密算法

IDEA 算法是旅居瑞士的中国青年学者来学嘉和著名密码专家 J.Massey 于 1990 年提出的。它在 1990 年正式公布并在以后得到增强。IDEA 算法是在 DES 算法的基础上发展出来的，类似于三重 DES。IDEA 的密钥为 128 位，类似于 DES。IDEA 算法也是一种数据块加密算法，它设计了一系列加密轮次，每轮加密都使用从完整的加密密钥中生成的一个子密钥。与 DES 的不同之处在于，它采用软件实现和采用硬件实现同样快速。由于 IDEA 是在美国之外提出并发展起来的，避开了美国法律上对加密技术的诸多限制，因此，有关 IDEA 算法和实现技术的书籍都可以自由出版和交流，极大地促进了 IDEA 的发展和完善。

（4）RC 系列密码算法

RC1 未公开出版。

RC2 是 1987 年公布的 64 位分组密码。

RC3 在应用之前就已经被攻破，没有使用。

RC4 是目前世界上使用最广泛的流密码。

RC5 是 1994 年开发的 32/64/128bit 可变分组长度的分组密码。

RC6 是分组长度为 128 位的分组密码，很大程度上基于 RC5，是在 1997 年开发的，曾入围 AES 筛选。

4. *分组密码的分析方法*

分组密码的分析方法主要有：穷举密钥搜索（暴力攻击）、线性分析方法、差分分析方法、相关密钥密码分析、中间相遇攻击。差分分析是目前普遍用于分组密码分析的方法，它可以用来攻击任何一个有迭代固定轮函数结构的密码，例如针对 DES 算法攻击 S 盒。差分分析是一种选择明文攻击，其基本思想是通过分析特定明文差分对相应密文差分的影响来获得可能性最大的密钥。其主要步骤是：①统计所有输入异或与输出异或的对应关系；②输出异或分布的不均匀性是差分攻击的基础。而线性分析是一种已知明文攻击，该攻击方法利用了明文、密文和密钥的若干位之间的线性关系。具体的攻击方法这里不再详细叙述。

2.3.3 序列密码

序列密码也称为流密码（Stream Cipher），它是对称密码算法的一种。序列密码具有实现简单、便于硬件实施、加解密处理速度快、没有或只有有限的错误传播等特点，因此在实际应用中，特别是专用或机密机构中保持着优势，典型的应用领域包括网络通信、无线通信、外交通信等。1949 年 Shannon 证明了只有一次一密的密码体制才是绝对安全的，这给序列密码技术的研究以强大的支持。序列密码方案的发展是模仿一次一密系统的尝试，或者说一次一密的密码方案是序列密码的雏形。如果序列密码所使用的是真正随机方式的、与消息流长度相同的密钥流，则此时的序列密码就是一次一密的密码体制。

1. *序列密码结构*

序列密码的加解密变换一般都是明/密文流与密钥流的逐位异或运算（模 2 加法），序列密码的关键就在于密钥流的产生方法。根据密钥流产生方法的不同可以将序列密码分为同步序列密码和自同步序列密码。

同步序列密码模型如图 2-19 所示，密钥流的产生与明密文都没有关系，一般由一个密钥种子 k 在密钥流生成器中产生，密钥种子 k 要求在安全信道中传递到接收方。此外，加解密的密钥流生成器要进行同步，即有相同的初始状态。

序列密码要求产生的密钥序列尽可能的随机，难以预测，以加强安全性。自同步序列密码的密钥流的产生与密钥种子和已经产生的固定数量的密文字符相关，增强了密钥流分析的难度，更难以被破译，即是一种有记忆变换的序列密码，如图 2-20 所示。

如果密钥流生成器生成的密钥流周期是无限长的（也可以认为是无周期的），就可以构造出绝对安全的一次一密密码体制。但这在实际实现时是难以达到的，只能追求制造尽可能大的周期的密钥流，来尽可能地提高密码体制的安全性。因此，序列密码的设计核心在于密钥流生成器的设计，其产生的密钥流的周期、复杂度、随机（伪随机）特性等，都将影响密码体制的强度。

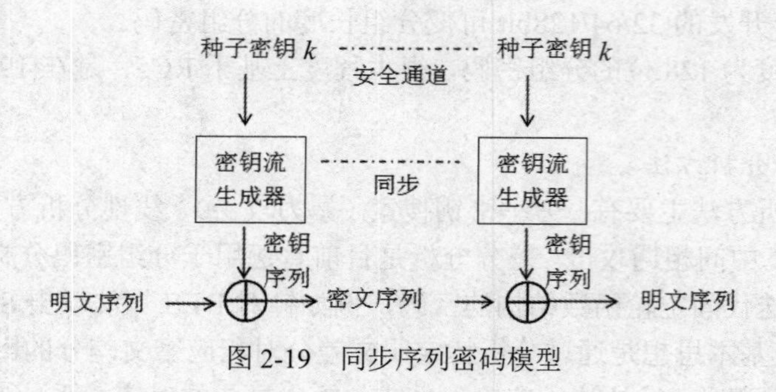

图 2-19　同步序列密码模型

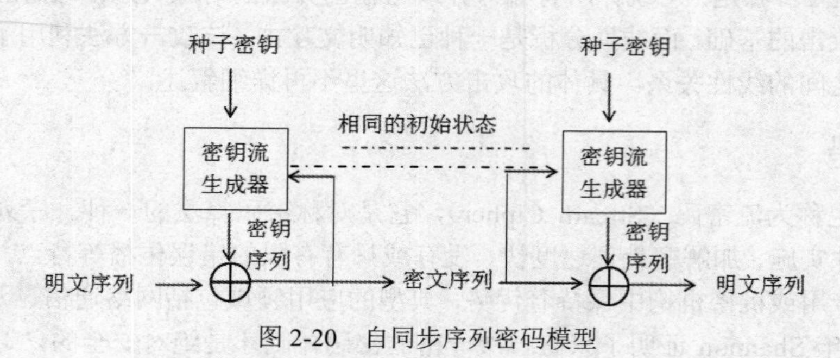

图 2-20　自同步序列密码模型

产生密钥流最重要的部件是线性反馈移位寄存器（Linear Feedback Shift Register，LFSR），它具有如下特点：LFSR 非常适合硬件实现；能够产生大的周期序列；产生的序列具有较好的统计特性；其结构能够用代数方法进行分析。

反馈移位寄存器（FSR）的结构如图 2-21 所示。a_i 表示 1 个存储单元，具有 0、1 两种状态，a_i 的个数 n 是反馈移位寄存器的级数，n 个存储单元的值构成 n 级 LFSR 的一个状态。每一次状态变化时，每一级存储器 a_i 都将其内容向下一级传递，a_n 的值则由寄存器当前状态计算的值 $f(a_1,a_2,a_3,\cdots,a_n)$ 决定。

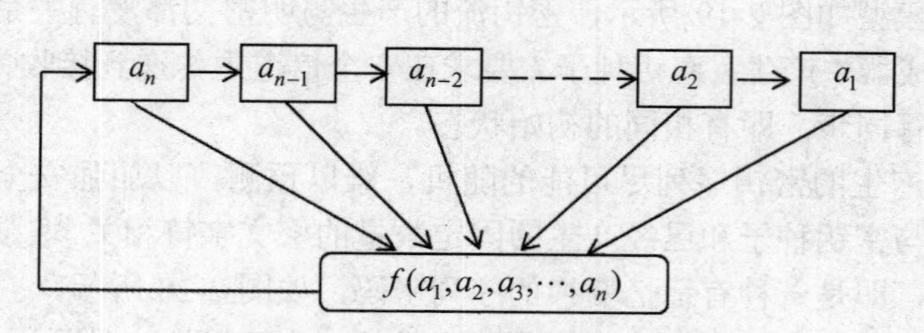

图 2-21　反馈移位寄存器的结构

如果反馈函数形如 $f(a_1,a_2,a_3,\cdots,a_n)=k_na_1\oplus k_{n-1}a_2\oplus\cdots\oplus k_1a_n$，其中系数 $k_i\in\{0,1\}$

$(i=1,2,\cdots,n)$，则为线性函数，反馈移位寄存器就是 LFSR，否则就是非线性反馈移位寄存器（NFSR）。将系数 k_i 用种子密钥 k 确定，LFSR 的初始状态也就确定了，将其中一个存储单元的值作为输出（如 a_1），就构成了一个密钥流生成器。

【例 11】如图 2-21 所示的 FSR 中，假设 $n=4$，$f(a_1,a_2,a_3,a_4)=a_1 \oplus a_3 \oplus a_4$，$a_1$ 作为输出，初始状态 $(a_1,a_2,a_3,a_4)=(1,0,1,0)$，试求出初始密钥，输出序列及其周期。此处不做解答，请读者自行作答。

2. 序列密码与分组密码的对比

分组密码以一定长度的分组作为每次处理的基本单元，而序列密码则是以一个元素（一个字母或一个比特）作为基本的处理单元。

序列密码是一个随时间变化的加密变换，具有转换速度快、传播错误低等优点，硬件实现电路更简单；其缺点是低扩散（意味着混乱不够）、对插入及修改不敏感。

分组密码使用的是一个不随时间变化的固定变换，具有扩散性好、插入敏感等优点；其缺点是加解密处理速度慢、存在错误传播。

序列密码涉及到大量的理论知识，提出了众多的设计原理，也得到了广泛的分析，但许多研究成果并没有完全公开，这也许是因为序列密码目前主要应用于军事和外交等机密部门的缘故。目前，公开的序列密码算法主要有 RC4、SEAL 等。

3. RC4 算法简介

RC4 加密算法是 RSA 三人组中的 Ron Rivest 在 1987 年设计的密钥长度可变的流加密算法簇。之所以称其为簇，是由于其核心部分的 S 盒长度可变，但一般为 256 字节。该算法的速度可以达到 DES 加密的 10 倍左右，且具有很高级别的非线性。RC4 起初是用于保护商业机密的，直到 1994 年 9 月被人匿名公布在互联网上之前，一直处于保密状态。

RC4 算法包括初始化算法（KSA）和伪随机子密码生成算法（PRGA）两大部分。

2.4 非对称密码体制

2.4.1 概述

非对称密码体制也叫公开密钥密码体制、双密钥密码体制。其原理是加密密钥与解密密钥不同，形成一个密钥对，用其中一个密钥加密的结果，可以用另一个密钥来解密。公钥密码体制的发展是整个密码学发展史上最伟大的一次革命，它与以前的密码体制完全不同。这是因为：公钥密码算法是基于数学问题求解的困难性，而不再是基于代替和换位方法；另外，公钥密码体制是非对称的，它使用两个独立的密钥，一个可以公开，称为公钥，另一个不能公开，称为私钥。

公开密钥密码体制的产生主要基于以下两个原因：一是为了解决常规密钥密码体制的密钥管理与分配的问题；二是为了满足对数字签名的需求。因此，公钥密码体制在消息的保密性、密钥分配和认证领域有着重要的意义。

在公开密钥密码体制中，公开密钥是可以公开的信息，而私有密钥是需要保密的。加密算法 E 和解密算法 D 也都是公开的。用公开密钥对明文加密后，仅能用与之对应的私有密钥解密，才能恢复出明文，反之亦然。

1. 公开密钥密码体制的优点

（1）网络中的每一个用户只需要保存自己的私有密钥，则 N 个用户仅需产生 N 对密钥。密钥少，便于管理。

（2）密钥分配简单，不需要秘密的通道和复杂的协议来传送密钥。公开密钥可基于公开的渠道（如密钥分发中心）分发给其他用户，而私有密钥则由用户自己保管。

（3）可以实现数字签名。

2. 公开密钥密码体制的缺点

与对称密码体制相比，公开密钥密码体制的加密、解密处理速度较慢，同等安全强度下公开密钥密码体制的密钥位数要求多一些。公开密钥密码体制与常规密码体制的对比见表 2-4。

表 2-4 公开密钥密码体制与常规密码体制的比较

分类	常规密码体制	公开密钥密码体制
运行条件	加密和解密使用同一个密钥和同一个算法	用同一个算法进行加密和解密，而密钥有一对，其中一个用于加密，另一个用于解密
	发送方和接收方必须共享密钥和算法	发送方和接收方使用一对相互匹配，而又彼此互异的密钥
安全条件	密钥必须保密	密钥对中的私钥必须保密
	如果不掌握其他信息，要想解密报文是不可能或至少是不现实的	如果不掌握其他信息，要想解密报文是不可能或者至少是不现实的
	知道所用的算法加上密文的样本必须不足以确定密钥	知道所用的算法、公钥和密文的样本必须不足以确定私钥

2.4.2 RSA 公钥密码体制

RSA 公钥加密算法是 1977 年由 Ron Rivest、Adi Shamirh 和 LenAdleman 在美国麻省理工学院开发的。RSA 取名来自它的三个开发者的名字。RSA 是目前最有影响力的公钥加密算法，它能够抵抗到目前为止已知的所有密码攻击，已被 ISO 推荐为公钥数据加密标准。RSA 算法基于一个十分简单的数论事实：将两个大素数相乘十分容易，但是想要对其乘积进行因式分解却极其困难，因此可以将乘积公开作为加密密钥。

1. RSA 算法描述

首先选取两个不同的大素数 p，q，得到 $n = p \times q$，$\varphi(n) = (p-1) \times (q-1)$；然后随机选取一个正整数 e，满足 $\gcd(e,\ \varphi(n)) = 1$；最后求出 $d = e^{-1} \bmod (\varphi(n))$。

这样，RSA 算法涉及的参数：p，q，n，e，d 都得到了。其相互关系可以概括为：n 是两

个大素数 p，q 的乘积，当 n 用二进制表示时所占用的位数，就是所谓的密钥长度；e，d 互为模 $\varphi(n)$ 时的逆元。

在进行加解密时，(p，q，d) 作为私钥，(n，e) 作为公钥公开。使用公钥进行加密，使用私钥进行解密。对明文 M 进行加密的过程为：$C = M^e \bmod n$。对密文 C 进行解密的过程为：$M = C^d \bmod n$。

【例 12】假设 RSA 密码体制中 $p = 7$，$q = 5$，$e = 7$，则：$n = 35$，$\varphi(n) = 6 \times 4 = 24$，$d = e^{-1} \bmod(24) = 7$。

加密明文 M=5，得到密文 $C = 5^7 \bmod 35 = 5$。

解密密文得到明文：$M = 5^7 \bmod 35 = 5$。

2. RSA 算法特点

RSA 的安全性依赖于大数的因子分解，但并没有从理论上证明破译 RSA 的难度与大数分解难度等价。即 RSA 的重大缺陷是无法从理论上把握它的保密性能如何，而且密码学界多数人士倾向于因子分解不是 NPC 问题。

RSA 的缺点主要有：①产生密钥很麻烦，受到素数产生技术的限制，因而难以做到一次一密。②分组长度太大，为保证安全性，n 至少也要 600bit 以上，使运算代价很高，尤其是速度较慢，较对称密码算法慢几个数量级；且随着大数分解技术的发展，这个长度还在增加，不利于数据格式的标准化。目前，SET（Secure Electronic Transaction）协议中要求 CA 采用 2048bit 长的密钥，其他实体使用 1024bit 的密钥。③RSA 密钥长度会随着保密级别提高，增加很快。

2.4.3 ElGamal 公钥密码体制

ElGamal 算法，是一种较为常见的加密算法，它基于 1984 年提出的公钥密码体制和椭圆曲线加密体系，既能用于数据加密也能用于数字签名，其安全性依赖于计算有限域上离散对数这一难题。在加密过程中，生成的密文长度是明文的两倍，且每次加密后都会在密文中生成一个随机数。

密钥对的产生办法：首先选择一个素数 p，两个小于 p 的随机数 g，x，计算 $y = g^x \bmod p$，则其公钥为 (y, g, p)，私钥是 x，g 和 p 可由一组用户共享。

ElGamal 用于数字签名时，设被签名信息为 M，首先选择一个随机数 k，与 $p-1$ 互素，计算 $a = g^k \bmod p$，再用扩展欧几里得算法对下面方程求解 b：$M = (xa + kb) \bmod(p-1)$，签名就是 (a, b)。随机数 k 须丢弃。

签名时要验证：$y^a \times a^b \bmod p = g^M \bmod p$，同时一定要检验是否满足 $1 \leqslant a < p$。否则签名容易伪造。

ElGamal 用于加密时，设被加密信息为 M，首先选择一个与 $p-1$ 互素的随机数 k，计算 $a = g^k \bmod p$，$b = y^k M \bmod p$，(a, b) 为密文，是明文的两倍长。解密时计算 $M = b / a^x \bmod p$。

ElGamal 签名的安全性依赖于乘法群上的离散对数计算。素数 p 必须足够大，且 $p-1$ 至少包含一个大素数因子以抵抗 Pohlig & Hellman 算法的攻击。M 一般都应采用信息的 Hash 值（如 SHA 算法）。ElGamal 的安全性主要依赖于 p 和 g，若选取不当则签名容易伪造，应保证 g 对于 $p-1$ 的大素数因子不可约。

2.5 Hash 算法

2.5.1 Hash 算法的概念及应用

Hash，一般翻译做“散列”，也有直接音译为“哈希”的，就是把任意长度的输入（又叫做预映射，pre-image），通过散列算法，变换成固定长度的输出，该输出就是散列值。这种转换是一种压缩映射，也就是说，散列值的空间通常远小于输入的空间，不同的输入可能会散列成相同的输出，而不可能从散列值来唯一地确定输入值。简单的说，就是一种将任意长度的消息压缩到某一固定长度的消息摘要的函数。

对一个散列算法来说，一般要求不同的消息得到不同的散列值，即每个散列值可以唯一代表一个消息。原始消息的微小改变要求能带来散列值的巨大改变。如果找到两个不同的消息，经 Hash 运算得到了相同的散列值，就称之为找到了一对“弱碰撞”；确定一个消息及其散列值，如果能找出另一个消息，经 Hash 运算得到与已知消息相同的散列值，则称为找到了一对“强碰撞”。

典型的散列函数都有无限定义域，比如任意长度的字节字符串和有限的值域，比如固定长度的比特串。在某些情况下，散列函数可以设计成具有相同大小的定义域和值域间的一一对应。一一对应的散列函数也称为排列。可逆性可以通过使用一系列的对于输入值的可逆“混合”运算而得到。

Hash 算法在信息安全方面的应用主要体现在以下 3 个方面：

1. 文件校验

我们比较熟悉的校验算法有奇偶校验和 CRC 校验，这两种校验并没有抗数据篡改的能力，它们一定程度上能检测并纠正数据传输中的信道误码，但却不能防止对数据的恶意破坏。

MD5 Hash 算法的“数字指纹”特性，使它成为目前应用最广泛的一种文件完整性校验和（Checksum）算法，不少 UNIX 系统有提供计算 MD5 校验和的命令。

2. 数字签名

Hash 算法也是现代密码体系中的一个重要组成部分。由于非对称算法的运算速度较慢，所以在数字签名协议中，单向散列函数扮演了一个重要的角色。对 Hash 值（又称“数字摘要”）进行数字签名，在统计上可以认为与对文件本身进行数字签名是等效的。而且这样的协议还有其他的优点。

3. 鉴权协议

如下的鉴权协议又被称作挑战-认证模式：在传输信道可被侦听但不可被篡改的情况下，

这是一种简单而安全的方法。

以上就是一些关于 Hash 算法的基本预备知识。

2.5.2 常见的 Hash 算法

1. MD4

MD4（RFC1320）是麻省理工学院的 Ronald L. Rivest 在 1990 年设计的，MD 是 Message Digest（消息摘要）的缩写。它适合在 32 位字长的处理器上用高速软件实现——实际上是基于 32 位操作数的位操作来实现的。

2. MD5

MD5（RFC1321）是 Rivest 于 1991 年对 MD4 的改进版本，输入仍以 512 位分组，输出是 4 个 32 位字的级联，与 MD4 相同。MD5 比 MD4 来得复杂，并且速度较之要慢一点，但更安全，在抗分析和抗差分方面表现更好。

3. SHA-1 及其他

SHA-1 是由 NIST NSA 设计为同 DSA 一起使用的，它对长度小于 264 位的输入，产生长度为 160 位的散列值，因此抗穷举（brute-force）性更好。SHA-1 的设计基于与 MD4 相同原理，并且模仿了该算法。

2.6 数字签名

2.6.1 数字签名的定义

所谓数字签名就是附加在数据单元上的一些数据，或是对数据单元所作的密码变换。这种数据或变换允许数据单元的接收者用以确认数据单元的来源和数据单元的完整性并保护数据，防止被人（例如接收者）进行伪造。它是对电子形式的消息进行签名的一种方法，一个签名消息能在一个通信网络中传输。基于公钥密码体制和私钥密码体制都可以获得数字签名，主要是基于公钥密码体制的数字签名，包括普通数字签名和特殊数字签名。普通数字签名算法有 RSA、ElGamal、Fiat-Shamir、Guillou-Quisquarter、Schnorr、Ong-Schnorr-Shamir 数字签名算法、DES/DSA，椭圆曲线数字签名算法和有限自动机数字签名算法等。特殊数字签名有盲签名、代理签名、群签名、不可否认签名、公平盲签名、门限签名、具有消息恢复功能的签名等，它与具体应用环境密切相关。显然，数字签名的应用涉及到法律问题，美国联邦政府基于有限域上的离散对数问题制定了自己的数字签名标准（DSS）。

数字签名的应用过程是，数据源发送方使用自己的私钥对数据校验和或其他与数据内容有关的变量进行加密处理，完成对数据的合法“签名”，数据接收方则利用对方的公钥来解读收到的“数字签名”，并将解读结果用于对数据完整性的检验，以确认签名的合法性。数字签名技术是在网络系统虚拟环境中确认身份的重要技术，完全可以代替现实过程中的“亲笔签字”，在技术和法律上有保证。在数字签名应用中，发送者的公钥可以很方便地得到，但他的私钥则需要严格保密。

使用者可以对其发出的每一封电子邮件进行数字签名。这不是指落款或签名档（普遍把落款误认成签名）。在我国数字签名是具法律效力的，正在被普遍使用。2000 年，中华人民共和国新的《合同法》首次确认了电子合同、电子签名的法律效力。2005 年 4 月 1 日起，中华人民共和国首部《电子签名法》正式实施。

2.6.2 数字签名的特点

在数字签名中，每个人都有一对“钥匙”（数字身份），其中一个只有她/他本人知道（私钥），另一个是公开的（公钥）。签名的时候用私钥，验证签名的时候用公钥。又因为任何人都可以落款声称她/他就是使用者本人，因此公钥必须向接受者信任的人（身份认证机构）来注册。注册后身份认证机构给使用者发放数字证书。对文件签名后，使用者把此数字证书连同文件及签名一起发给接受者，接受者向身份认证机构求证是否真的是用使用者的密钥签发的文件。

数字签名主要有以下特点：

1. 真实性

公钥加密系统允许任何人在发送信息时使用私钥进行加密，数字签名能够让信息接收者利用发送者的公钥确认发送者的身份。当然，接收者不可能百分之百确信发送者的真实身份，而只能在密码系统未被破译的情况下才有理由确信。

鉴权的重要性在财务数据上表现得尤为突出。举个例子，假设一家银行将指令由它的分行传输到它的中央管理系统，指令的格式是(a,b)，其中 a 是账户的账号，而 b 是账户的现有金额。这时一位远程客户可以先存入 100 元，观察传输的结果，然后接二连三地发送格式为(a,b)的指令。这种方法被称作重放攻击。

2. 完整性

传输数据的双方都总希望确认消息未在传输的过程中被修改。加密使得第三方想要读取数据十分困难，然而第三方仍然能采取可行的方法在传输的过程中修改数据。一个通俗的例子就是同形攻击：回想一下，还是上面的那家银行从它的分行向它的中央管理系统发送格式为(a,b)的指令，其中 a 是账号，而 b 是账户中的金额。一个远程客户可以先存 100 元，然后拦截传输结果，再传输(a,b^3)，这样他就立刻变成百万富翁了。

3. 不可否认性

在密文背景下，抵赖这个词指的是不承认与消息有关的举动（即声称消息来自第三方）。消息的接收方可以通过数字签名来防止所有后续的抵赖行为，因为接收方可以出示签名给别人看来证明信息的来源。

2.6.3 PGP 数字签名

PGP（Pretty Good Privacy）是 1991 年由 Philip Zimmermann 开发的数字签名软件，提供

用于电子邮件和文件存储应用的保密与鉴别服务，OpenPGP 已提交 IETF 标准化。主要特点有：免费；可用于多平台如 DOS/Windows、UNIX、Macintosh 等；选用算法的生命力和安全性为公众认可；具有广泛的可用性；不由政府或标准化组织控制。

PGP 充分使用现有的各类安全算法，实现了以下几种服务：数字签名和鉴别、压缩、加密、密钥管理等。

1. 数字签名和鉴别

数字签名能够保证接收者接收的信息没有经过未授权的第三方篡改，并确信报文来自发送者。PGP 使用如下步骤实现数字签名：第一步，发送者创建报文，使用 SHA-2 等散列算法生成散列代码，然后使用自己的私有密钥采用 RSA 对散列代码加密，并将结果串接在报文前面；第二步，接收者使用发送者的公开密钥，采用 RSA 解密得到散列代码，然后和根据接收到的报文重新计算的散列代码比较鉴别，如果匹配，则接受报文。

目前，PGP 使用的数字签名主要有：DSS/SHA 或 RSA/SHA，消息完整性认证使用的散列函数包括：SHA-2（256bit）、SHA-2（384bit）、SHA-2（512bit）、SHA-1（160bit）、RIPEMD（128bit）、MD-5（128bit）等。

2. 压缩

压缩是为了减少网络传输时间和磁盘空间，提高安全性。同时，压缩也减少了明文中的上下文相关信息。PGP 在签名之后加密之前对报文进行压缩，它使用了由 Jean-loup Gailly、Mark Adler、Richard Wales 等编写的 ZIP 压缩算法。

3. 加密

PGP 对每次会话的报文进行加密后传输，它采用的加密算法包括：AES-256、AES-192、AES-128、CAST、3DES、IDEA、Twofish 等。PGP 结合了常规密钥加密和公开密钥加密算法，一方面，使用对称加密算法进行加密提高加密速度；另一方面，使用公开密钥解决了会话密钥分配问题，因为只有接收者才能用私有密钥解密一次性会话密钥。PGP 巧妙的将常规密钥加密和公开密钥加密结合起来，从而使会话安全得到保证。

4. 密钥管理

PGP 包含四种密钥：一次性会话密钥、公开密钥、私有密钥和基于口令短语的常规密钥。各类密钥要进行科学管理，以保证其安全性。

用户使用 PGP 时，首先生成一个公开密钥/私有密钥对。其中公开密钥可以公开，而私有密钥绝对不能公开。PGP 将公开密钥和私有密钥用两个文件存储，一个用来存储该用户的公开/私有密钥，称为私有密钥环；另一个用来存储其他用户的公开密钥，称为公开密钥环。

假设 A 想要获得 B 的公开密钥，可以采取几种方法，包括拷贝给 A、通过电话验证公开密钥是否正确、从双方都信任的人 C 那里获得、从认证中心获得等。PGP 并没有建立认证中心这样的概念，而是采用信任机制。公开密钥环上的每个实体都有一个密钥合法性字段，用来标识信任程度。信任级别包括完全信任、少量信任、不可信任和不认识的信任等。当新来一个公开密钥时，根据上面附加的签名来计算信任值的权重和，以确定信任程度。

双方使用一次性会话密钥对每次会话内容进行加解密。这个密钥本身是基于用户鼠标和键盘击键时间而产生的随机数。这个密钥经过 RSA 或 Diffie-Hellman 算法加密后和报文一起传送到对方。

2.7 密钥管理

2.7.1 密钥管理的概念

密钥管理包括从密钥的产生到密钥的销毁的各个方面，贯穿整个密钥的生存期。主要表现为管理体制、管理协议和密钥的产生、分配、更换、注入、注销、销毁等。而对于军用计算机网络系统，由于用户机动性强，隶属关系和协同作战指挥等方式复杂，因此，对密钥管理提出了更高的要求。

1. 密钥生成

密钥长度应该足够长。一般来说，密钥长度越大，对应的密钥空间就越大，攻击者使用穷举猜测密码的难度就越大。

选择好密钥，避免弱密钥。由自动处理设备生成的随机比特串是好密钥，选择密钥时，应该避免选择一个弱密钥。

对公钥密码体制来说，密钥生成更加困难，因为密钥必须满足某些数学特征。

密钥生成可以通过在线或离线的交互协商方式实现，如密码协议等。

2. 密钥分发

采用对称加密算法进行保密通信，需要共享同一密钥。通常是系统中的一个成员先选择一个秘密密钥，然后将它传送给另一个成员或别的成员。密钥加密密钥加密其他需要分发的密钥；而数据密钥只对信息流进行加密。密钥加密密钥一般通过手工分发。为增强保密性，也可以将密钥分成许多不同的部分然后用不同的信道发送出去。

3. 验证密钥

密钥附着一些检错和纠错位来传输，当密钥在传输中发生错误时，能很容易地被检查出来，并且如果需要，密钥可被重传。

接收端也可以验证接收的密钥是否正确。发送端用密钥加密一个常数，然后把密文的前2～4 个字节与密钥一起发送。在接收端，做同样的工作，如果接收端解密后的常数能与发送端常数匹配，则传输无错。

4. 更新密钥

当密钥需要频繁地改变时，频繁进行新的密钥分发的确是困难的事。一种更容易的解决办法是从旧的密钥中产生新的密钥，有时称为密钥更新。可以使用单向函数进行更新密钥。如果双方共享同一密钥，并用同一个单向函数进行操作，就会得到相同的结果。

5. 密钥存储

密钥可以存储在大脑、磁条卡、智能卡中。也可以把密钥平分成两部分，一半存入终端一半存入 ROM。还可采用类似于密钥加密密钥的方法对难以记忆的密钥进行加密保存。

6. 备份密钥

密钥的备份可以采用密钥托管、秘密分割、秘密共享等方式。

最简单的方法是使用密钥托管中心。密钥托管要求所有用户将自己的密钥交给密钥托管中心，由密钥托管中心备份保管密钥（如锁在某个地方的保险柜里或用主密钥对它们进行加密保存），一旦用户的密钥丢失（如用户遗忘了密钥或用户意外死亡），按照一定的规章制度，可从密钥托管中心索取该用户的密钥。另一个备份方案是用智能卡作为临时密钥托管。如 Alice 把密钥存入智能卡，当 Alice 不在时就把它交给 Bob，Bob 可以利用该卡进行 Alice 的工作，当 Alice 回来后，Bob 交还该卡，由于密钥存放在卡中，所以 Bob 不知道密钥是什么。

秘密分割把密钥分割成许多碎片，每一片本身并不代表什么，但把这些碎片放到一块，密钥就会重现出来。

一个更好的方法是采用一种秘密共享协议。将密钥 K 分成 n 个共享，知道 n 个共享中的任意 m 个或更多个共享就能够计算出密钥 K，知道任意 m-1 个或更少都不能够计算出密钥 K，这叫做（m,n）门限（阈值）方案。目前，人们基于拉格朗日内插多项式法、射影几何、线性代数、中国剩余定理等提出了许多秘密共享方案，如 Shamir、Asmuth-Bloom 等。

秘密共享解决了两个问题：一是若密钥偶然或有意地被暴露，整个系统就易受攻击；二是若密钥丢失或损坏，系统中的所有信息就不能用了。

7. 密钥有效期

加密密钥不能无限期使用，有以下有几个原因：密钥使用时间越长，它泄露的机会就越大；如果密钥已泄露，那么密钥使用越久，损失就越大；密钥使用越久，人们花费精力破译它的诱惑力就越大，甚至采用穷举攻击法；对用同一密钥加密的多个密文进行密码分析一般比较容易。所以密钥是有使用期限的，且不同的密钥应有不同有效期。

数据密钥的有效期主要依赖数据的价值和给定时间里加密数据的数量。价值与数据传送率越大，所用的密钥更换应越频繁。

密钥加密密钥无需频繁更换，因为它们只是偶尔地用作密钥交换。在某些应用中，密钥加密密钥仅一月或一年更换一次。

用来加密保存数据文件的加密密钥不能经常地变换。通常是每个文件用唯一的密钥加密，然后再用密钥加密密钥把所有密钥加密，密钥加密密钥要么被记忆下来，要么保存在一个安全地点。当然，丢失该密钥意味着丢失所有的文件加密密钥。

公开密钥密码应用中的私钥的有效期是根据应用的不同而变化的。用作数字签名和身份识别的私钥必须持续数年（甚至终身），用作抛掷硬币协议的私钥在协议完成之后就应该立即销毁。即使期望密钥的安全性持续终身，两年更换一次密钥也是要考虑的。旧密钥仍需保密，以防用户需要验证从前的签名。但是新密钥将用作新文件签名，以减少密码分析者所能攻击的签名文件数目。

8. 密钥的注销和销毁

如果密钥必须替换，旧密钥就必须注销或销毁。要注意注销的密钥仍要保密，以防止被用来猜测新密钥；销毁时也要注意保证彻底销毁，防止被恢复。

2.7.2 密钥分配

由于公钥体制运算时计算量大，通常用做数字签名，而对称密码体制通常用于数据加密。这就涉及到密钥分配（分发），这个过程通常是系统中的一个成员先选择一个秘密密钥，然后将它传送给另一个成员或别的成员，这个过程必须保证密钥不被泄露。根据密钥分配时所使用的密码技术，可以分为对称算法和非对称算法的密钥分配两种。

1. 对称算法的密钥分配

下面介绍一个基于对称密码体制的密钥分配协议——Kerboros 协议。在这个系统中，有一个可信中心（对称密钥分发中心 KDC），每个用户都有一个唯一的秘密密钥 K 和用户识别信息 ID，用来与可信中心进行通信，加密算法使用 DES。设有用户 U 和用户 V，用 $ID(U)$、$ID(V)$ 分别表示用户 U、V 的识别信息，K_U、K_V 分别表示 U、V 与可信中心的通信密钥，使用该协议传输一个会话密钥的过程如下：

（1）用户 U 向可信中心申请一个会话密钥，以便与用户 V 通信。

（2）可信中心随机选择一个会话密钥 K，一个时戳 T 和一个生存期 L。

（3）可信中心计算 $m_1 = E_{K_U}(K, ID(V), T, L)$ 和 $m_2 = E_{K_V}(K, ID(U), T, L)$ 并将这两个值发给 U。

（4）用户 U 首先解密 m_1 获得 K，$ID(V)$，T 和 L，然后计算 $m_3 = E_K(ID(U), T)$ 并将 m_3 和 m_2 一起发给 V。

（5）用户 V 首先解密 m_2 获得 K，$ID(U)$，T 和 L，然后使用 K 解密 m_3 获得 $ID(U)$，T，并比较两个 T 值和两个 $ID(U)$ 值是否一样，如果一样，那么用 V 计算 $m_4 = E_K(T+1)$，并将 m_4 发送给 U。

（6）U 使用 K 解密 m_4 获得 $T+1$，并与之前得到的 T 值进行验证。

完整过程如图 2-22 所示。

2. 非对称算法的密钥分配

通过公开密钥加密技术实现对称密钥的管理使相应的管理变得更加简单和更加安全，同时还解决了纯对称密钥模式中存在的可靠性问题和鉴别问题。贸易方可以为每次交换的信息（如每次的 EDI 交换）生成唯一一把对称密钥并用公开密钥对该密钥进行加密，然后再将加密后的密钥和用该密钥加密的信息（如 EDI 交换）一起发送给相应的贸易方。由于对每次信息交换都对应生成了唯一一把密钥，因此各贸易方就不再需要对密钥进行维护和担心密钥的泄露或过期。这种方式的另一优点是，即使泄露了一把密钥也将只影响一笔交易，而不会影响到贸易双方之间所有的交易关系。这种方式还提供了贸易伙伴间发布对称密钥的一种安全途径。

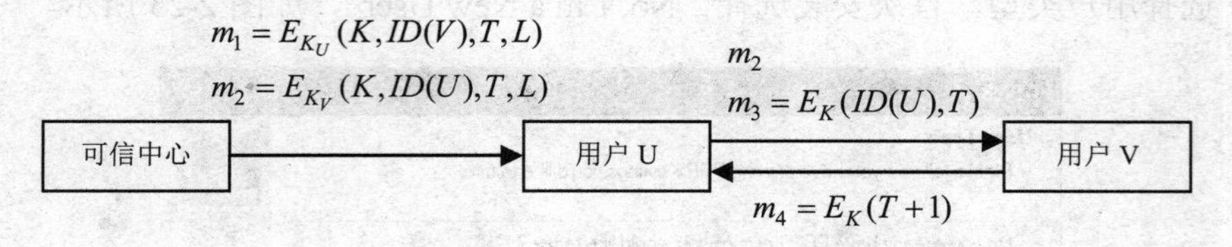

图 2-22　密钥分配过程

贸易伙伴间可以使用数字证书（公开密钥证书）来交换公开密钥。国际电信联盟（ITU）制定的标准 X.509 对数字证书进行了定义，该标准等同于国际标准化组织（ISO）与国际电工委员会（IEC）联合发布的 ISO/IEC 9594-8:195 标准。数字证书通常包含有唯一标识证书所有者（即贸易方）的名称、唯一标识证书发布者的名称、证书所有者的公开密钥、证书发布者的数字签名、证书的有效期及证书的序列号等。证书发布者一般称为证书管理机构（CA），它是贸易各方都信赖的机构。数字证书能够起到标识贸易方的作用，是目前电子商务广泛采用的技术之一。

学习项目

2.8　项目一　编程实现 DES 算法加解密

DES 算法作为经典的分组密码算法，可以很方便地使用 C、C++等软件实现，本实训项目要求学生自己编程实现 DES 算法，也可在配套电子素材中找到参考算法，网上也有很多现成的算法可供参考。限于篇幅，程序代码不在这里给出。

2.9　项目二　PGP 生成非对称密钥对

2.9.1　任务 1：PGP 软件的安装与设置

实验目的：使用 PGP 软件对邮件加密签名，了解密码体制在实际网络环境中的应用，加深对数字签名及公钥密码算法的理解。

实验环境：Windows 2000 或 Windows XP 操作系统；PGP8.1 中文汉化版。

●项目内容

用 PGP 软件对 Outlook Express 邮件加密并签名后发送给接收方；接收方验证签名并解密邮件。

第一步：安装 PGP

运行安装文件，系统自动进入安装向导，主要步骤如下：

（1）选择用户类型，首次安装选择“No, I'm a New User”，如图 2-23 所示。

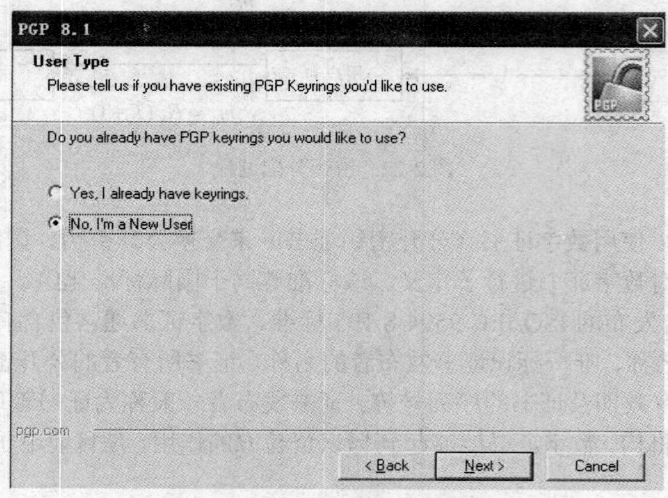

图 2-23　安装 PGP -选择用户类型

（2）确认安装的路径。

（3）选择安装应用组件，如图 2-24 所示。

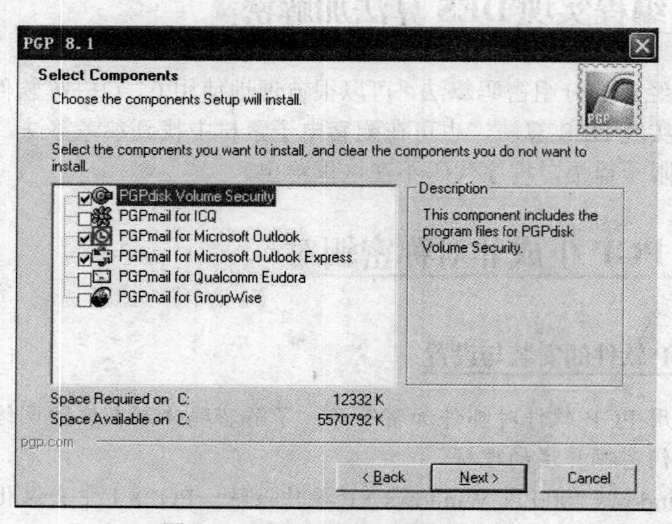

图 2-24　安装 PGP-选择应用组件

（4）安装完毕后，重新启动计算机；重启后，PGP Desktop 已安装在电脑上（桌面任务栏内出现 PGP 图标）。安装向导会继续 PGP Desktop 注册，填写注册码及相关信息（如图 2-25 所示），至此，PGP 软件安装完毕。

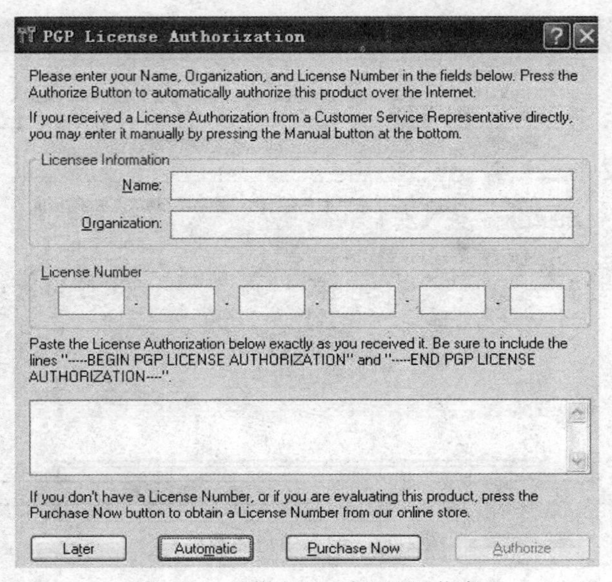

图 2-25 安装 PGP-填写注册信息

2.9.2 任务 2：生成非对称密钥对

第一步：生成用户密钥对

打开 Open PGP Desktop，在菜单中选择 PGPKeys，在 Key Generation Wizard 提示向导下，创建用户密钥对，如图 2-26 所示。

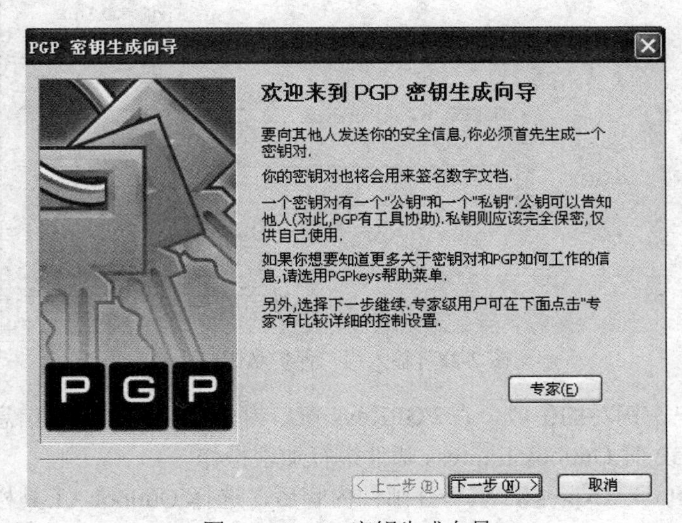

图 2-26 PGP 密钥生成向导

（1）首先输入用户名及邮件地址，如图 2-27 所示。

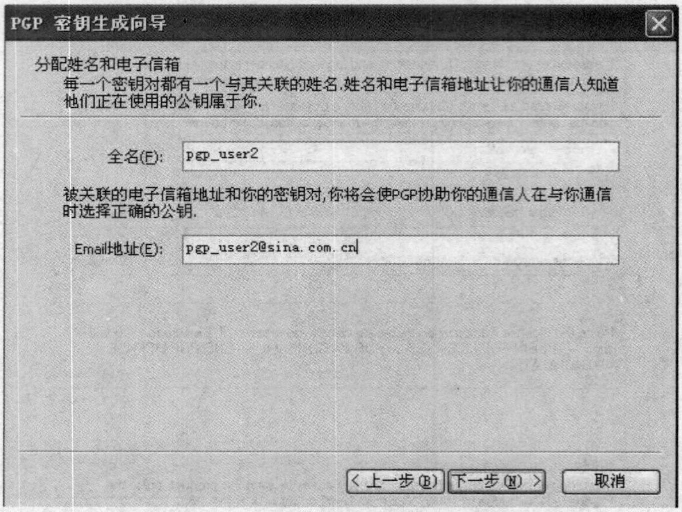

PGP 密钥生成向导
分配姓名和电子信箱
每一个密钥对都有一个与其关联的姓名.姓名和电子信箱地址让你的通信人知道他们正在使用的公钥属于你.
全名(F):
pgp_user2
被关联的电子信箱地址和你的密钥对,你将会使PGP协助你的通信人在与你通信时选择正确的公钥.
Email地址(E):
pgp_user2@sina.com.cn
< 上一步(B)
下一步(N) >
取消

图 2-27　输入用户名及邮箱

（2）输入用户保护私钥口令，如图 2-28 所示。

PGP 密钥生成向导
分配密码
你的私钥将会被密码保护.这些信息很重要且是机密的,你不要将它写下来.
你的密码至少应该有 8 位字符长度,并包含数字和字母
隐藏键入(H)
密码(P):
密码强度:
确认(C):
< 上一步(B)
下一步(N) >
取消

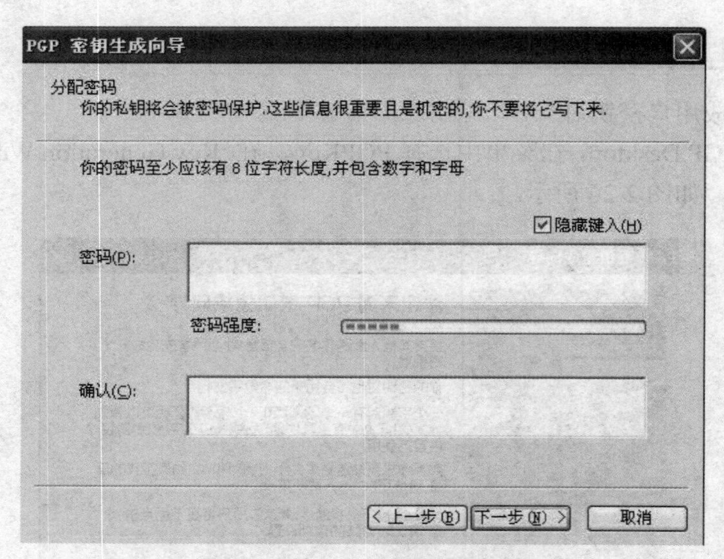

图 2-28　输入用户保护私钥口令

（3）完成用户密钥对的生成，在 PGPKeys 窗口内出现用户密钥对信息。

第二步：用 PGP 对 Outlook Express 邮件进行加密操作

（1）打开 Outlook Express，填写好邮件内容后，选择 Outlook 工具栏菜单中的 PGP 加密图标，使用用户公钥加密邮件内容，如图 2-29 所示。

（2）发送加密邮件，如图 2-30 所示。

图 2-29　选择加密邮件

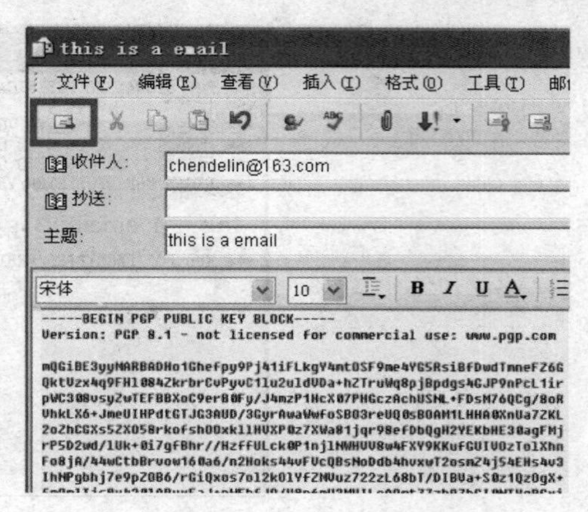

图 2-30　加密后的邮件

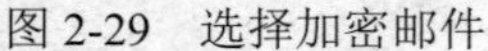

第三步：接收方用私钥解密邮件

（1）收到邮件，选中加密邮件后选择复制，打开 Open PGP Desktop，在菜单中选择 PGPmail，在 PGPmail 中选择“解密/校验”，在弹出的“选择文件并解密/校验”对话框中选择剪贴板，将要解密的邮件内容复制到剪贴板中，如图 2-31 所示。

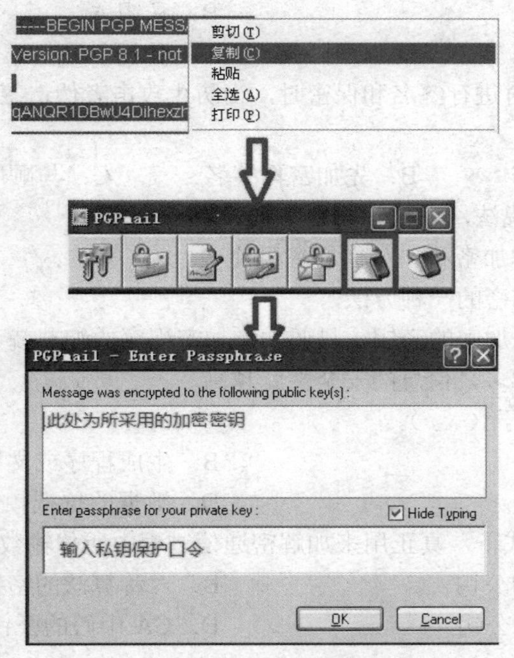

图 2-31　输入用户保护私钥口令

（2）输入用户保护私钥口令后，邮件被解密还原，如图 2-32 所示。

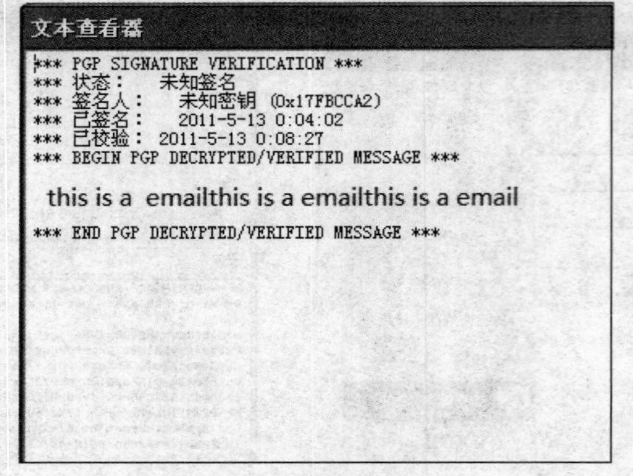

图 2-32　解密邮件

知识巩固

一、选择题

1．RSA 算法可用于数字签名，现 A 拥有一对密钥公钥 A 和私钥 A，B 拥有一对密钥公钥 B 和私钥 B，如果 A 向 B 发送信息，A 对发送的消息进行签名，那么用的密钥是（　　）。

A．公钥 A　　B．私钥 A

C．公钥 B　　D．私钥 B

2．当需要对消息同时进行签名和保密时，为防止攻击者伪造签名，则签名和加密的顺序应当是（　　）。

A．先签名再加密　　B．先加密再签名　　C．与顺序无关

3．以下关于加密的说法，不正确的是（　　）。

A．加密包括对称加密和非对称加密两种

B．信息隐蔽是加密的一种方法

C．如果没有信息加密的密钥，只要知道加密程序的细节就可以对信息进行解密

D．密钥的位数越多，信息的安全性就越高

4．Hash 函数可应用于（　　）。

A．数字签名　　B．生成程序或文档的“数字指纹”

C．安全存储口令　　D．数据的抗抵赖性

5．在混合加密的方式下，真正用来加解密通信过程中所传输数据明文的密钥是（　　）。

A．非对称算法的公钥　　B．对称算法的密钥

C．非对称算法的公钥　　D．CA 中心的公钥

二、应用题

1．对字符串“Monday came to me”使用挪移码进行加密，密钥为 6，写出加密密文。

2．对字符串“Zhang San is an undercover”使用换位密码进行加密，换位方式如下图所示：

3．在 RSA 公钥密码加密的系统中，如果截获密文 C=10，已知此用户的公钥为 e=5，n=35，请问明文的内容是什么？为什么这个例子中明文这么容易破译，说明了公钥体制的什么特点？

4．如果已知 p=7，q=17，e=5，使用 RSA 体制，对明文 m=19 进行加密、解密。

5．RSA 密码体制中，如果公钥 e=61，n=3763，私钥是什么？

3

PKI 体系结构与功能

本章导读：

本章主要介绍公钥基础设施（PKI）的系统组成及各部分的功能，并对 PKI 的标准化及 PKI 服务做简要介绍。

学习目标：

- 学会分析公钥基础设施（PKI）的组成及体系结构
- 熟练掌握 PKI 的主要功能操作，学会分析常用的 PKI 标准
- 熟悉 PKI 的应用领域

引入案例

PKI 技术有多“远”？

2012 年 12 月 18 日 11:20 来源：中关村在线

12 月 17 日，“2012 亚洲 PKI 联盟年会暨云计算时代的 PKI 与信息安全技术国际研讨会”在冰城哈尔滨隆重开幕，国富安等信息安全领域专家企业热忱参与。然而提起 PKI 技术，大多数人，甚至很多企业 CEO 和每天应用中的用户却还不甚了解。事实上，这个中文译名为“公钥基础设施”的名词，其实离我们既不遥远，也不陌生。

作为亚洲 PKI 联盟创始成员之一的国富安，其信息安全专家日前在接受媒体采访时表示：PKI 技术在日常应用中最广泛的就是 CA，也就是身份认证体系。身份认证的方式很多，比如美国大片中的通过眼球视网膜确认身份就属于生物技术识别身份，而我们在登录网银时使用的像优盘一样的 key，就是基于 PKI 技术的身份认证方式。不光是个人，企业也越来越多地使用了以 PKI 技术为基础的信息安全技术和产品。

国富安专家说，PKI 作为一种重要的网络安全基础设施，已经深入到电子商务、电子政务、网上银行等领域。作为网络环境中的一个重要主体，网络信息安全对于企业的正常运营起着保驾护航的作用。PKI 的核心是要解决信息网络空间中的信任问题，确定信息网络空间中身份的唯一性、真实性和合法性，保护信息网络空间中各种主体的安全利益，是目前公认的保障网络社会安全的最佳体系。例如，很多企业上班的白领都遇到过这样的情形，出差在外，可是需要登录公司内网查询资料或数据，那么实现移动办公的安全接入就是依靠信息安全服务提供者们基于 PKI 技术的解决方案。国富安可通过 GFA iPass 3000 提供一项基于 PKI 的解决方案，支持企业将安全远程访问扩展到任何连接到互联网的用户员工、客户和合作伙伴。移动办公用户通过标准 Web 浏览器即可进行电子邮件、OA 应用和台式机远程控制的应用访问，保障信息的安全传输。也就是说，即使我们出差在外，也可以方便地访问企业内网，并且在和内网进行数据交换的过程中，保证数据安全，不被窃取、篡改等。

知识模块

3.1 PKI 的系统组成和各实体的功能

PKI 体系是由多种认证机构及各种终端实体等组件组成，其结构模式一般为多层次的树状结构。组成 PKI 的各种实体，由于其所处位置的不同，其作用、功能和实现方式都各不相同。

作为一种基础设施，PKI 必须满足安全性、易用性、开放性、可验证性、不可抵赖性和互操作性等要求。PKI 体系的建立首要关注的是用户使用证书及相关服务的安全性和便利性。总体而言，建立和设计一个 PKI 体系必须保证如下相关服务功能的实现：

- 用户身份的可信认证；

- 制定完整的证书管理政策；
- 建立高可信度的认证中心 CA；
- 用户实体属性的管理；
- 用户身份的隐私保护；
- 证书作废列表处理；
- 认证机构 CA 为用户提供证书库及 CRL 服务的管理；
- 安全及相应的法律法规的制定、责任的划分和完善相关政策。

PKI 在实际实现上是一套软硬件系统和安全策略的集合，它提供了一整套安全机制，使用户在不知道对方身份或分布地很广的情况下，以证书为基础，通过一系列的信任关系进行通信、电子商务交易以及电子政务办理。

一个典型的 PKI 系统组成如图 3-1 所示，其中包括 PKI 策略、软硬件系统、证书机构 CA、注册审核机构 RA、证书/CRL 发布系统和 PKI 应用/用户实体等。

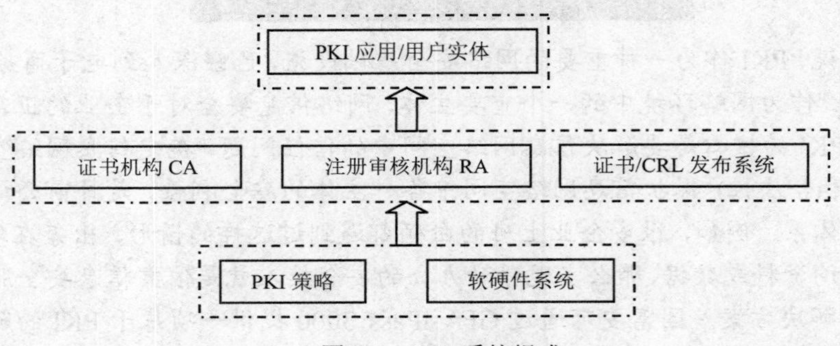

图 3-1 PKI 系统组成

1. PKI 策略

PKI 安全策略建立和定义了一个系统信息安全方面的指导方针，同时也定义了密码系统的使用方法和原则。它包括一个组织怎样处理密钥和有价值的信息，怎样根据风险的级别定义安全控制的级别，怎样处理泄密密钥和过期密钥，以及怎样审核、发放、验证证书等。一般情况下，在 PKI 中有两种类型的策略：一是证书策略，用于管理证书的使用，比如可以确认某一CA 是在 Internet 上的公有 CA 还是某一企业内部的私有 CA；二是 CPS（Certificate Practice Statement），这是一个包含如何在实践中增强和支持安全策略的一些操作过程的详细文档，它包括 CA 是如何建立和运作的，证书是如何发行、接收和废除的，密钥是如何产生、注册的，以及密钥是如何存储的，用户是如何得到它的，等等。

2. 软硬件系统

软硬件系统为整个 CA 认证中心提供一整套软硬件底层支持来保证系统的正常运行。

3. 证书机构 CA

CA（Certificate Authority）也称认证机构、认证中心，是 PKI 的信任基础，它管理公钥的整个生命周期。CA 一般是在线运行的，也称为 OCA，即 online-CA。CA 是 PKI 的核心，为网上交易、网上办公提供电子认证，为电子商务、电子政务、网上银行的实体颁发证书，并负责在交易过程中检验和管理证书。

CA 的具体功能有：

- 发布本地 CA 策略；
- 产生和管理证书并对注册用户进行身份认证和鉴别；
- 发布自身证书和上级证书；
- 接受 ORA 的证书申请并向 ORA 返回制定好的证书；
- 接收和认证对它所签发证书的作废申请并产生 CRL 列表；
- 保存和发布它所签发的证书、CRL、政策、审计信息等。

4. 注册审核机构 RA

注册审核机构 RA 提供用户和 CA 之间的一个接口，它获取并认证用户的身份，向 CA 提出证书请求。它主要完成收集用户信息和确认用户身份的功能。这里指的用户，是将要向认证中心（即 CA）申请数字证书的客户，可以是个人，也可以是集团或团体、某政府机构等。注册管理一般由一个独立的注册机构（即 RA）来承担。它接受用户的注册申请，审查用户的申请资格，并决定是否同意 CA 给其签发数字证书。注册机构并不给用户签发证书，而只是对用户进行资格审查。因此，RA 可以设置在直接面对客户的业务部门，如银行的营业部、机构人事部门等。当然，对于一个规模较小的 PKI 应用系统来说，可把注册管理的职能交由认证中心 CA 来完成，而不设立独立运行的 RA。但这并不是取消了 PKI 的注册功能，而只是将其作为 CA 的一项功能而已。PKI 国际标准推荐由一个独立的 RA 来完成注册管理的任务，可以增强应用系统的安全。RA 的主要功能包括：

- 自身密钥的管理，包括密钥的更新、保存、使用、销毁等；
- 接受用户的注册申请，审核用户信息；
- 向 CA 提交证书申请并将证书发放给申请者；
- 验证 CA 签发的证书；
- 登记黑名单；
- 对业务受理点的 LRA 的全面管理；
- 接收并处理来自受理点的各种请求。

5. 证书/CRL 发布系统

证书发布系统负责证书的发放，如可以通过用户自己，或是通过目录服务。目录服务器可以是一个组织中现存的，也可以是 PKI 方案中提供的。CRL 发布系统用来发布 CRL 列表。

6. PKI 应用/用户实体

PKI 的应用非常广泛，包括在 Web 服务器和浏览器之间的通信、电子邮件、电子数据交换（EDI）、在 Internet 上的信用卡交易和虚拟专用网（VPN）等。PKI 的用户实体被称为 EE（End Entity），是持有某 CA 证书的终端用户，可能是企业级用户，也可能是个人用户及设备实体。就目前而言，一个实体具有一张适用于多用途的证书在政策上和技术上很难实现。所以一般一个实体有多张证书，分别用于不同场合，如电子商务和电子政务等场合。

3.2 认证机构 CA

3.2.1 CA 的分层体系结构

对于一个复杂的 PKI 体系，CA 是分层组织的，且分布在不同的地理位置，CA 之间支持交叉认证，共同构成完备的公钥基础设施。其体系结构示意图如图 3-2 所示。

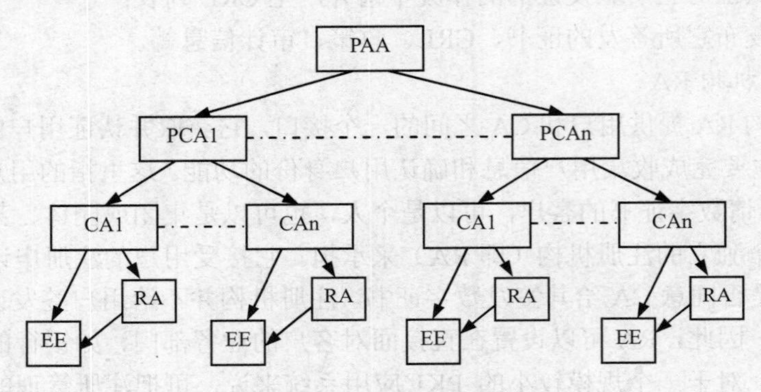

图 3-2 CA 的分层体系结构

1. PAA

PAA 是政策批准机构，主要功能是创建整个 PKI 的方针、政策，批准本 PAA 下属的 PCA 政策，为下属 PCA 签发公钥证书，建立整个 PKI 体系的安全策略，并具有监控整个 PCA 行为的责任。PAA 相当于一个国家或大地域的 PKI 根 CA，如美国国家的根 CA、中国金融 CFCA 等。PAA 的作用是建立下属 PCA。其工作性质是离线的，即产生根证书后，向其下层的 PCA 签发证书，即可离线工作。其具体功能有：

- 发布 PAA 公钥证书，制定体系内的政策、策略和操作规范；
- 对下属 PCA 和其他需要定义认证的根证书进行签发证书、身份认证、鉴别；
- 发布下属 PCA 的身份和位置信息；
- 产生、保存和发布证书、CRL、审计信息及 PCA 政策等。

2. PCA

PCA 为政策 CA，主要制定本 PCA 的具体政策，可以对上级 PAA 政策进行扩充或细化。一般情况下，可以在 PAA 之下设立多个 PCA，作为行业或地方的根 CA，其作用可将其下属的 CA 进行开放，与其他 CA 进行互连互通或交叉认证。具体政策可以包括本 PCA 范围内密钥的产生、密钥的长度、证书的有效期规定及 CRL 的处理等，同时还为下属 CA 签发公钥证书。PCA 也是采用离线工作的方式，在没设 PAA 的情况下，它是操作 CA 的信任锚。

3. CA

这里的 CA 表示本地 CA（LCA），或者在线 CA（OCA），直接面向用户进行证书管理、认证。

3.2.2 CA 的主要工作

CA 是 PKI 的核心，整个 PKI 体系基本上由各级 CA 与 RA、用户实体构成。CA 负责管理密钥和数字证书的整个生命周期，其工作主要包括：

- 接收并验证最终用户数字证书的申请；
- 证书审批，确定是否接受最终用户数字证书的申请；
- 证书签发，向申请者颁发、拒绝颁发数字证书；
- 证书更新，接收、处理最终用户的数字证书更新请求；
- 接受最终用户数字证书的查询、撤销；
- 接收最终用户证书废止列表（CRL），验证证书状态；
- 提供 OCSP 在线证书查询服务，验证证书状态；
- 提供目录服务，可以查询用户证书的相关信息；
- 下级认证机构证书及账户管理；
- 数字证书归档；
- 认证中心 CA 及其下属密钥的管理；
- 历史数据归档。

3.2.3 CA 的组成要件

CA 为完成其工作职能，并保证自身的安全性、可信任性和公正性，其组成框架通常包含业务服务器、注册机构 RA、CA 服务器、管理终端和审计终端、LDAP 服务器、数据库服务器等，如图 3-3 所示。其中 RA 可以作为独立机构以增强系统安全性，也可以作为 CA 的一部分。

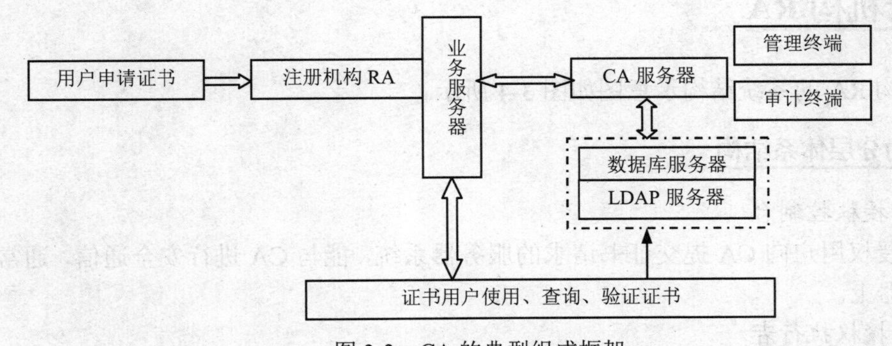

图 3-3　CA 的典型组成框架

1. 业务服务器

业务服务器面向普通用户，用于提供证书申请、浏览，证书撤销列表一级证书的下载等服务。与用户之间的通信采取安全访问方式，如使用 SSL VPN 访问等，保证证书申请和数据传输过程中的安全性，防止窃听、伪造、重放等攻击。

2. CA 服务器

CA 服务器是整个 CA 的核心，负责证书和证书撤销列表 CRL 的签发。CA 首先产生自身的私钥和公钥（长度通常在 1024 位以上），然后生成数字证书，并将数字证书传输给业务服务器。CA 还负责为操作员、其他服务器以及 RA 生成数字证书并发放。出于安全考虑，通常将 CA 服务器同其他服务器进行隔离，以确保安全。

3. 管理终端和审计终端

管理终端是 CA 的重要组成部分，是 CA 的管理机构。负责整个系统的配置、管理，负责签发下级 CA 和进行交叉认证，同时也是首席官员对管理员进行管理的界面。

审计终端是系统的审计机构，是系统不可或缺的组件。负责对系统的操作历史和现状进行及时监查和审计，负责 CA 管理员的操作审计、证书管理事件的审计和密钥管理事件的审计。审计信息包括：产生密钥对、证书请求、密钥泄露的报告、证书中包括的某种关系的终止、证书使用过程等。

具体实施上，管理终端和审计终端既可以作为 CA 服务器的功能模块，也可以是独立的系统。

4. 数据库服务器和 LDAP 服务器

数据库服务器用于认证机构中数据（如密钥和用户信息等）、日志和统计信息的存储和管理。实际的数据库系统应采用多种措施来保证数据的安全性、稳定性和高可用性，这些措施包括磁盘阵列、双机热备、多处理器、异地备灾等。

LDAP 是轻量目录访问协议，英文全称是 Lightweight Directory Access Protocol，提供目录浏览服务，负责将注册机构服务器传输过来的用户信息以及数字证书加入到服务器上，方便用户访问，以得到其他用户的公钥数字证书。

3.3 注册机构 RA

注册机构 RA 的系统结构示意图如图 3-4 所示。

3.3.1 RA 的分层体系结构

1. 注册授权控制台

为注册授权用户向 CA 提交证书请求的服务器系统，能与 CA 进行安全通信，通常被安装到不同的机器上。

2. 注册授权执行者

应用注册授权控制台完成数字证书注册、更新及撤销任务，验证操作请求，如果验证通过并被注册授权执行者批准，则向 CA 发出相应请求。

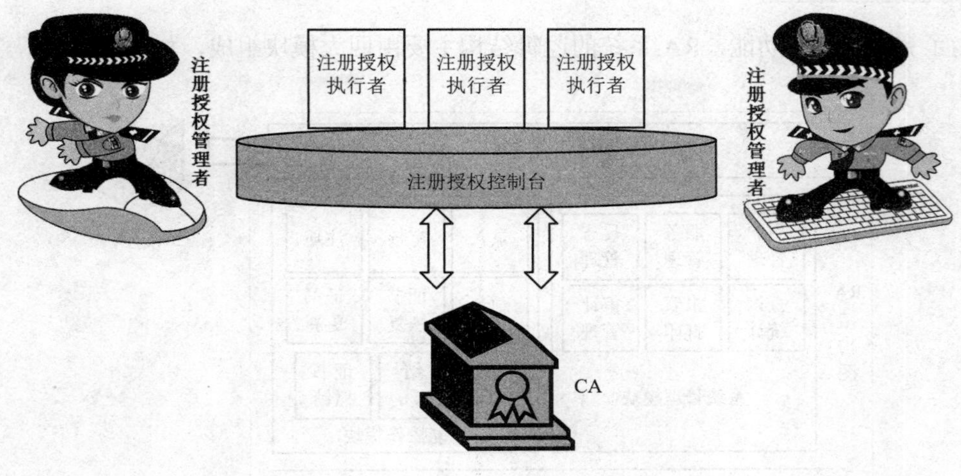

图 3-4 RA 体系结构

3. 注册授权管理者

注册授权管理者是管理注册授权执行者的人，负责确保整个证明申请过程是在非人为故意欺骗的情况下处理完成的。所有鉴定证明申请在提交给 CA 之前，应获得注册授权管理者的批准。

3.3.2 RA 的主要工作

从广义上讲，RA 是 CA 的一个组成部分，主要负责数字证书的申请、审核和注册。除了根 CA 以外，每一个 CA 机构都包括一个 RA 机构，负责本级 CA 的证书申请和审核工作。RA 机构的设置可以根据企业行政管理机构来进行，RA 的下级机构可以是 RA 分中心或业务受理点 LRA。受理点 LRA 与注册机构 RA 共同组成证书申请、审核、注册中心的整体。LRA 面向最终用户，负责对用户提交的申请资料进行录入、审核和证书制作。

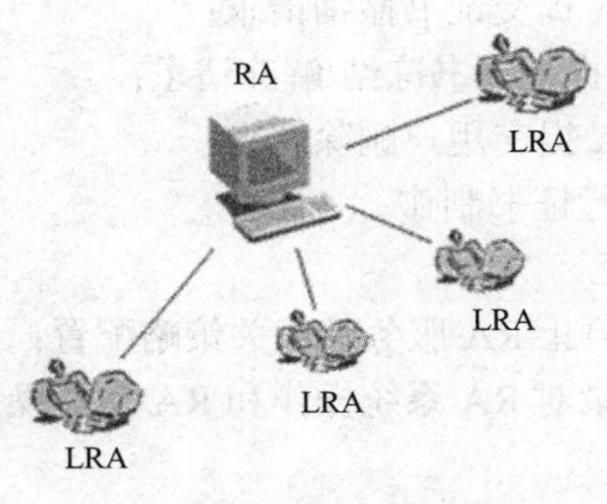

图 3-5 RA 与 LRA 的关系

3.3.3 RA 的组成要件

为了完成 RA 的功能，RA 系统的逻辑结构主要由四大模块组成，如图 3-6 所示。

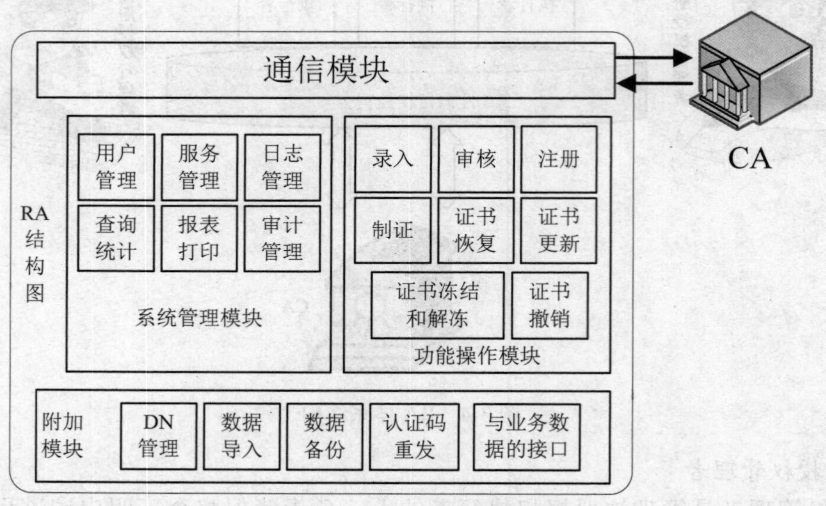

图 3-6 RA 系统的逻辑结构

1. 通信模块

在 RA 与 CA 之间建立 SPKM 安全通信通道，通过 SPKM 安全通道接收 RA 或者 LRA 的交易请求，并发送请求给 CA，获得从 CA 返回的应答信息。

2. 功能操作模块

- 用户信息录入：操作员从用户信息库中获取用户相关数据；
- 用户信息审核：操作员对录入数据审核；
- 用户注册功能：向 CA 提交注册用户请求；
- 证书恢复功能：向 CA 提交证书恢复请求；
- 证书更新功能：向 CA 提交证书更新请求；
- 证书撤销功能：向 CA 提交证书撤销请求；
- 证书冻结/解冻功能：提交证书冻结/解冻请求；
- 用户删除功能：向 CA 提交用户删除请求；
- 制证功能：为用户进行证书制作。

3. 系统管理模块

- RA 服务管理：启动/停止 RA 服务及相关策略配置；
- 日志、审计管理：记录对 RA 系统操作和 RA 功能操作日志。

4. 其他附加功能模块

- 用户权限管理：输入、修改、查询、删除用户资料，设置用户权限；

- DN 标准控制功能：根据用户信息和 DN 标准的变化拼装 DN，并检查 DN 是否符合标准；
- 查询统计和报表打印功能：按时间、证书种类、证书状态查询、统计证书申请、发放情况，提供综合查询、打印相关报表的功能。

3.4　PKI 的功能操作

在 PKI 的实际运行中，PKI 要进行一系列的功能操作，总体而言可以归结为四个部分：证书管理与撤销、密钥管理、LDAP 目录服务、审计等。

3.4.1　数字证书与证书撤销列表 CRL 的管理

数字证书是由权威机构 CA 认证中心发行的，能提供在 Internet 上进行身份验证的一种权威性电子文档，人们可以在互联网交往中用它来证明自己的身份和识别对方的身份。如图 3-7 所示，一个证书主要包含证书信息、颁发给、颁发者、使用者、有效期、版本、序列号、签名算法、签名哈希算法、公钥算法、证书路径等相关信息。证书本身的格式则由生成证书的算法决定，目前常用的证书格式有：DER 编码二进制 X.509（.CER）、Base64 编码 X.509（.CER）、加密消息语法标准 PKCS#7 证书（.P7B）、个人信息交换 PKCS#12（.PFX）、Microsoft 序列化证书存储（.SST）等形式，括号中内容为各类证书的后缀名。随着网络化、信息化的飞速发展和电子商务和电子政务的普及，数字证书的应用越来越广泛。

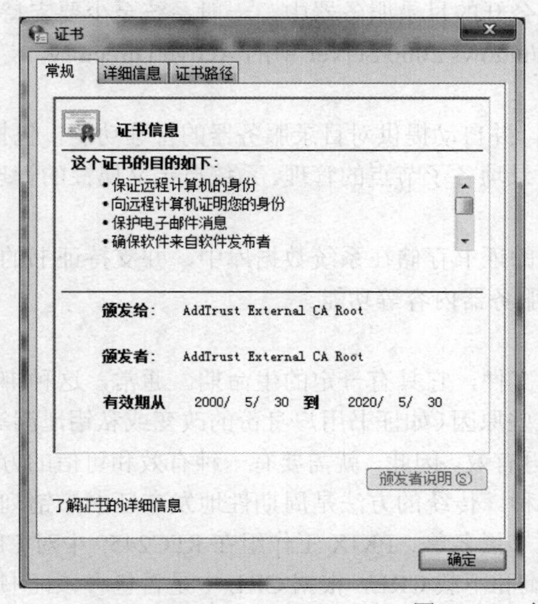

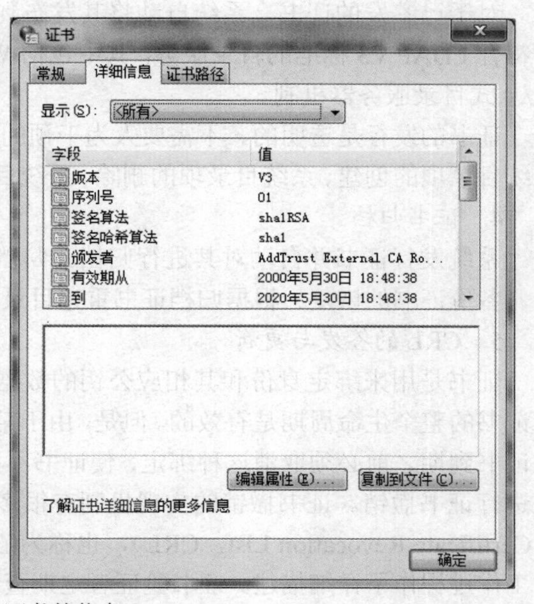

图 3-7　一个证书的信息

1. 证书分类和管理

CA 采用证书模板对证书进行分类，每一类证书对应一个证书模板。证书模板的采用增加了签发证书种类的灵活性，系统可以根据用户的不同需要，利用证书模板签发不同类型的证书。

证书从应用角度可分为 Web 证书和用户证书。

- Web 证书：基于 Internet 应用的证书，这类证书一般由客户端的浏览器负责管理，安全级别要求较低；
- 用户证书：基于客户端应用的 JPF 文件用户证书。管理员证书也属于此类用户证书。这类证书由客户端软件支持，灵活性好，安全级别高。所有 JPF 文件用户证书均为双证书。

实际中的证书管理以树形结构存在，并根据需要和系统级别分为不同的层次。不同的组织所需要的证书管理架构的级别不同，比如对于一个区域性的企业，只需要一级或者最多两级 CA 就可以发放和管理足够的证书以保证通信的安全性；而对于一些较复杂的 CA 系统，如全国性的、全行业性的，甚至全球性的，就需要多级 CA，采用证书链的形式进行管理。如全国性的证书系统，由根 CA 集中控制，每一个省级单位可以建立一个二级 CA，市级地区可以建立一个三级 CA，以此类推，并根据需要和级别，在不同的 CA 处为用户颁发证书。

2. 证书签发

对于通过审核的用户申请，系统可以为其签发证书。签发的证书符合相关标准，并支持扩展。签发时使用的系统密钥享有最高的安全级别，由系统的签发服务器管理。

3. 证书发行

对于已签发的证书，系统自动将其发布到公开的目录服务器中。一般系统至少要支持所有符合 LDAP V3 标准的目录服务，其中包括 Windows 2000 Server 中的 Active Directory，支持主/从式目录服务器机制。

证书的发行是透明的、不需要人为干预的，并自动提供对目录服务器的管理功能，包括：系统目录项的创建、系统目录项的删除、系统目录项各子节点的管理、系统自定义属性的管理。

4. 证书归档

系统发行证书并自动对其进行归档。归档的证书存储在系统数据库中，并支持证书的备份、备份证书的恢复、根据归档证书重建目录服务器内容等功能。

5. CRL 的签发与更新

证书是用来绑定身份和其相应公钥的数据文件，它具有一定的生命期。通常，这种绑定在证书的整个生命周期是有效的。但是，由于某些原因（如证书用户身份的改变或私钥泄漏等）在证书到期之前必须取消这种绑定，使证书不再有效。因此，就需要有一种有效和可信的方法来进行证书撤销。证书撤销的实现机制有很多种。传统的方法是周期性地发布证书撤销列表（Certificate Revocation List，CRL），也称为证书黑名单。PKIX 工作组在 RFC2459 中对 CRL 的工作过程作了详细描述。证书验证者定期查询和下载 CRL，根据 CRL 中是否包含该证书序列号来判断证书的有效性。为了消除周期性发表证书撤销信息所引起的时延，可以采用在线的证书撤销查询机制实时地对证书的有效性进行验证。

系统支持签发标准格式的证书撤销列表（CRL）。在签发证书撤销列表时采用分布点策略，保证证书注销表的大小在指定的范围内，为用户下载和查询证书注销表提供方便条件。

证书撤销列表的签发有两种方式：手动和自动。手动签发由首席安全官员根据需要执行。自动签发指以指定时间间隔自动检索新的失效证书，并签发证书撤销列表。签发证书撤销列表的时间间隔由首席安全官员灵活制定。每当时间到期或管理员强制签发证证书撤销列表时，使用系统私钥对吊销证书序列号做签名并以标准格式存储。

6. CRL 的下载和验证

签发后的 CRL 可供用户使用浏览器或客户端软件下载、验证，并确保用户得到的 CRL 是最近一次的更新。通过签发标准的 CRL，可以支持 CRL 的验证。验证分为两种，一是在客户端，一是在系统内部。客户端对 CRL 的验证使用同样支持标准的客户端应用软件或浏览器。

7. 证书状态查询

在线证书状态协议（Online Certificate Status Protocol，OCSP）是最有代表性的证书状态查询协议和被广泛应用的在线证书验证机制。OCSP 是 PKIX 工作组在 RFC2560 中提出的协议，它提供了一种从名为 OCSP 响应器的可信第三方获取在线撤销信息的手段。OCSP 响应器通常使用 CRL 检查维护其状态信息。

3.4.2 密钥管理

密钥管理是 PKI（主要是指 CA）功能操作中的重要一环，主要是密钥对的安全管理，包括密钥的产生、验证和分发，密钥备份和恢复，密钥更新等。

1. 密钥的产生、验证和分发

密钥对的产生是证书申请过程中的重要一步，其中产生的私钥由用户保留，公钥和其他信息则交给 CA 中心进行签名，从而产生证书。

用户公钥对的产生方式有两种：

（1）用户自己产生。这种方式下，用户自己选取产生密钥，同时要负责私钥的存放，还应该向 CA 或 RA 提交自己的公钥和身份证明，CA 对用户进行身份认证，对密钥的强度和持有者进行审查。在审查通过的情况下，对用户的公钥产生证书；然后通过面对面、信件或者电子方式将证书安全地发放给用户；最后 CA 负责将证书发布到相应的目录服务器。

（2）由 CA 产生。由于用户一般对公钥体制了解较少，所以更多的时候是由 CA 为用户产生密钥对。这种情况用户应到 CA 中心申请、产生并获得密钥对，产生之后，CA 中心应自动销毁本地的用户密钥对拷贝，用户取得密钥对后，保存好自己的私钥，将公钥送至 CA 或 RA，CA 产生证书，并登记、发放证书。

CA 本身的密钥对一般由上级 CA 产生。各级 CA 的证书由它的上级 CA（PCA）签发，CA 的公钥一般也是由上级 CA 签发，并取得上级 CA 的公钥证书；当它签发下级证书时（无论是用户还是 RA），同时向下级发送自己的公钥证书及根 CA（通常称为 PAA）证书。

2. 密钥备份、销毁和恢复

在一个 PKI 系统中，维护密钥对的备份至关重要，如果没有这种措施，当密钥丢失时，加密数据就无法恢复明文。

在密钥泄密、证书作废后，为了恢复 PKI 中实体的业务处理和产生数字签名，泄密实体将获得（包括个人用户）一对新的密钥，并要求 CA 产生新的证书。旧的证书和密钥要进行销毁，以防泄密。

如果泄露密钥的实体是 CA，它需要重新签发以前那些用泄密公钥所签发的证书。每一个下属实体将产生新的密钥对，获得 CA 用新私钥签发的新的证书。而原来用泄密公钥签发的旧证书将一律作废，并被放入 CRL。

在具体做法上可采取双 CA 的方式来进行泄密后的恢复。即每一个 PKI 实体的公钥都由两个 CA 签发证书，当一个 CA 泄露密钥后，得到通知的用户可转向另一个 CA 的证书链，通过另一个 CA 签发的证书来验证签名。这样就可以减少重新产生密钥对和重新签发证书的巨大工作量，也可以对泄密的 CA 的恢复和其下属实体证书的重新发放工作稍慢进行，系统的功能不受影响。

3. 密钥的更新和注销

每一个由 CA 颁发的证书都会有有效期，密钥对生命期的长短由签发证书的 CA 中心来确定，各 CA 系统的证书有效期有所不同，一般为 2～3 年。当有效期将至时，用户需要向 CA 申请更新密钥和证书，并注销旧密钥。

3.4.3 LDAP 目录服务

PKI 发布证书或 CRL 到数据库，证书使用者从数据库获取证书或 CRL。PKI 应提供多种获取途径，如 LDAP、HTTP、FTP、X.509 等。其中 LDAP 是最流行最方便的一种。

LDAP 是轻量目录访问协议，英文全称是 Lightweight Directory Access Protocol。LDAP 服务器提供目录浏览服务，负责将注册机构服务器传输过来的用户信息以及数字证书加入到服务器上。这样其他用户通过访问 LDAP 服务器就能够得到其他用户的公钥数字证书。

作为目录访问协议，LDAP 提供了以下操作：

- 绑定到目录（匿名或使用 DN）；
- 使用过滤器（Filter）搜索条目；
- 增加或删除条目；
- 增加、删除或修改条目属性及属性值；
- 修改 DN 的最后一部分。

作为 PKI 操作协议的 LDAP，提供了从数据仓库发布证书和管理 PKI 信息的服务。这种服务包含三方面的内容：

1. LDAP 数据仓库的读取

该服务提供当端用户知道条目名时，从某个条目（Entry）发布 PKI 信息。它需要以下的

LDAP 操作：

BindRequest (和 BindResponse)
SearchRequest (和 SearchResponse)
UnbindRequest

2. LDAP 数据仓库的查询

用任意的方法，在数据仓库中查询某个包含证书、CRL 或其他信息的条目。它需要以下的 LDAP 操作：

BindRequest (和 BindResponse)
SearchRequest (和 SearchResponse)
UnbindRequest

3. LDAP 数据仓库的修改

该服务提供对数据仓库中 PKI 信息的增加、删除和修改。它需要以下的 LDAP 操作：

BindRequest (和 BindResponse)
ModifyRequest (和 ModifyResponse)
AddRequest (和 AddResponse)
DelRequest (和 DelResponse)
UnbindRequest

3.4.4 审计

PKI 体系中的任何实体都可以进行审计操作，但一般而言是由 CA 来执行审计。CA 保存所有与安全有关的审计信息。如：

- 产生密钥对；
- 证书的请求；
- 密钥泄露的报告；
- 证书中包括的某种关系的终止等；
- 证书的使用过程。

3.5 PKI 互操作性和标准化

随着互联网的普及，PKI 应用越来越广泛，世界范围内将出现多种多样的证书管理体系结构。为了更好地为用户提供服务，不同厂商的 PKI 产品需要互连互通。如电力用户要用数字证书到银行去交电费，银行的 PKI 就要对电力用户的证书进行认证（确认身份），通常电力 PKI 和银行 PKI 是不同厂商的产品，这就需要两家 PKI 产品互操作。即使是在相同领域的应用，处在世界不同区域，也会有 PKI 互操作的要求。所以，PKI 体系的互操作性（互通性）不可避免地成为 PKI 体系建立时必须要考虑的因素。

标准化是解决 PKI 互操作性的有效途径。同时，PKI 产品自身的安全性也非常重要，也需要专门的机构和标准规范对产品的安全功能和性能进行测评认定。因此，标准化就成了 PKI 发展的必然趋势。

3.5.1 PKI 互操作的实现方式

PKI 体系在全球互通有两种可行的实现途径：交叉认证和统一根证书。

交叉认证方式是指需要互通的 PKI 体系中的 PAA 在经过协商和政策制定之后，可以互相认证对方系统中的 PAA（即根 CA）。具体做法是根 CA 用自己的私钥为别的进行交叉认证的根 CA 的公钥签发证书，这样所有根 CA 要保留与它交叉认证的根 CA 的证书，而每个用户在原有的证书链上增加一个可被交叉认证的证书，即可实现交叉认证。

全球建立统一根证书的方式，需要将不同的 PKI 体系组织在同一个全球根 CA 之下，这个全球根 CA 由一个国际化组织（如联合国）来建设。由于各个 PKI 体系都有保持本体系独立自治的要求，所以这种方式实现起来较为困难。一般，PKI 体系的互操作性用交叉认证来实现。

3.5.2 PKI 标准

PKI 标准可以分为第一代标准和第二代标准。

第一代 PKI 标准主要包括美国 RSA 公司的公钥加密标准（Public Key Cryptography Standards，PKCS）系列、国际电信联盟的 ITU-T X.509、IETF 组织的公钥基础设施 X.509（Public Key Infrastructure X.509，PKIX）标准系列、无线应用协议（Wireless Application Protocol，WAP）论坛的无线公钥基础设施（Wireless Public Key Infrastructure，WPKI）标准等。第一代 PKI 标准主要是基于抽象语法符号（Abstract Syntax Notation One，ASN.1）编码的，实现比较困难，这也在一定程度上影响了标准的推广。

2001 年，由微软、Versign 和 WebMethods 三家公司发布了 XML 密钥管理规范（XML Key Management Specification，XKMS），被称为第二代 PKI 标准。XKMS 由两部分组成：XML 密钥信息服务规范（XML Key Information Service Specification，X-KISS）和 XML 密钥注册服务规范（XML Key Registration Service Specification，X-KRSS）。X-KISS 定义了包含在 XML-SIG 元素中的用于验证公钥信息合法性的信任服务规范；使用 X-KISS 规范，XML 应用程序可通过网络委托可信的第三方 CA 处理有关认证签名、查询、验证、绑定公钥信息等服务。X-KRSS 则定义了一种可通过网络接受公钥注册、撤销、恢复的服务规范；XML 应用程序建立的密钥对，可通过 X-KRSS 规范将公钥部分及其他有关的身份信息发给可信的第三方 CA 注册。X-KISS 和 X-KRSS 规范都按照 XML Schema 结构化语言定义，使用简单对象访问协议（SOAP V1.1）进行通信，其服务与消息的语法定义遵循 Web 服务定义语言（WSDL V1.0）。

目前 XKMS 已成为 W3C 的推荐标准，并已被微软、Versign 等公司集成于它们的产品中（微软已在 ASP.NET 中集成了 XKMS，Versign 已发布了基于 Java 的信任服务集成工具包 TSIK）。

3.5.3　X.509

X.509 为证书及其 CRL 格式提供了一个标准。但 X.509 本身不是 Internet 标准，而是国际电联 ITU 标准，它定义了一个开放的框架，并在一定的范围内可以进行扩展。

X.509 目前有三个版本：V1、V2 和 V3，其中 V3 是在 V2 的基础上加以扩展项后的版本，这些扩展包括由 ISO 文档（X.509-AM）定义的标准扩展，也包括由其他组织或团体定义或注册的扩展项。X.509 由 ITU-T X.509（前身为 CCITT X.509）或 ISO/IEC 9594-8 定义，最早以 X.500 目录建议的一部分发表于 1988 年，并作为 V1 版本的证书格式。X.500 于 1993 年进行了修改，并在 V1 基础上增加了两个额外的域，用于支持目录存取控制，从而产生了 V2 版本。X.509 的三个版本各字段如图 3-8 所示。

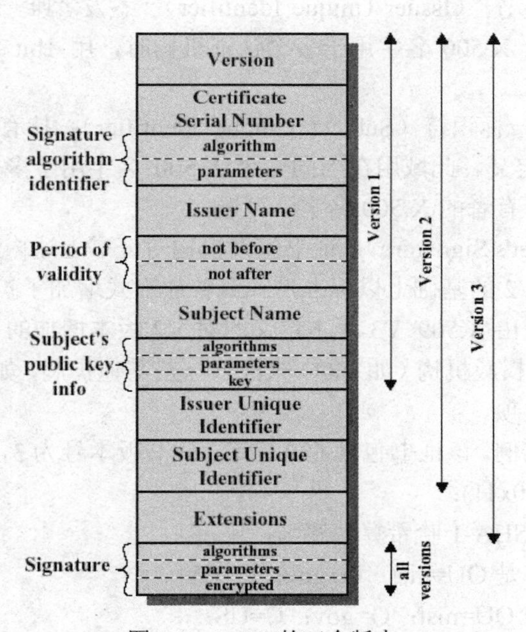

图 3-8　X.509 的三个版本

X.509 V1 和 V2 证书所包含的主要内容如下：

（1）证书版本号（Version）：版本号指明 X.509 证书的格式版本，现在的值可以为 0、1、2，也为将来的版本进行了预定义。

（2）证书序列号（Serial Number）：序列号指定由 CA 分配给证书的唯一的数字型标识符。当证书被取消时，实际上是将此证书的序列号放入由 CA 签发的 CRL 中，这也是序列号唯一的原因。

（3）签名算法标识符（Signature）：签名算法标识符用来指定由 CA 签发证书时所使用的签名算法。算法标识符用来指定 CA 签发证书时所使用的公开密钥算法和 Hash 算法，需向国际知名标准组织（如 ISO）注册。

（4）签发机构名（Issuer）：此域用来标识签发证书的 CA 的 X.500 DN 名字。包括国家、省市、地区、组织机构、单位部门和通用名。

（5）有效期（Validity）：指定证书的有效期，包括证书开始生效的日期和时间以及失效的日期和时间。每次使用证书时，需要检查证书是否在有效期内。

（6）证书用户名（Subject）：指定证书持有者的 X.500 唯一名字。包括国家、省市、地区、组织机构、单位部门和通用名，还可包含 E-mail 地址等个人信息等。

（7）证书持有者公开密钥信息（Subject Public Key Info）：证书持有者公开密钥信息域包含两个重要信息：证书持有者的公开密钥的值；公开密钥使用的算法标识符。此标识符包含公开密钥算法和 Hash 算法。

（8）签发者唯一标识符（Issuer Unique Identifier）：签发者唯一标识符在 V2 加入证书定义中。此域用在当同一个 X.500 名字用于多个认证机构时，用 1bit 字符串来唯一标识签发者的 X.500 名字。可选。

（9）证书持有者唯一标识符（Subject Unique Identifier）：持有证书者唯一标识符在 V2 标准中加入 X.509 证书定义。此域用在当同一个 X.500 名字用于多个证书持有者时，用 1bit 字符串来唯一标识证书持有者的 X.500 名字。可选。

（10）签名值（Issuer's Signature）：证书签发机构对证书上述内容的签名值。

X.509 V3 证书是在 V2 的基础上以标准形式或普通形式增加了扩展项，以使证书能够附带额外信息。标准扩展是指由 X.509 V3 版本定义的对 V2 版本增加的具有广泛应用前景的扩展项，任何人都可以向一些权威机构（如 ISO）来注册一些其他扩展，如果这些扩展项应用广泛，也许以后会成为标准扩展项。

下面介绍一个证书实例。该证书包含 699 字节，证书版本号为 3，以下为证书的具体内容：

①证书序列号是 17 (0x11);

②证书使用 DSA 和 SHA-1 哈希算法签名；

③证书发行者的名字是 OU=nist；O=gov；C=US；

④证书主体的名字是 OU=nist；O=gov；C=US；

⑤证书的有效期从 1997-6-30 到 1997-12-31；

⑥证书包含一个 1024 bit DSA 公钥及其参数（三个整数 p、q、g）；

⑦证书包含一个使用者密钥标识符（Subject Key Identifier）扩展项；

⑧证书是一个 CA 证书（通过 Basic Constraints 基本扩展项标识）。

地址	内容	意义
0000	30 82 02 b7	SEQUENCE　Certificate:: SEQUENCE 类型（30），数据块长度字节为 2（82），长度为 695（02 b7）
0004	30 82 02 77	SEQUENCE　tbsCertificate:: SEQUENCE 类型，长度为 631

续表

地址	内容	意义
0008	a0 03	Version::特殊内容-证书版本（a0），长度为 3
0010	02 01 02	INTEGER 2 version::整数类型（02），长度为 1，版本 3（2）
0013	02 01 11	INTEGER 17 serialNumber::整数类型（02），长度为 1，证书序列号 17
0016	30 09	SEQUENCE signature:: SEQUENCE 类型（30），长度为 9
0018	06 07	signature:: OBJECT IDENTIFIER 类型，长度为 7，dsa-with-sha 算法
	2a 86 48 ce 38 04 03	OID 1.2.840.10040.4.3: dsa-with-sha
0027	30 2a	SEQUENCE 以下的数据块表示 Issuer 信息，长度为 42
0029	31 0b	SET 开始一个集合，长度为 11
0031	30 09	SEQUENCE 开始一个序列，长度为 9
0033	06 03	OBJECT IDENTIFIER 类型，长度为 3
	55 04 06	OID 2.5.4.6 C
0038	13 02	PrintableString 'US'
	55 53	
0042	31 0c	SET 开始一个集合，长度为 12
0044	30 0a	SEQUENCE 开始一个序列，长度为 10
0046	06 03	OBJECT IDENTIFIER 类型，长度为 3
	55 04 0a	OID 2.5.4.10 O
0051	13 03	PrintableString 'gov'
	67 6f 76	
0056	31 0d	SET 开始一个集合，长度为 13
0058	30 0b	SEQUENCE 开始一个序列，长度为 11
0060	06 03	OBJECT IDENTIFIER 类型，长度为 3
	55 04 0b	OID 2.5.4.11: OU
0065	13 04	PrintableString 'nist'
	6e 69 73 74	
0071	30 1e	SEQUENCE validity:: SEQUENCE 类型（30），长度 30
0073	17 0d	notBefore:: UTCTime 类型（23），长度为 13
	39 37 30 36 33 30 30 30 30 30 30 30 5a	UTCTime '970630000000Z'
0088	17 0d	notBefore:: UTCTime 类型（23），长度为 13
	39 37 31 32 33 31 30 30 30 30 30 30 5a	UTCTime '971231000000Z'

续表

地址	内容	意义
0103	30 2a	SEQUENCE 以下数据块表示 Subject 信息，长度为 42
0105	31 0b	SET，长度为 11
0107	30 09	SEQUENCE 长度为 9
0109	06 03	OBJECT IDENTIFIER 类型，长度为 3
	55 04 06	OID 2.5.4.6: C
0114	13 02	PrintableString 'US'
	55 53	
0118	31 0c	SET，长度为 12
0120	30 0a	SEQUENCE 长度为 10
0122	06 03	OBJECT IDENTIFIER 类型，长度为 3
	55 04 0a	OID 2.5.4.10: O
0127	13 03	PrintableString 'gov'
	67 6f 76	
0132	31 0d	SET，长度为 13
0134	30 0b	SEQUENCE 长度为 11
0136	06 03	OBJECT IDENTIFIER 类型，长度为 3
	55 04 0b	OID 2.5.4.11: OU
0141	13 04	PrintableString 'nist'
	6e 69 73 74	
0147	30 82 01 b4	SEQUENCE subjectPublicKeyInfo:: SEQUENCE 类型（30），长度为 436
0151	30 82 01 29	SEQUENCE 类型（30），长度为 297
0155	06 07	IDENTIFIER 类型，长度为 7
	2a 86 48 ce 38 04 01	OID 1.2.840.10040.4.1
0164	30 82 01 1c	SEQUENCE 类型（30），长度为 284 DSA 算法的 parameters，三个整数 p、q、g
0168	02 81 80	INTEGER p 参数，长度为 128
	d4 38 02 c5 35 7b d5 0b a1 7e 5d 72 59 63 55 d3 45 56 ea e2 25 1a 6b c5 a4 ab aa 0b d4 62 b4 d2 21 b1 95 a2 c6 01 c9 c3 fa 01 6f 79 86 83 3d 03 61 e1 f1 92 ac bc 03 4e 89 a3 c9 53 4a f7 e2 a6 48 cf 42 1e 21 b1 5c 2b 3a 7f ba be 6b 5a f7 0a 26 d8 8e 1b eb ec bf 1e 5a 3f 45 c0 bd 31 23 be 69 71 a7 c2 90 fe a5 d6 80 b5 24 dc 44 9c eb 4d f9 da f0 c8 e8 a2 4c 99 07 5c 8e 35 2b 7d 57 8d	
0299	02 14	INTEGER q 参数，长度为 20

续表

地址	内容	意义
	a7 83 9b f3 bd 2c 20 07 fc 4c e7 e8 9f f3 39 83 51 0d dc dd	
0321	02 81 80	INTEGER　g 参数，长度为 128
	0e 3b 46 31 8a 0a 58 86 40 84 e3 a1 22 0d 88 ca 90 88 57 64 9f 01 21 e0 15 05 94 24 82 e2 10 90 d9 e1 4e 10 5c e7 54 6b d4 0c 2b 1b 59 0a a0 b5 a1 7d b5 07 e3 65 7c ea 90 d8 8e 30 42 e4 85 bb ac fa 4e 76 4b 78 0e df 6c e5 a6 e1 bd 59 77 7d a6 97 59 c5 29 a7 b3 3f 95 3e 9d f1 59 2d f7 42 87 62 3f f1 b8 6f c7 3d 4b b8 8d 74 c4 ca 44 90 cf 67 db de 14 60 97 4a d1 f7 6d 9e 09 94 c4 0d	
0452	03 81 84	BIT STRING（0 unused bits）subjectPublicKey :: 公钥值，BIT STRING 类型，长度 132 字节（好像应该是 131 字节）
0455	02 81 80	INTEGER 公钥值，表现为 integer 类型，128 字节，1024 位
	aa 98 ea 13 94 a2 db f1 5b 7f 98 2f 78 e7 d8 e3 b9 71 86 f6 80 2f 40 39 c3 da 3b 4b 13 46 26 ee 0d 56 c5 a3 3a 39 b7 7d 33 c2 6b 5c 77 92 f2 55 65 90 39 cd 1a 3c 86 e1 32 eb 25 bc 91 c4 ff 80 4f 36 61 bd cc e2 61 04 e0 7e 60 13 ca c0 9c dd e0 ea 41 de 33 c1 f1 44 a9 bc 71 de cf 59 d4 6e da 44 99 3c 21 64 e4 78 54 9d d0 7b ba 4e f5 18 4d 5e 39 30 bf e0 d1 f6 f4 83 25 4f 14 aa 71 e1	
0587	a3 32	extensions:: 特殊内容-证书扩展部分（a3），长度为 50
0589	30 30	SEQUENCE，长度为 48
0591	30 0f	SEQUENCE 扩展 basicConstraints，长度为 9
0593	06 03 55 1d 13	OID 2.5.29.19: basicConstraints
0598	01 01 ff	BOOLEAN　true，表示为 CA 证书
0601	04 05 30 03 01 01 ff	OCTET STRING，长度为 5
0608	30 1d	SEQUENCE 扩展 subjectKeyIdentifier，长度为 29
0610	06 03 55 1d 0e	OID 2.5.29.14: subjectKeyIdentifier
0615	04 16 04 14 e7 26 c5 54 cd 5b a3 6f 35 68 95 aa d5 ff 1c 21 e4 22 75 d6	OCTET STRING 扩展 subjectKeyIdentifier 的值，长度为 22
0639	30 09	SEQUENCE　signatureAlgorithm:: = AlgorithmIdentifier，长度为 9
0641	06 07 2a 86 48 ce 38 04 03	OID 1.2.840.10040.4.3: dsa-with-sha
0650	03 2f	BIT STRING（0 unused bits）bit 串，证书签名值，47 字节

续表

地址	内容	意义
0652	30 2c	SEQUENCE，长度为 44
0654	02 14	INTEGER　签名值，20 字节，160bit
	a0 66 c1 76 33 99 13 51 8d 93 64 2f ca 13 73 de 79 1a 7d 33	
0674	02 14	INTEGER　签名值，20 字节，160bit
	5d 90 f6 ce 92 4a bf 29 11 24 80 28 a6 5a 8e 73 b6 76 02 68	

3.5.4　PKCS

PKCS（Public-Key Cryptography Standards）是由美国 RSA 数据安全公司及其合作伙伴制定的一组公钥密码学标准，其中包括证书申请、证书更新、证书撤销列表发布、扩展证书内容以及数字签名、数字信封的格式等方面的一系列相关协议。到 1999 年底，PKCS 已经公布了以下标准：

PKCS#1：定义 RSA 公开密钥算法加密和签名机制，主要用于组织 PKCS#7 中所描述的数字签名和数字信封。

PKCS#3：定义 Diffie-Hellman 密钥交换协议。

PKCS#5：描述一种利用从口令派生出来的安全密钥加密字符串的方法。使用 MD2 或 MD5 从口令中派生密钥，并采用 DES-CBC 模式加密。主要用于加密从一个计算机传送到另一个计算机的私人密钥，不能用于加密消息。

PKCS#6：描述了公钥证书的标准语法，主要描述 X.509 证书的扩展格式。

PKCS#7：定义一种通用的消息语法，包括数字签名和加密等用于增强的加密机制，PKCS#7 与 PEM 兼容，所以不需其他密码操作，就可以将加密的消息转换成 PEM 消息。

PKCS#8：描述私有密钥信息格式，该信息包括公开密钥算法的私有密钥以及可选的属性集等。

PKCS#9：定义一些用于 PKCS#6 证书扩展、PKCS#7 数字签名和 PKCS#8 私钥加密信息的属性类型。

PKCS#10：描述证书请求语法。

PKCS#11：称为 Cyptoki，定义了一套独立于技术的程序设计接口，用于智能卡和 PCMCIA 卡之类的加密设备。

PKCS#12：描述个人信息交换语法标准。描述了将用户公钥、私钥、证书和其他相关信息打包的语法。

PKCS#13：椭圆曲线密码体制标准。

PKCS#14：伪随机数生成标准。

PKCS#15：密码令牌信息格式标准。

3.5.5 PKIX

Internet 工程任务组（IETF）主要负责制定标准化协议/功能并推动其运用。这些工作被很多工作组分担，分别致力于不同的领域。IETF 的安全领域的公钥基础实施（PKIX）工作组正在为互联网上使用的公钥证书定义一系列的标准。PKIX 工作组在 1995 年 10 月成立。

PKIX 作为 IETF 设定的工作组，其目的更多的在于 Internet PKI，而不仅仅是刻画 X.509 证书和做证书撤销列表工作。所以，PKIX 的章程中包含了如下 4 项专门领域：

（1）证书和证书撤销列表概貌（Profile）；

（2）证书管理协议；

（3）证书操作协议；

（4）证书策略（CP）和认证业务声明（CSP）结构。

第一项工作是有创造性的工作——制定 X.509 的语法，包括对强制性的、可选择性的、必要的和非必要的扩展的详细说明，这些扩展用于 PKIX 相容的证书和证书撤销列表中。

第二项工作对在 PKI 中管理操作需求所用到的协议进行了详细说明。这些操作包括对实体及密钥对的初始化/认证、证书撤销、密钥备份和恢复，以及 CA 密钥更换、交叉认证等。

第三项详细描述了日常 PKI 操作中需要用到的协议，比如从公共存储库中收回证书/证书撤销列表，证书的在线撤销状态检查等。

第四项为书写 CP 和 CSP 文档的作者提供了指导，对特殊环境中所应包括的主题和格式做了建议。

3.5.6 国家 PKI 标准

国家信息安全工程技术研究中心暨上海信息安全工程技术研究中心（以下简称“安全中心”）于 2001 年 10 月成立，是受国家科技部领导，由国家密码管理局、国家保密局、公安部、安全部、工业和信息化部、上海市科委共同指导的专业从事信息安全工程技术研究与系统集成的研究机构，该安全中心的一个重要工作就是建设 PKI 国家标准。以该中心作为主要研制和起草单位，起草的《信息安全技术 公钥基础设施安全支撑平台技术框架》（国家标准编号为 GB/T 25055-2010，简称《安全支撑平台技术框架》）和《信息安全技术 公钥基础设施简易在线证书状态协议》（国家标准编号为 GB/T 25059-2010，简称《简易在线证书状态协议》），已由国家质量监督检验检疫总局和国家标准化管理委员会于 2010 年 9 月 2 日正式发布，并于 2011 年 2 月 1 日实施。

《安全支撑平台技术框架》标准提出了我国安全支撑平台的框架结构，规定了各子系统的通用接口标准要求，解决了信息安全基础设施的互操作性问题，为国内基于 PKI 体系的信任体系建设提供了统一规范，有利于国内 PKI 建设及应用的互通互连。《简易在线证书状态协议》为我国电子政务和电子商务以及网络安全认证系统提供了简明、快捷的证书状态查询协议。

协议解决了目前应用系统中使用的国际 OCSP（在线证书状态协议）所遇到的时效慢的弊端，是目前电子政务急需的技术标准和应用技术。

3.6 PKI 服务与应用

3.6.1 PKI 服务

PKI 提供的核心服务包括身份认证、数据完整性、数据机密性、不可否认性。

1. 身份认证服务

身份认证服务即身份识别与鉴别，就是确认实体即为自己所声明的实体，鉴别身份的真伪。PKI 认证服务主要采用数字签名技术，签名作用于相应的数据之上，主要有数据源认证服务和身份认证服务。

2. 数据完整性服务

数据完整性服务就是确认数据没有被修改，即数据无论是在传输还是在存储过程中，经过检查确认没有被修改。通常情况下，PKI 主要采用数字签名来实现数据完整性服务。如果敏感数据在传输和处理过程中被篡改，接收方就收不到完整的数字签名，验证就会失败。另外，散列函数常用于做数据完整性认证。

3. 数据机密性服务

数据机密性服务就是确保数据的秘密，除了指定的实体外，其他未经授权的人不能读出或看懂该数据。PKI 的机密性服务采用了“数据信封”机制，即发送方先产生一个对称密钥，并用该对称密钥加密敏感数据。同时，发送方还用接收方的公钥加密对称密钥，就像把它装入一个“数字信封”。然后，把被加密的对称密钥（数字信封）和被加密的敏感数据一起传送给接收方。接收方用自己的私钥拆开“数字信封”并得到对称密钥，再用密钥解开被加密的敏感数据。

4. 不可否认性服务

不可否认性服务是指从技术上实现保证实体对他们的行为负责。在 PKI 中，主要采用数字签名+时间戳的方法防止其对行为的否认。其中，人们更关注的是数据来源的不可否认性和接收的不可否认性，即用户不能否认敏感信息和文件不是来自于他；以及接收后的不可否认性，即用户不能否认他已接收到了敏感信息和文件。

3.6.2 PKI 应用

PKI 的应用主要有以下几个方面：

1. 信息安全传输

在各类应用系统中，无论是哪类网络，其网络协议均具有标准、开放、公开的特征，各类信息在标准协议下均为明文传输，泄密隐患很严重。因此，重要敏感数据、隐私数据等信息的远程传输需要通过可靠的通信渠道，采取加密方式，达到保守机密的目的。

同时，由于各应用信息在网上交互传输过程中，不仅仅面临数据丢失、数据重复或数据传送的自身错误，而且会遭遇信息攻击或欺诈行为，导致最终信息收发的差异性。因此，在信息传输过程中，还需要确保发送和接收的信息内容的一致性，保证信息接收结果的完整性。

应用数字证书技术保护信息传输的安全性，通常采用数字信封技术完成。通过数字信封技术，信息发送者可以指定信息接收者，并且在信息传输的过程中保持机密性和完整性。

2. 安全电子邮件

电子邮件是网络中最常见的应用之一。普通电子邮件基于明文协议，没有认证措施，因此非常容易被伪造，并被泄密内容。对于重要电子邮件，应具有高安全保护措施，因此基于数字证书技术来实现安全邮件在实际中具有巨大需求。

应用数字证书技术提供电子邮件的安全保护，通常采用数字签名和数字信封技术。数字签名保证邮件不会被伪造，具有发信人数字签名的邮件是可信的，并且发信人的行为不可抵赖。数字信封技术可以保证只有发信人指定的接收者才能阅读邮件信息，保证邮件的机密性。

3. 安全终端保护

随着计算机在电子政务、电子商务中的广泛使用，保护用户终端及其数据越来越重要。为了保证终端上敏感的信息免遭泄露、窃取、更改或破坏，一方面可基于数字证书技术实现系统登录，另一方面对重要信息进行动态加密，保护计算机系统及重要文件不被非法窃取、非法浏览。

在电子政务、电子商务中应用数字证书技术实现安全登录和信息加密，采用了数字证书的身份认证功能和数字信封功能。应用系统通过对用户数字证书的验证，可以拒绝非授权用户的访问，保证授权用户的安全使用。用户通过使用数字信封技术，对存放在业务终端上的敏感信息加密保存，保证只有具有指定证书的用户才能访问数据，保证信息的机密性和完整性。

4. 可信电子印迹

“电子印迹”是指电子形式的图章印记和手写笔迹。

在政府机关信息化建设中，电子公文受到广泛使用。通过电子公文来实现单位内部及单位之间流转传达各种文件，实现无纸化的公文传递、发布，可以有效提高行政办公效率。在电子商务应用中，电子合同等电子文书同样受到广泛使用。为更好体现这些电子文档作为正式公文的权威性和严肃性，它们常常需要“加盖”电子形式的图章印记或显现电子形式的手写签名笔迹，从形式上符合传统习惯。当接收方对电子文件进行阅读和审批时，就需要确认电子文件以及上面的公章图片的真实性、可靠性，防止电子印迹被冒用，造成严重事故。

应用数字证书可以提供可信电子印迹，通常是采用数字签名技术完成的。通过数字签名，可以将签名人的身份信息不可抵赖地集成在电子印迹中，从而保证了电子印迹的权威性和可靠性。

5. 可信网站服务

网站服务假冒是互联网上常见的攻击行为，恶意假冒网站服务所带来的威胁非常严重，不仅会造成网络欺诈，带来纠纷，还会导致虚假信息发布，影响网站信誉，产生恶劣的后果。

应用数字证书技术可以提供可信网站服务，采用数字证书的身份认证功能，网站用户可以通过对网站的数字证书进行验证，从而避免遭受假冒网站服务的欺骗。

6. 代码签名保护

网络因其便利而推广，也因其便利而带来一些不利的影响。电子政务、电子商务的用户通过使用网络共享软件方便了工作，网站通过控件等技术手段为用户带来了便捷，但这些软件、控件等的安全性如何保障？软件的提供商是软件的责任单位，但是网络中可能存在的仿冒行为却为软件的使用带来安全隐患。

数字证书的一项重要应用就是代码签名，通过使用数字签名技术，软件的使用者可以验证供应者的身份，防止仿冒软件带来的安全风险。

7. 授权身份管理

授权管理系统是信息安全系统中重要的基础设施，它向应用系统提供对实体（用户、程序等）的授权服务管理，提供实体身份到应用权限的映射，提供与实际应用处理模式相应的、与具体应用系统开发和管理无关的授权和访问控制机制，简化具体应用系统的开发与维护。

授权管理的基础是身份鉴别，只有通过数字证书技术，有效地完成对系统用户的身份鉴别后才能正确授权，达到安全保护的最终目的。数字证书技术是授权管理系统的基础，授权管理系统的身份管理依赖于数字证书的身份认证技术。

8. 行为责任认定

在各个业务系统中的行为，需要通过身份确认、行为审计等手段，在发生意外事故，甚至是蓄意破坏时能够有效地明确责任所在。

通过使用数字证书的身份认证和数字签名技术，可以在日常操作时正确有效地认证执行者的身份，并在业务系统中使用数字签名对行为日志等签名保存，以供取证时使用。通过使用数字证书相关技术，各项业务操作的行为审计和责任认定可以得到有效保障。

学习项目

3.7 项目一 认识计算机中的数字证书

在使用计算机时，都在使用各类证书，只是平常很少注意证书的存在，下面就介绍一下怎样对计算机上的数字证书进行查看、导出和恢复。

3.7.1 任务 1：进入 MMC 中添加证书管理库

实验目的：学会在计算机中添加 MMC 证书管理库，并能熟练操作将证书管理库的证书导出。

实验环境：Windows 2000 或 Windows XP 操作系统。

●项目内容

第一步：首先在“运行”对话框中输入“MMC”来打开“控制台”，接着单击菜单上的“文件→添加/删除管理单元”，在管理单元列表中选择“证书”，单击“添加”按钮，如图 3-9 所示。

第二步：在“证书管理”窗口中选中“我的用户账户”，再单击“完成”按钮，如图 3-10 所示。

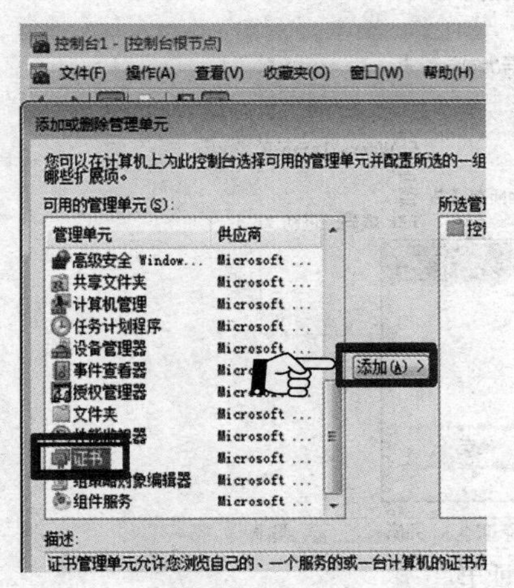

图 3-9　添加证书

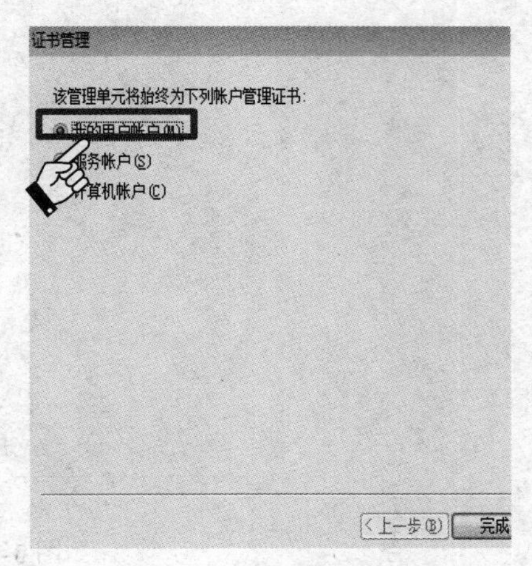

图 3-10　证书管理界面

回到“控制台根节点”，双击“证书-当前用户”展开，就可以看到电脑中当前用户的所有证书，在右面的窗格中找到要进行备份的数字证书，单击鼠标右键选择“所有任务→导出”，如图 3-11 所示。

图 3-11　导出证书

第三步：弹出“证书导出向导”，根据提示进行操作就可以了，这里选择要使用的编码格式，也可以选择默认的“DER 编码二进制”。最后选择保存的路径和文件名，保存的数字证书文件的后缀名是“CER”格式，如图 3-12 所示。

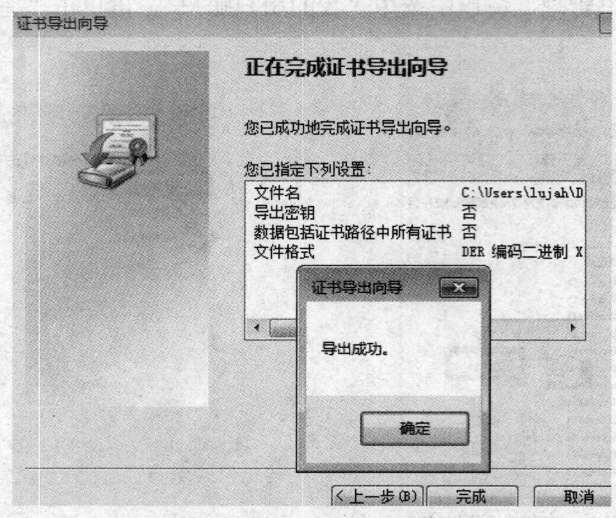

图 3-12　成功导出证书

3.7.2　任务 2：恢复数字证书

实验目的：熟练操作在计算机中恢复数字证书的三种方法。

实验环境：Windows 2000 或 Windows XP 操作系统；IE 浏览器；因特网

●项目内容

恢复数字证书的方法由很多，下面介绍三种常用的恢复数字证书方法。

1. 直接恢复

打开“控制台”窗口，按照上面的方法添加“证书”单元，接着在左面的窗格选择要导入的分类文件夹，然后在右面的窗格中单击鼠标右键，选择“所有任务→导入”，最后就可以按照“证书导入向导”来导入备份的数字证书了。

2. 在 IE 属性对话框中进行导入

如果导入的是具有保护密码的数字证书，我们就可以在 IE 中进行操作，打开“Internet 选项”对话框，在“内容”选项卡下单击“证书”按钮，然后在弹出的“证书”对话框中单击“导入”按钮来导入备份的数字证书。如图 3-13 所示。

3. 指定恢复代理

打开“控制面板→管理工具→本地安全策略”，接着在“公钥策略→加密文件系统”上右击，选择“所有任务→添加数据恢复代理程序”，通过“添加故障恢复代理向导”来选择作为代理的用户或者该用户的具有故障恢复证书的 CRE 文件（如图 3-14 所示）。这样对数字证书进行备份和恢复后，我们以后重装系统时就不用再担心了。

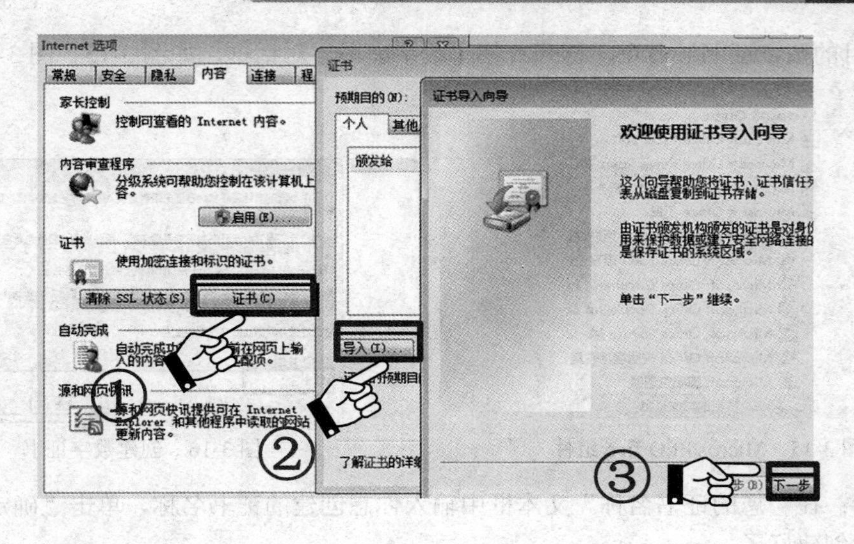

图 3-13　在 IE 中导入证书

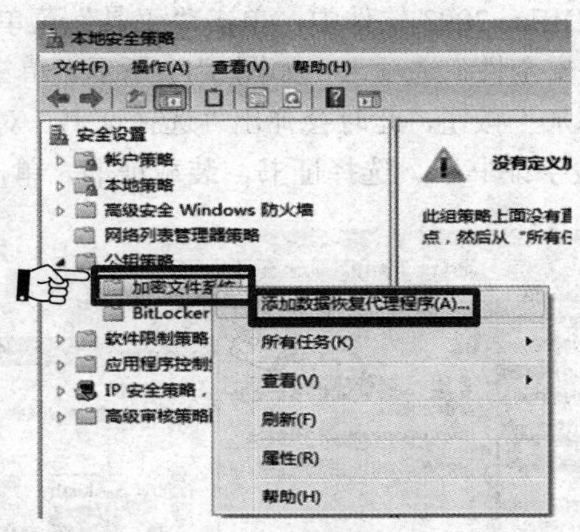

图 3-14　指定恢复代理

3.8　项目二　对 Office 文件进行数字签名

3.8.1　任务 1　为 Office 2003 文档创建数字证书

实验目的：熟练操作在 Microsoft Office 中创建数字签名。

实验环境：Windows 2000 或 Windows XP 操作系统；Office 2003 软件。

●项目内容

第一步：在选择“Microsoft Office”的组件中找到“Microsoft Office 工具”，启动其中的

"VBA 项目的数字证书"命令，打开"创建数字证书"对话框，如图 3-15、图 3-16 所示。

图 3-15　Microsoft Office 组件

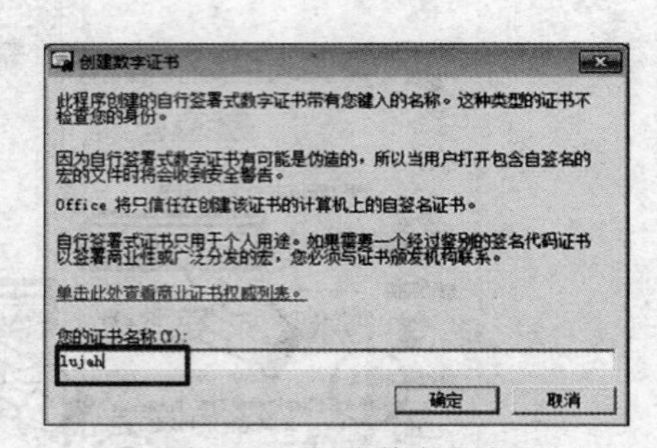

图 3-16　创建数字证书

第二步：在"您的证书名称"文本框中输入你想创建的证书名称，单击"确定"按钮后，数字证书就创建好了。

打开需要保护的用户文档，这些文档可以是 Word 文档、Excel 文档或 PPT 文档。

第三步：在 Microsoft Office 2003 软件中，单击"工具"菜单中的"选项"命令，在弹出的"选项"对话框中单击"安全性"选项卡，如图 3-17 所示。单击"数字签名"按钮，在"数字签名"对话框中单击"添加"按钮，此时会弹出"选择证书"对话框，在供选择的证书列表中就可以看到刚才创建的数字证书了。选择证书，装载证书，单击"确定"按钮即可。

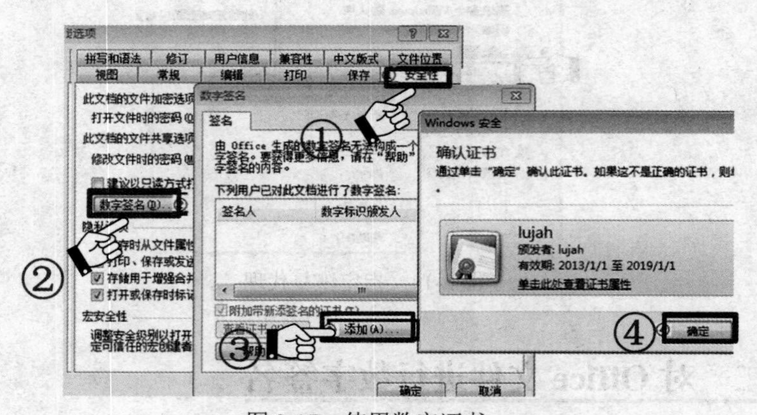

图 3-17　使用数字证书

添加证书后，可以验证保护效果，此处不再赘述。

3.8.2　任务 2　在 Office 2010 中添加不可见的数字签名

实验目的：熟练操作在 Microsoft Office 2010 中添加不可见的数字签名。

实验环境：Windows 2000 或 Windows XP 操作系统；Microsoft Office 2010 软件。

●项目内容

Office 2010 及之后的版本添加数字签名更为方便，下面对 Office 2010 文件添加不可见的数字签名，如图 3-18 所示，文件可以是 Word、Excel 或 PowerPoint。

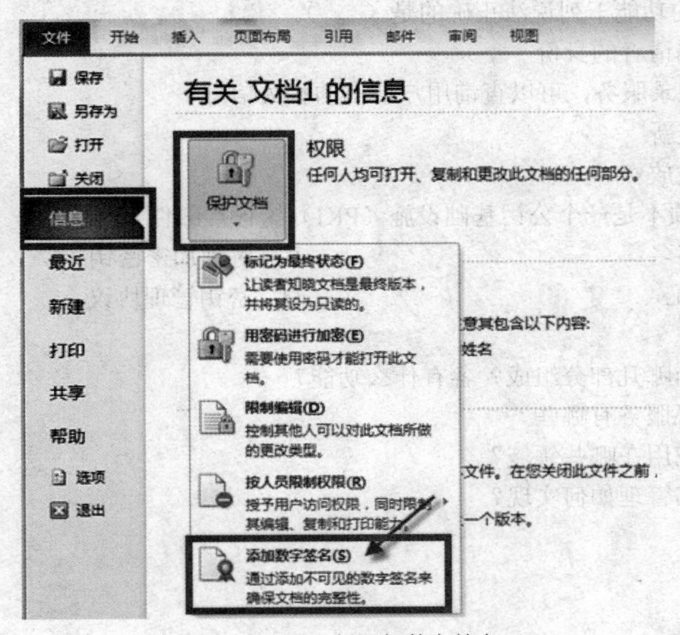

图 3-18　2010 版添加数字签名

第一步：单击“文件”选项卡，单击“信息”。

在“权限”下，单击“保护文档”、“保护工作簿”或“保护演示文稿”。单击“添加数字签名”。

第二步：阅读 Word、Excel 或 PowerPoint 中显示的消息，然后单击“确定”按钮。

在“签名”对话框中的“签署此文档的目的”文本框中，键入目的。单击“签名”按钮。在对文件进行数字签名后，将出现“签名”按钮，并且文件会变为只读以防止修改。

知识巩固

一、选择题

1．定义数字证书结构的标准是（　　）。

A．X.500　　B．TCP/IP　　C．ASN.1　　D．X.509

2．CA 用（　　）签名数字证书。

A．用户的公钥　　B．用户的私钥　　C．自己的公钥　　D．自己的私钥

3．关于 CA 和数字证书的关系，以下说法不正确的是（　　）。

A．数字证书是保证双方之间的通信安全的电子信任关系，由 CA 签发

B．数字证书一般依靠 CA 中心的对称密钥机制来实现

C．在电子交易中，数字证书可以用于表明参与方的身份

D．数字证书以一种不能被假冒的方式证明证书持有人身份

4．关于 RA 的功能下列说法正确的是（　　）。

A．验证申请者的身份

B．提供目录服务，可以查询用户证书的相关信息

C．证书更新

D．证书发放

5．下面哪一项不是一个公钥基础设施（PKI）的正常部件？（　　）

A．数字签名　　B．对称加密密钥

C．CA 中心　　D．密钥管理协议

二、简答题

1．PKI 主要由哪几部分组成？各有什么功能？

2．PKI 的核心服务有哪些？

3．PKI 主要应用在哪些领域？

4．PKI 的证书管理如何实现？

4 PKI 数字认证

本章导读：

本章主要介绍数字证书的发展过程与基本特点、分类和用途；由于 PKI 数字证书目前有多种标准，本书主要介绍应用比较广泛的 X.509 证书；因特网上申请数字证书的要求、步骤；PKI 数字证书的生命周期及其相关技术参数。

学习目标：

- 学会分析常见身份认证技术的特点、用途
- 学会分析常见身份认证技术的优点、缺点
- 熟练操作从因特网上申请数字证书的要求与步骤
- 学会分析 PKI 数字证书的工作原理
- 熟练操作安全套接字层 SSL、电子印章技术、安全电子邮件技术在数字证书中的应用

引入案例：

【案例一】假冒淘宝钓鱼网站新增 23 万家

2012 年 12 月 27 日 22:11 来源：飞象网

近日，360 安全中心发布的《2012 年中国网购安全报告》显示，截至 12 月 24 日，2012

年互联网上新增与网购相关的钓鱼网站39.27万家，主要为假冒淘宝、假药网站、网游交易欺诈、模仿知名品牌官网、手机充值欺诈、假票网站以及假冒网上银行，其中假淘宝网站新增近23万家。据悉，假淘宝网站往往会利用伪造商品页面诱骗买家支付，实际付款对象却是不法分子的账户，钓鱼网站还会伺机套取受骗者的账号密码。

按照国家法规，国内经营的网站均需在工信部进行ICP/IP备案。而备案信息实际上就是网站的身份证，这些信息均可以在工信部网站进行查询。钓鱼欺诈等网络威胁已敲响网购安全的警钟。本月24日，十一届全国人大常委会第三十次会议审议全国人大常委会关于加强网络信息保护的决定（草案）的议案，显示出立法机关将严格治理危害网络信息安全的行为。

【案例二】虚假身份困扰“网络红娘”婚恋网站

来源：光明网 发布时间：2012-07-22 09:30

世纪佳缘号称目前国内最大的婚恋交友网站，拥有6300万单身会员。然而，这样一家在美国纳斯达克上市的“网络红娘”，却无法保证因注册用户虚假身份信息引发的诈骗案件，其标榜的“严肃婚恋”也饱受争议。2012年5月，世纪佳缘在美国纳斯达克上市，首日开盘价11美元。上市前夕，女会员刘某以“未尽到审核义务”为由将世纪佳缘告上法庭。刘某通过世纪佳缘认识了一位自称某央企财务总监的“优秀男士”，但交往后却发现，对方除性别之外，在世纪佳缘上的注册信息全部是假的。刘某称，诈骗分子在世纪佳缘的注册资料严重失实，并借网站诈骗多位女士长达4年，并且，在她向世纪佳缘投诉近7个月后，网站才将该人列入黑名单。

虽然号称拥有 6300 万“单身”注册会员，但实际上，世纪佳缘根本无法保证这 6300 万会员的身份信息是“真实的、可核查的”，世纪佳缘的“低门槛”注册，吸纳了数量庞大的用户，却失去了婚恋交友的本质属性——“真实”，业内人士分析，一些新兴的大众交友工具，如微信、陌陌等，基本与世纪佳缘的用户群重合。

知识模块：

4.1 常用身份认证技术方式及应用

身份认证是系统审查用户身份的进程，从而确定该用户是否具有对某种资源的访问和使用权限。身份认证通过标识和鉴别用户的身份，提供一种判别和确认用户身份的机制。身份认证技术在信息安全中处于非常重要的地位，是其他安全机制的基础。只有实现了有效的身份认证，才能保证访问控制、安全审计、入侵防范等安全机制的有效实施。

在因特网飞速发展的今天，对用户的身份认证方法基本可以分为四种：

（1）根据你所知道的信息来证明你的身份（你知道什么），比如口令、密码等。

（2）根据你所拥有的东西来证明你的身份（你有什么），比如印章、智能卡等。

（3）直接根据独一无二的身体特征来证明你的身份（你是谁），比如指纹、声音、视网膜、签字、笔迹等。

（4）运用密码学技术通过第三方（中间人）证明你身份的合法性，比如数字身份认证。

4.1.1 静态口令认证

静态口令认证是最简单也是最常用的身份认证方法，它是基于“你知道什么”的验证手段。如图 4-1 所示，每个用户的密码是由这个用户自己设定的，也只有用户自己才知道，因此只要能够正确输入密码，计算机就承认用户的合法性。然而实际上，由于许多用户为了防止忘记密码，经常采用诸如自己或家人的生日、电话号码等容易被他人猜测到的有意义的字符串作为密码，或者把密码抄在一个自己认为安全的地方，这都存在着许多安全隐患，极易造成密码泄露。即使能保证用户密码不被泄漏，由于密码是静态的数据，并且在验证过程中需要在计算机内存中和网络中传输，而每次验证过程使用的验证信息都是相同的，很容易被驻留在计算机内存中的木马程序或网络中的监听设备截获。因此，静态密码是一种极不安全的身份认证方式。可以说基本上没有任何安全性可言。

静态口令认证的优点：一般的系统（如 UNIX，Windows NT，NetWare 等）都提供对口令认证的支持，对于封闭的小型系统来说不失为一种简单可行的方法。

然而，基于静态口令的认证方法，静态口令认证存在下列缺点：

（1）用户每次访问系统时都要以明文方式输入口令，容易泄密。

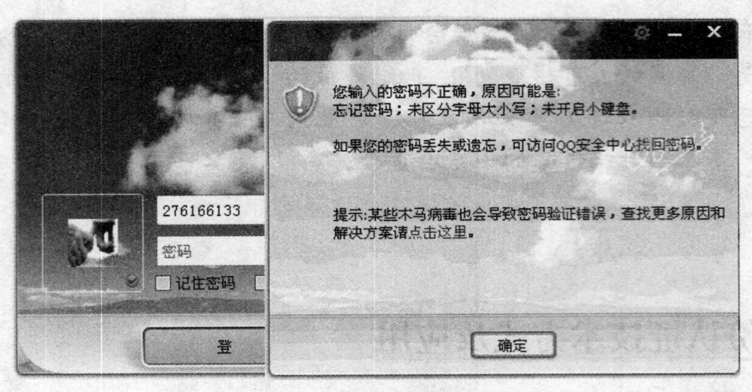

图 4-1　静态口令验证

（2）口令在传输过程中可能被截获。

（3）用户访问多个不同安全级别的系统时，都要求用户提供口令，用户为了记忆方便，往往采用相同的口令。

4.1.2　短信密码认证

短信密码以手机短信形式请求包含 6 位随机数的动态密码，身份认证系统以短信形式发送随机的 6 位密码到客户的手机上。如图 4-2 所示，客户在登录或者交易认证时候输入此动态密码，从而确保系统身份认证的安全性。它利用的是“你有什么”方法。

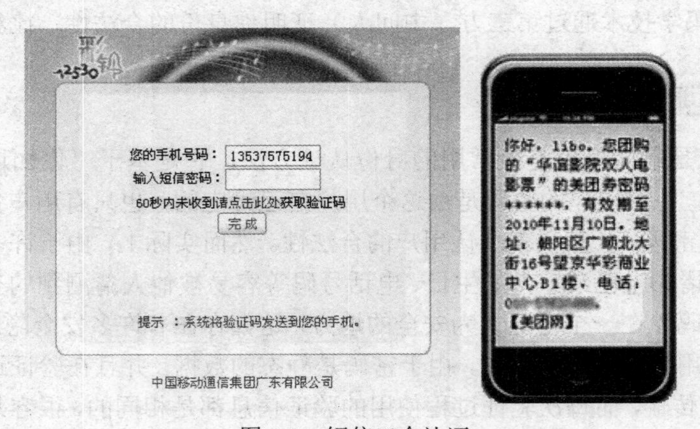

图 4-2　短信口令认证

短信密码认证的优点：

（1）安全性：由于手机与客户绑定比较紧密，短信密码生成与使用场景是物理隔绝的，因此密码在通路上被截取几率降至最低。

（2）普及性：只要会接收短信即可使用，大大降低短信密码技术的使用门槛，学习成本几乎为 0，所以在市场接受度上面不会存在阻力。

（3）易收费：对于运营商来说，这是和 PC 时代互联网截然不同的理念，而且收费通道非常的发达，如果是网银、第三方支付、电子商务，还可将短信密码作为一项增值业务，每月通过手机终端收费不会有阻力，因此也可增加收益。

（4）易维护：由于短信网关技术非常成熟，大大降低短信密码系统上的复杂度和风险，短信密码业务后期客服成本低，稳定的系统在提升安全的同时也营造良好的口碑效应，这也是目前银行大量采纳这项技术的很重要原因。

短信密码认证的缺点：

（1）移动信号正常覆盖：必须要求在移动信号覆盖的地区，如果在一个封闭的环境，比如电梯、地下室、隧道、偏僻的山区等无法正常收到移动信号，也就不能正常获取短信密码。

（2）存在延迟：通过手机获取短信密码，由于空间区域的复杂性，获取短信密码存在延迟，因此当急于登录系统时，而短信密码迟迟无法接收则会形成矛盾。

4.1.3 智能卡认证

采用智能卡身份验证方式时，需要将智能卡插入智能卡读卡器中，然后输入一个 PIN 码（相当于用户的口令，通常为 4～8 位），如图 4-3 所示。这种类型的身份验证既验证用户持有的凭证（智能卡），又验证用户知晓的信息（智能卡 PIN 码），以此确认用户的身份。

图 4-3 智能卡认证

基于智能卡的身份认证系统认证的主要流程均在智能卡内部完成。相关的身份信息和中间运算结果均不会出现在计算机系统中。为了防止智能卡被他人盗用，智能卡一般提供使用者个人身份信息验证功能，只有输入正确的身份信息码（PIN），才能使用智能卡。这样即使智能卡被盗，由于盗用者不知道正确的身份信息码仍将无法使用智能卡。因此智能卡相当于是智能卡与口令技术相结合的产物。

基于智能卡的身份认证系统中采用共享密钥的身份认证协议。其身份认证流程如下：

（1）被认证方向认证方发起认证请求，并提供自己的身份 ID。

（2）认证方首先查找合法用户列表中是否存在身份 ID，如果不存在则停止下面的操作，返回被认证方一个错误信息。如果存在身份 ID，则认证方随机产生一个 128 bit 的随机数 N，将 N 传给被认证方。

（3）被认证方接收到 128 bit 的随机数 N 后，将此随机数 N 送入智能卡输入数据寄存器中，发出身份信息加密命令，智能卡利用存储在硬件中的共享密钥 K 采用 Rijndael 算法对随机数 N 进行加密，加密后的结果存放在输出数据寄存器中。

（4）被认证方从智能卡输出数据寄存器中取得加密后的数据，传给认证方。认证方同样通过智能卡完成共享密钥 K 对随机数 N 的加密，如果加密结果和被认证方传来的数据一致则认可被认证方的身份，否则不认可被认证方的身份。

这个过程实现了认证方对被认证方的单向认证。在某些需要通信双方相互认证的情况下，通信双方互换角色再经过一遍同样操作流程就可完成双向认证。由于每次认证选择的随机数都不相同，因此可以防止攻击者利用截获的加密身份信息进行重放攻击。

智能卡认证优点：与传统的身份认证技术相比，智能卡具有更高的安全性，更为方便，并带来了更大的经济效益。

（1）安全性

智能卡包括的加密和验证技术满足了发行者和用户对安全性的需要。运用加密技术，资料和数据可以通过有线或无线网络安全地传递。例如，运用基于个人生理特征的生物统计验证技术，智能卡可以用于分配政府的福利开支，以减少欺诈行为和误操作。像有些医院提供的健康卡，可使医生方便地获得信息，并可随时查询病人的病历和保险信息。

（2）方便性

智能卡还可以将身份认证、自动提款机、复印机、付费电话、保健卡等功能集于一身。例如，保健卡可以直接获取存在智能卡上的关于该病人的信息，从而减少了文件处理成本。还有许多智能卡将认证功能与某些特定的目的结合起来，例如，政府使用的公益卡和大学中能够用于学籍注册、购买食物的校园卡。

（3）经济利益

智能卡减少了政府利润支付项目中的费用，因为它不用纸张，也就没有纸张处理方面的费用。这样既节省了人力开支，又节省了手工劳动所耽误的时间。方便的智能卡支付系统降低了售货机、加油机、公用电话的维护费用。同时根据统计，财政收入也将增加 30%左右。

（4）用户化

一张智能卡包含了个人网络、网络连接、支付及其他应用。使用智能卡，人们可以在世界上任何地方通过电话中心或信息台建立起个人网络连接。网络服务器根据智能卡上读取的信息来认证用户的身份，提供一个用户化的网页、E-mail 连接及其他授权的服务。为电子设备包括计算机建立的个人设置不是存储在设备本身上，而是存储在智能卡上。如电话号码就是存储在智能卡上而不是电话上。一旦智能卡普及起来，用户手里的一张智能卡就相当于整个网络和他的个人计算机。

（5）其他优点

现金仍然是当今社会中非常重要的一种支付手段。因此，有必要寻找一种更为安全方便，也更为经济的替代手段来实现现金收付的功能。当前仍有 80%左右的款项收付是通过现金来实现的。智能卡相对于支票、信用卡来说有以下两个长处：

①降低了操作成本，提高了使用的简便性，降低了基础设施的支持成本，例如银行系统和电话网的维护费用。

②在一个平台上集中了信用卡、卡和货币存储卡的多种功能，实现了一卡多能，例如职工医保卡。

智能卡认证缺点：

目前智能卡存放的信息一般包括两类：一类采用非接触射频识别技术，将信息存在半导体芯片中；一类采用磁性记录技术。磁性记录技术一般都会把用户信息存在嵌有磁条的塑料卡中，磁条上记录有用于机器识别的个人信息。这类卡易于制造，而且磁条上的记录数据也易于转录，因此要设法防止仿制。另外采用磁性记录技术的智能卡不能与磁体接触，否则容易导致消磁。

4.1.4 生物认证

生物识别技术是指通过计算机与光学、声学、生物传感器和生物统计学原理等高科技手段密切结合，利用人体固有的生理特性（如指纹、脸相、虹膜等）和行为特征（如笔迹、声音、步态等）来进行个人身份的鉴定技术。常见的有指纹识别、足迹识别、视网膜识别等。从理论上说，生物特征认证是最可靠的身份认证方式，因为它直接使用人的生理特征来表示每一个人的数字身份，不同的人具有相同生物特征的可能性可以忽略不计，因此几乎不可能被仿冒。生物识别技术主要包括以下几类：

1. 指纹识别

指纹识别技术是以数字图像处理技术为基础而逐步发展起来的。相对于密码、各种证件等传统身份认证技术而言，指纹识别是一种更为理想的身份认证技术。实现指纹识别有多种方法。其中有些是仿效传统的公安部门使用的方法，比较指纹的局部细节；有些直接通过全部特征进行识别；还有一些使用更独特的方法，如指纹的波纹边缘模式和超声波。有些设备能即时测量手指指纹，有些则不能。

在所有生物识别技术中，指纹识别是当前应用最为广泛的一种，如图 4-4 所示。指纹识别对于室内安全系统来说更为适合，因为可以有充分的条件为用户提供讲解和培训，而且系统运行环境也是可控的。由于其相对低廉的价格、较小的体积（可以很轻松地集成到键盘中）以及容易整合，所以在工作站安全访问系统中应用的几乎全部都是指纹识别。

指纹识别优点：

使用指纹识别具有许多优点，例如：每个人的指纹都不相同，极难进行复制；指纹比较固定，不会随着年龄的增长或健康程度的变化而变化；最重要的在于指纹图像便于获取，易于开发识别系统，具有很高的实用性和可行性。

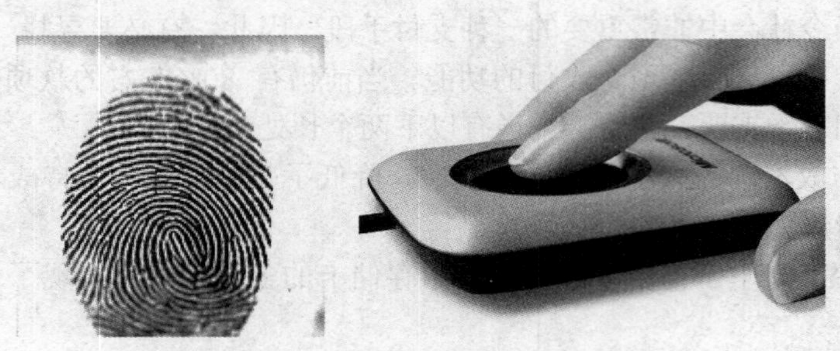

图 4-4　指纹识别技术

生物特征认证基于生物特征识别技术，受到现有的生物特征识别技术成熟度的影响，采用生物特征认证还具有较大的局限性。

指纹识别缺点：

指纹识别准确性和稳定性还有待提高，特别是当用户身体受到伤病或污渍的影响，往往导致无法正常识别，造成合法用户无法登录的情况。其次，指纹识别，容易被盗取，因此目前只适合于一些安全性要求低的场合，对于一些安全性要求较高的场合（如银行、部队等）而是改用其他方式的身份识别。

2. 足迹识别

足迹识别是通过对人在站立和行走运动中，赤足或穿鞋袜的足与地面等承痕表面接触形成的痕迹来验证用户身份，如图 4-5 所示。

足迹识别的优点：

（1）足迹在犯罪现场的出现率非常高，提取率也非常高。指纹识别鉴定虽然是非常成熟的技术，但由于遗留条件有限，往往在现场勘察中的提取率不高，现在的现场勘察中一般取到的指纹几率，全国大概也只是 14%的水平，足迹出现几率则高很多，不管嫌疑人是否为了反侦查而戴手套，作案时间是否相对短暂，他都会留下对应的足迹。

（2）足迹相对于其他生物识别更不易伪装。即使嫌疑人作案不戴手套，为避免留下指纹会对很多动作特别注意，但嫌疑人只要作案就必然在现场行走，只要行走就会反映出正常的行走特征，所以相比其他痕迹，足迹痕迹更难进行伪装。

（3）足迹检验是进行现场分析的最有效手段。现场勘察的一个重要工作就是从技术角度确定侦查方向，准确判断案件性质，判断现场来去路线，判断作案过程及人数等。

（4）能够反映犯罪嫌疑人的很多个人特点。通过对足迹大小压力情况等的初步检验可以判断穿鞋人年龄、身高、体态、职业等特点，为侦查破案提供更多的线索。

足迹识别的缺点：

指纹识别准确性和稳定性还有待提高，特别是当用户身体本身是残疾如没有双腿时则没有足迹，往往导致无法正常识别。其次，足迹痕迹，容易被篡改，对后续的身份识别造成误导。

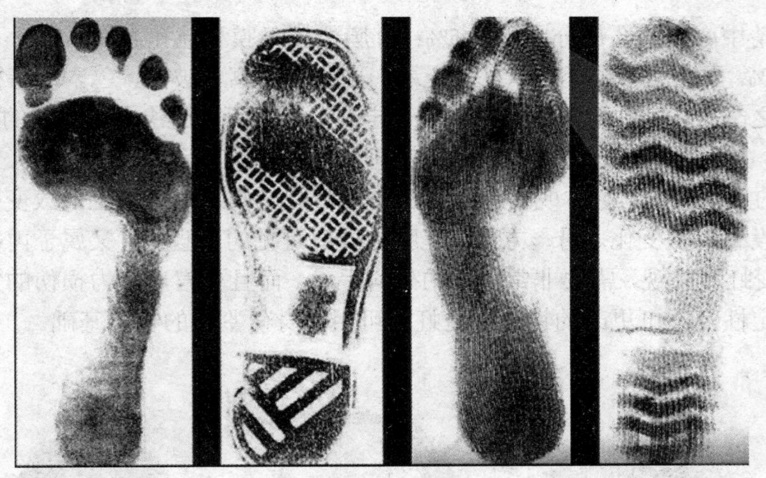

图 4-5　足迹识别

3. 视网膜识别

视网膜扫描技术是最古老的生物识别技术，在 20 世纪 30 年代，通过研究就得出了人类眼球后部血管分布唯一性的理论，进一步的研究的表明，即使是孪生子，这种血管分布也是具有唯一性的，除了患有眼疾或者严重的脑外伤外，视网膜的结构形式在人的一生当中都相当稳定。

视网膜识别使用光学设备发出的低强度光源扫描视网膜上独特的图案。有证据显示，视网膜扫描是十分精确的，但它要求使用者注视接收器并盯着一点。这对于戴眼镜的人来说很不方便，而且与接收器的距离很近，也让人不太舒服。所以尽管视网膜识别技术本身很好，但用户的接受程度很低。因此，该类产品虽在 20 世纪 90 年代经过重新设计，加强了连通性，改进了用户界面，但仍然是一种非主流的生物识别产品。

视网膜识别的优点：

（1）视网膜是一种极其固定的生物特征，因为它是“隐藏”的，故而不可能磨损，老化或为疾病影响。

（2）使用者不需要和设备进行直接的接触。

（3）是一个最难欺骗的系统。因为视网膜是不可见的，故而不会被伪造。

视网膜识别的缺点：

（1）视网膜技术未经过任何测试。

（2）视网膜技术使用激光照射眼球的背面可能会给使用者带来健康的损坏，这还需要进一步的研究。

（3）对于普通消费者，视网膜设备相当得昂贵，很难进一步降低成本，因此视网膜技术没有吸引力。

4. 虹膜识别

人眼的外观图由巩膜、虹膜、瞳孔三部分构成。巩膜即眼球外围的白色部分，约占总面积的 30%；眼睛中心为瞳孔部分，约占 5%；虹膜位于巩膜和瞳孔之间，包含了最丰富的纹理信息，占据 65%。如图 4-6 所示，从外观上看，由许多腺窝、皱褶、色素斑等构成，是人体中最独特的结构之一。虹膜的形成由遗传基因决定，人体基因表达决定了虹膜的形态、生理、颜色和总的外观。人发育到八个月左右，虹膜就基本上发育到了足够尺寸，进入了相对稳定的时期。除极少见的反常状况、身体或精神上大的创伤可能造成虹膜外观上的改变外，虹膜形貌可以保持数十年没有多少变化。另一方面，虹膜是外部可见的，但同时又属于内部组织，位于角膜后面。要改变虹膜外观，需要非常精细的外科手术，而且要冒着视力损伤的危险。虹膜的高度独特性、稳定性及不可更改的特点，是虹膜可用作身份鉴别的物质基础。

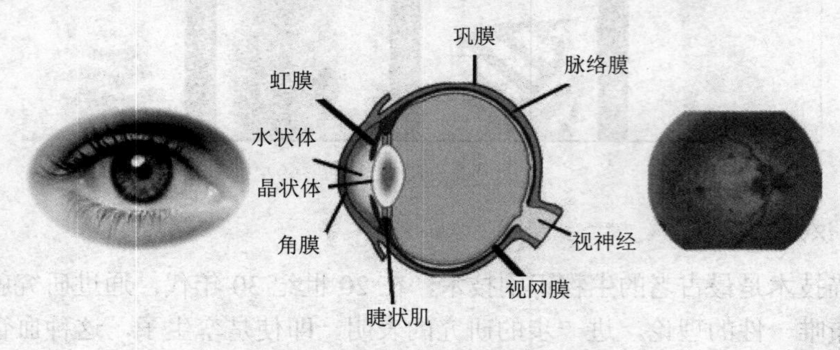

图 4-6　虹膜识别技术

虹膜技术的优点：

（1）快捷方便：拥有本系统，不需要携带任何证件，就能实现门控，可单向亦可双向；既可以被授权控制一扇门，也可以控制开启多扇门。

（2）授权灵活：本系统根据管理的需要，可任意调整用户权限，随时了解用户动态，包括客户身份、操作地点、功能及时间次序等，实现实时智能管理。

（3）无法复制：本系统以虹膜信息为密码，不可复制；且每一次活动，都可自动记录，便于追溯、查询，非法情况则自动报警。

（4）配置灵活多样：使用人和管理者可根据自身喜好、需要或场合的不同，设定不同的安装及运行方式。比如在大堂等公共场所，可以只采用输入密码的方式，但在重要场合，则禁止使用密码，只采用虹膜识别方式，当然也可以两种方式同时使用。

（5）投入少、免维护：装配本系统可以保留原来的锁，但其机械运动件减少，且运动幅度小，门栓的寿命更长；系统免维护，并可随时扩充、升级，无须重新购置设备。长远来看，效益显著，并可使管理档次大大地提高。

虹膜技术的缺点：

（1）一个最为重要的缺点是它没有进行过任何的测试，当前的虹膜识别系统只是用统计学原理进行小规模的试验，而没有进行过现实世界的唯一性认证的试验。

（2）很难将图像获取设备的尺寸小型化。

（3）需要昂贵的摄像头聚焦，一个适用的摄像头的最低售价为 7000 美元。

（4）镜头可能产生图像畸变而使可靠性降低。

（5）黑眼睛极难读取。

（6）需要较好光源。

一个自动虹膜识别系统包含硬件和软件两大模块：虹膜图像获取装置和虹膜识别算法，分别对应于图像获取和模式匹配这两个基本问题。

在包括指纹在内的所有生物识别技术中，虹膜识别是当前应用最为方便和精确的一种。虹膜识别技术被广泛认为是二十一世纪最具有发展前途的生物认证技术，未来的安防、国防、电子商务等多种领域的应用，也必然会以虹膜识别技术为重点。这种趋势已经在全球各地的各种应用中逐渐开始显现出来，市场应用前景非常广阔。

提示

视网膜与虹膜识别的区别：视网膜与虹膜识别都不需要与检测设备接触，不会污损成像装置，影响其他人的识别。视网膜采集设备相对于虹膜采集设备价格便宜，视网膜识别利用激光照射眼睛，进而获得图样，但长时间的激光照射对身体健康有影响。英国国家物理实验室的测试结果表明：虹膜识别是各种生物特征识别方法中错误率最低的。

4.2 数字身份认证

网络身份认证的目的是使通信双方建立信任关系，从而保证后续的网络活动正常进行，因此网络身份认证也称为数字身份认证。随着互联网技术和信息化的迅速发展，出现了各种数字信息应用，如电子商务、网络资源访问、电子政务、邮件系统及电子公告栏等。从整个网络信息系统行为来说，分为两层，针对用户的这些数字信息应用都属于典型的上层网络服务，上层网络服务技术不需要用户过多地参与，用户只需要轻轻单击鼠标，即刻就能享受其中的服务。而下层网络则需要参与者具备牢固的计算机网络、通信协议等专业技术知识。上层网络服务的正常运行，需要有坚固的底层服务技术支撑。数字身份认证作为支撑申请上层网络服务访问的第一步，也就成为从事信息活动实体间进行信息安全交互的重要基础之一。如图 4-7 所示为通用网络信息系统中的数字认证模型。

图中用户申请服务资源，首先通过通信信道传到认证模块，认证模块作为认证的中间人，担负起认证的重要责任，它同时被用户与信息服务资源方所信任。但用户与信息服务方不存在信任关系，整个过程中，数字证书始终在整个通信信道中流通，贯穿整个网络信息认证体系。因此数字身份认证的工作过程就相当于是数字证书运转的过程。

通过第 2 章，我们知道数字证书是在互联网通信中标志通信各方身份信息的一系列数据，它提供了一种在 Internet 上验证身份的方式，数字证书就像身份证、护照、驾照等。可以形象地说，它是网上虚拟世界的护照或实体身份证明。数字证书是由国家认可的，具有权威性、可信性和公正性的第三方 CA 认证机构所签发的具有权威性的电子文档。而且只是一个只有几

KB 的电子文档，就像身份证把申请办证的人和他（她）个人信息（姓名、国籍、出生日期和地点、照片）捆绑在一起。同样的道理，数字证书证明所有者与公钥的关系，也就是把证书申请者与生成的公钥绑定在一起。所以数字证书是一个经证书授权中心 CA 数字签名的包含公开密钥所有者信息以及公开密钥的文件。最简单的证书包含一个公开密钥、名称以及证书授权中心 CA 的数字签名。

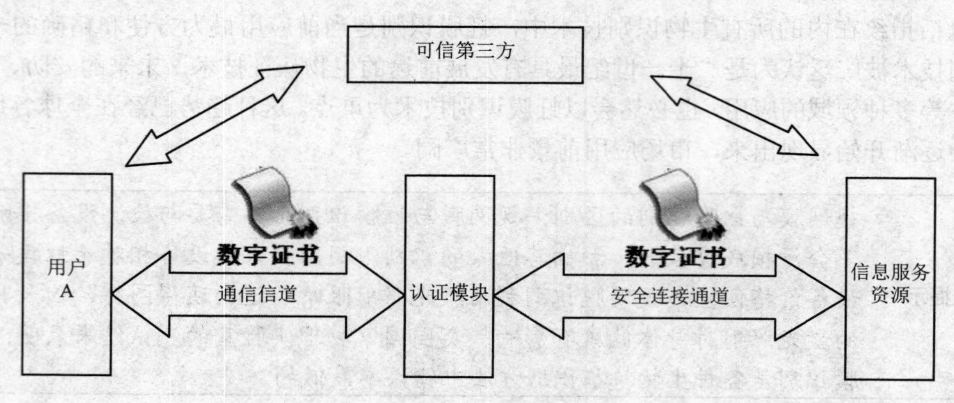

图 4-7　网络信息系统认证模型

4.2.1　PKI 数字证书的特点

1. 数字证书是 PKI 的核心工具

PKI 的核心执行机构是 CA 认证中心，CA 认证中心所签发的数字证书是 PKI 的核心组织部分，而且是 PKI 最基本的、核心的活动工具，是 PKI 的应用主体。它完成 PKI 所提供的全部安全服务功能，其中包括系统级服务，如认证、数据完整性、数据保密性和不可否认性；完成系统辅助功能，如数据公正（即审计功能）和时间戳服务。可以说 PKI 的一切活动都是围绕数字证书的运用进行的，所以，它是 PKI 的核心元素。

2. PKI 数字证书具备权威性

数字证书实际上就是一个大约几 KB 大小的电子文档，但它却与一般的电子文档不同，它是网上交易、传输业务的身份证明，用于证明某个应用环境中某一主体（人或机器）的身份及其公开密钥的合法性。要想使数字证书获得这种可信赖性和权威性，就必须有一个可信赖的、权威的机构来颁发证书，作为认证的第三方。CA 是认证中心的英文 Certification Authority 的缩写。它为电子商务环境中各个实体颁发数字证书，以证明各实体身份的真实性，并负责在交易中检验和管理证书；它是电子商务和网上银行交易中提供权威性、可信赖性及公正性的第三方机构。比如中国金融 CA（CFCA）是由人民银行牵头，十二家商业银行（工商、农业、中国、建设、交通、中信、光大、华夏、招商、广发、深发、民生）参加联合共建的中国金融认证中心。

3. PKI 数字证书——网上身份证

在现实世界中，是靠公安局所签发的身份证或外交部所颁发的护照以此来证明你个人的身份。而在虚拟的网络世界中，网络上实体互不见面，网上的身份认证即身份的识别与鉴别，就要靠证书机制。因为数字证书的主要内容就有证书持有者的真实姓名、身份唯一标识 ID 和该实体的公钥信息。电子认证机构 CA 靠对实体签发的这个数字证书，来证明实体在网上的真实身份。因为该证书公钥（对每个实体是唯一的）能与其真实姓名相绑定，并且在验证证书时，对证书内容特别是证书的公钥或姓名、ID 有任何改动，系统都视为无效。所以，数字证书是不会被伪造的，数字证书是各种实体网上真实身份的证明，如图 4-8 所示。

图 4-8　身份证与数字证书的比较

4. PKI 数字证书担保公钥的真实性

PKI 主要是靠公钥算法的加/解密运算完成 PKI 服务的，通过前面的学习可以知道，公钥算法的私钥需要严格保密，而公钥要方便地公布于世。公钥公布出来以后，用户之间就可以很方便地通过发布到网上的公钥进行保密通信。为了担保发布到网上的公钥的真实性，就需要 LDAP 目录服务器，即将 CA 签发的包含用户公钥的数字证书发布在目录服务器上，供需进行通信的证书依赖方索取。因些，我们可以说数字证书是公钥在互联网上的载体，而其物理载体一般都为 USB Key，如图 4-9 所示。

5. PKI 数字证书是符合标准的电子证书

PKI 的数字证书也叫做电子证书或简称证书，它符合 RFC2459、ISO/IEC/ITU X.509 V3 版标准。我国的国家标准为 GB/T-2004《信息技术安全技术公钥基础设施证书格式》，该标准的范围是规定数字证书的基本结构，并对数字证书中的各数据项内容进行描述。标准规定了标准的证书扩展域，并对每个扩展域的结构进行定义，特别是增加一些专门面向应用的扩充项，在应用中应按照本标准的规定使用这些扩充项。标准还对证书中支持的签名算法、密码散列函数、公开密钥算法进行了描述，以及针对通用的数字证书的安全应用开发商来设计和处理各类数字证书。

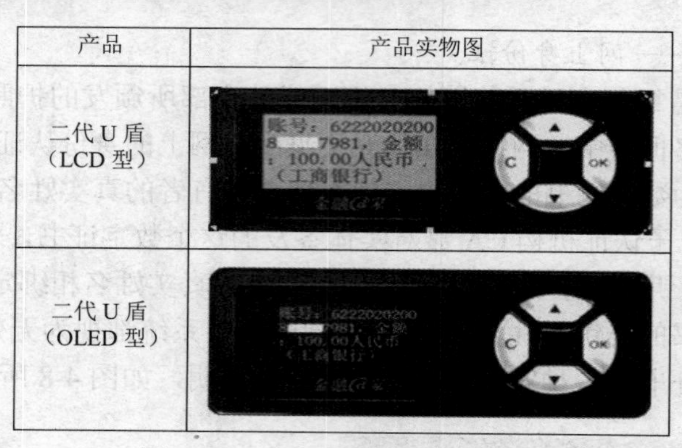

产品	产品实物图
二代U盾（LCD型）	
二代U盾（OLED型）	

图 4-9　工商银行推出的 USB Key

提示　数字证书在一个身份和该身份的持有者所拥有的公/私钥对之间建立了一种联系。

4.2.2 PKI 数字证书分类

PKI 数字证书按其应用角度、应用安全等级和证书持有者实体角色可分为不同种类。

1．应用角度证书

基于数字证书的应用角度分类，数字证书可以分为以下几种：

（1）服务器证书

服务器证书被安装于服务器设备上，用来证明服务器的身份和进行通信加密。服务器证书可以用来防止假冒站点。

在服务器上安装服务器证书后，客户端浏览器可以与服务器证书建立 SSL 连接，在 SSL 连接上传输的任何数据都会被加密。同时，浏览器会自动验证服务器证书是否有效，验证所访问的站点是否是假冒站点。服务器证书保护的站点多被用来进行密码登录、订单处理、网上银行交易等。全球知名的服务器证书品牌有 Globlesign、Verisign、Thawte、Geotrust 等。

（2）电子邮件证书

电子邮件证书可以用来证明电子邮件发件人的真实性。而且只证明邮件地址的身份，而不是证明数字证书上面 CN 一项所标识的证书所有者姓名的真实性，它只证明邮件地址的真实性。当收到具有有效电子签名的电子邮件时，我们除了能相信邮件确实由指定邮箱发出外，还可以确信该邮件从被发出后没有被篡改过。另外，使用接收方的邮件证书，我们还可以向接收方发送加密邮件。该加密邮件可以在非安全网络传输，只有接收方的持有者才可能打开该邮件。

（3）客户端个人证书

客户端证书主要被用来进行身份验证和电子签名。安全的客户端证书被存储于专用的 USB Key 中。存储于 Key 中的证书不能被导出或复制，且 Key 使用时需要输入 Key 的保护密码。使用该证书需要物理上获得其存储介质 USB Key，且需要知道 Key 的保护密码，这也被称为双因子认证。这种认证手段是目前在 Internet 最安全的身份认证手段之一。Key 的形式有多种，如指纹、口令卡等。

2. 安全等级证书

（1）企业高级证书

一般用于 B2B 大额网上交易，如网上银行的对公业务、电子商务的 B2B 业务，因为交易较大，因此确保资金流的安全就特别重要。还有在电子商、政务中的一些重大机密文件的发送和接收，都需要较高的安全性保障。用于此类应用的数字证书，一般称为企业级证书，它的特点是可能要专门利用一些标准扩展域的项，同时对安全应用软件（或称控件）、安全代理软件的要求较高，如双向认证和多次交易数字签名等。

（2）企业级一般证书

所谓企业级一般证书，其本质与企业级高级证书没有差别，只是在安全代理软件和安全应用控件的安全处理机制上稍有不同，如交易双方进行一次或两次签名即可，但认证一般要求为双方认证。

（3）普通个人证书

一般用于网上银行 B2C 和电子商务的 B2C 小额交易支付业务，使用于电子政务中面向社会大众的网上办公业务。此类证书也是 X.509 V3 版的标准证书，只不过可能在标准扩展域中使用某些项来限定个人的交易行为。同时，此类证书的安全代理软件大都只控制一次到两次数字签名，认证方式一般为单向认证。

3. 证书持有者实体角色证书

（1）CA 根证书

是一个 PKI 域的信任锚，它给下级运行 CA 签发证书。

（2）运行 CA 证书

是 PKI 核心机构运行 CA 的根证书，用以向其各类证书实体用户（证书持有者）签发证书。

（3）CA 管理者证书

专为 CA 签发服务器管理员颁发的数字证书，用于对 CA 工作的管理，是专用个人证书。

（4）RA 管理员证书

由 CA 机构所签发，用于 RA 专职管理员，它们对 RA 服务器进行功能管理，审查申请证书人的资源，录入并复核申请信息，统计管理 RA 的证书发放或作废，并具备数字证书的介质制作等功能。

4.2.3 数字身份认证工作原理

目前，PKI 数字证书广泛采用 X.509 标准格式。X.509 证书是由国际电信联盟电信标准化组织（ITU-T）制定的数字证书标准。为了提供公用网络用户目录信息服务，ITU 于 1988 年制定了 X.500 系列标准。其中 X.500 和 X.509 是安全认证系统的核心，X.500 定义了一种区别命名规则，以命名树来确保用户名称的唯一性；X.509 则为 X.500 用户名称提供了通信实体鉴别机制，并规定了实体鉴别过程中广泛适用的证书语法和数据接口。X.509 给出的鉴别框架是一种基于公开密钥体制的鉴别业务密钥管理。一个用户有两把密钥：一把是用户的私有密钥，另一把是其他用户都可得到和利用的公开密钥。用户可用常规加密算法（如 DES）为信息加密，然后再用接收者的公钥对 DES 加密后的信息进行再次加密并将之附于信息之上，这样接收者可用对应的专用密钥打开 DES 密锁，并对信息解密。该鉴别框架允许用户将其公开密钥存放在 CA 的目录项中。一个用户如果想与另一个用户交换秘密信息，就可以直接从对方的目录项中获得相应的公开密钥来用于各种安全服务。

1976 年，Whitfield Diffie 和 Martin Hellman 提出了公开密钥理论，奠定了 PKI 体系的基础。PKI（Public Key Infrastructure）也就是前面提到的公钥基础设施，是一个利用现代密码学的公钥密码技术并在开放的 Internet 网络环境中提供数据加密及数字签名服务统一的技术框架，主要达到以下几个方面的应用目的。

1. 公开密钥完成对称加密系统的密钥交换，完成保密通信

公开密钥算法的速度比对称算法慢得多，并且由于任何人可以得到公钥，公开密钥算法对选择明文攻击很脆弱，因此公钥加密/私钥解密不适用于数据的加密传输。为了实现数据的加密传输，公开密钥算法提供了安全的对称算法密钥交换机制，数据使用对称算法传输。两个用户（A 和 B）使用公开密钥理论进行密钥交换的过程如图 4-10 所示。

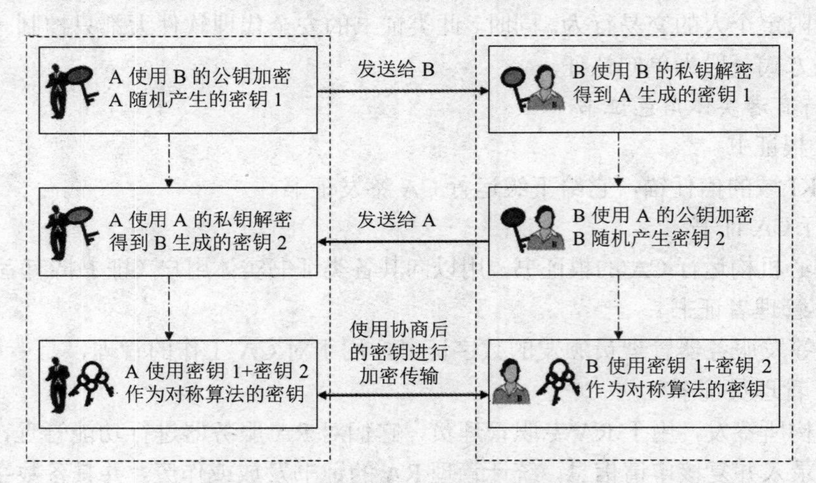

图 4-10 PKI 数字认证进行密钥交换

（1）首先，假设有两个用户 A、B，要进行安全通信，A 随机产生出一个随机数作为密钥 1，然后用 B 公开的公钥进行加密，并将此密文传送至 B 方。

（2）B 方收到此加密数据后，先用只有 B 方知道的私钥去解密此密文数据，得到密钥 1。

（3）B 方把密钥 1 保存好，然后随机产生出一个随机数作为密钥 2，并使用 A 方公开的公钥进行加密，并将此密文传送至 A 方。

（4）A 方收到此加密数据后，先用只有 A 方知道的私钥去解密此密文数据，得到密钥 2。

（5）A 把密钥 1 与密钥 2 进行合并，作为 A、B 双方通信的共享密钥。

（6）B 把密钥 1 与密钥 2 合并，作为 A、B 双方通信的共享密钥。

2．私钥加密，公钥解密完成双方的身份验证

公开密钥算法可以实现通信双方的身份验证。下面是一个简单的身份验证的例子（A 验证 B 的身份），如图 4-11 所示。

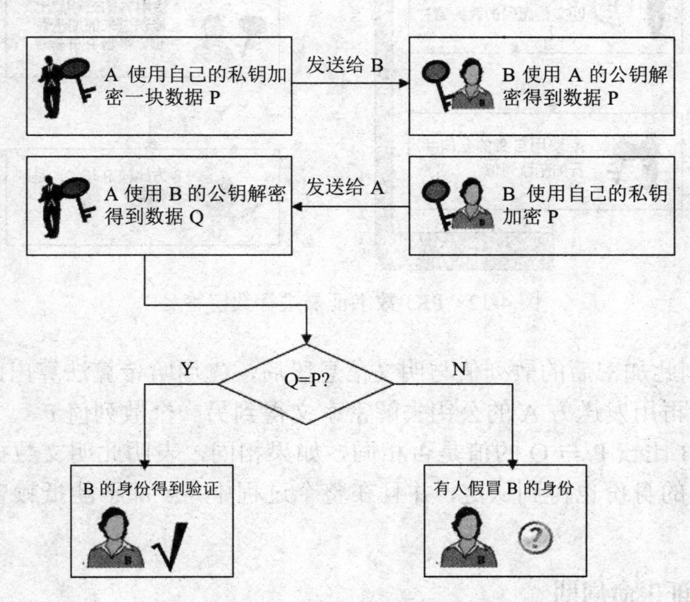

图 4-11　PKI 数字证书进行身份认证

（1）假设现在有 A、B 两方进行通信，B 方需要得到 A 的身份验证后，才能进行下一步的安全通信。首先 A 方使用自己的私有密钥加密一块随机数 P，并传送至 B 方。

（2）B 方收到此密文数据后，用发送方 A 的公开密钥进行解密，得到数据 P。

（3）B 方使用自己的私有密钥加密数据块 P，并传至 A 方。

（4）A 方收到此密文数据后，采用 B 方的公开密钥去解密，得到数据 Q。然后将 Q 与 P 进行比较，如果数据一致，表明 B 方身份得到验证，可以进行下一步的安全通信。如果 Q 与 P 不一致，表明当前 B 方身份可疑。

3．私钥加密，公钥解密实现数字签名，完成发送方身份确认

通过第 2 章的介绍可以知道，数字签名是建立在公钥加密基础上的。通过数字签名可以实现三个方面的应用：令签名者事后不可否认；接受者只能验证；任何人不能伪造。以下是一个简单的例子，如图 4-12 所示。

（1）首先 A 方用哈希算法求出明文信息段所对应的散列值 P，并使用自身的私钥去加密此散列值。

（2）A 方将明文信息段与上一阶段生成的加密后的散列值合并，并传送至 B 方。

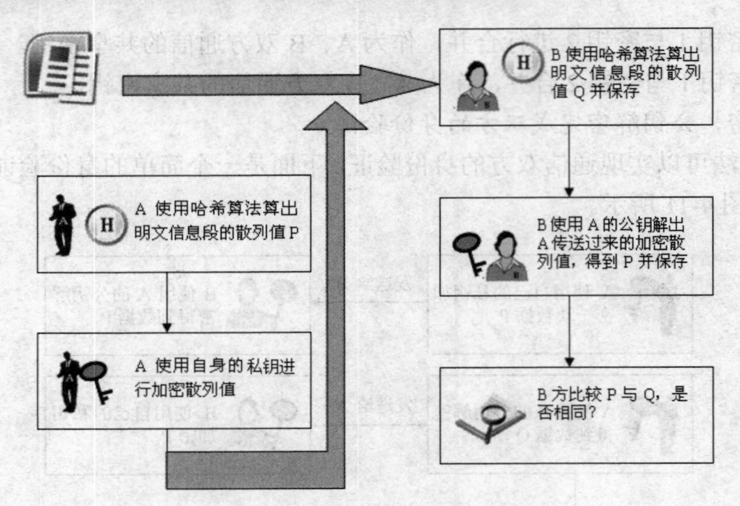

图 4-12　PKI 数字证书进行数字签名

（3）B 方收到此加密后的散列值与明文信息段后，先用哈希算法算出此明文对应的散列值 Q 并保存。然后再用发送方 A 的公钥去解密密文得到另一个散列值 P。

（4）接收方 B 比较 P 与 Q 的值是否相同，如果相同，表明此明文数据可信，没有被篡改。同时发送方 A 的身份也得到认定，并且在整个过程中，A 都不能抵赖曾经发送过此明文信息段。

4.2.4　PKI 数字认证生命周期

生命周期（Life Cycle）的概念应用很广泛，特别是在政治、经济、环境、技术、社会等诸多领域经常出现，其基本涵义可以通俗地理解为“从摇篮到坟墓”（Cradle-to-Grave）的整个过程。对于数字身份认证产品而言，就是从自然中来回到自然中去的全过程，简单来讲就是表示公钥密钥对和与之对应的证书的创建、颁发和取消的全过程。这个过程构成了一个完整的数字证书产品的生命周期。如图 4-13 所示为数字证书生命周期，一般主要包括六个阶段。

1．证书申请与审核

证书申请实体：证书申请实体包括个人和具有独立法人资格的组织机构（包括行政机关、事业单位、企业单位、社会团体和人民团体等）。

注册机构（RA）：依据身份鉴别规范对证书申请人的身份进行鉴别，并决定是否受理申请。

申请过程中证书申请实体按照不同数字证书类别签发规则所规定的要求，填写证书申请表，并准备相关的身份证明材料，确保申请材料真实准确。而注册机构负责接收证书申请人的请求材料，当面对申请人所提供的证书申请信息与身份证明资料的一致性进行审核查验，如图 4-14 所示。

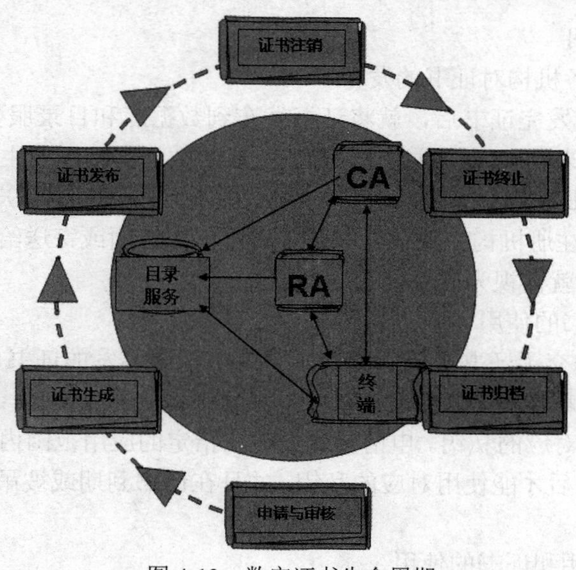

图 4-13　数字证书生命周期

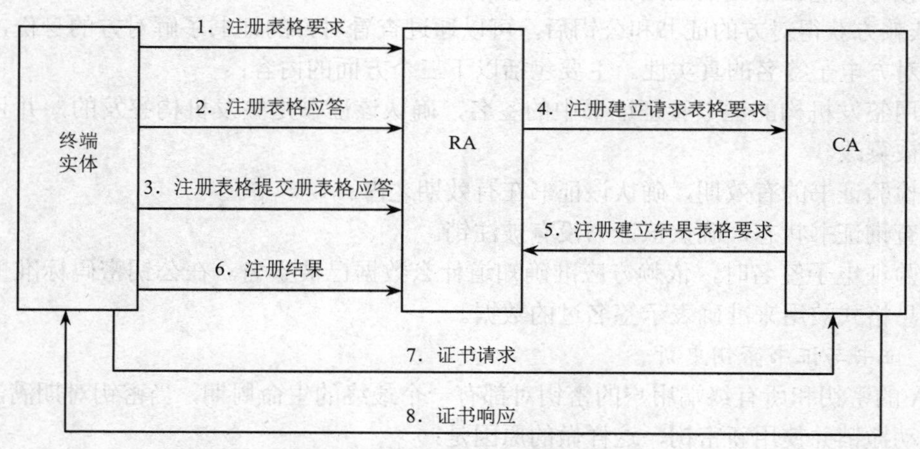

图 4-14　PKI 数字证书申请过程

2. 证书生成

数字证书鉴别机构或授权的注册机构按照不同类别数字证书签发规则所规定的身份鉴别流程对申请人的身份进行识别与鉴别。根据鉴别结果决定批准或拒绝证书申请。如果证书申请人通过数字证书签发规则所规定的身份鉴别流程且验证，证书签发机构（CA）将批准证书申请，为证书申请人制作并颁发数字证书。通常，签发机构所签发的证书在 24 小时后才生效。反之证书申请人未能通过身份鉴别，证书签发机构将拒绝申请人的证书申请，并通知申请人鉴别失败，同时向申请人提供失败的原因（法律禁止的除外）。被拒绝的证书申请人可以在准备正确的材料后，再次提出申请。

3. 证书发布与使用

（1）电子签发服务机构对证书的发布

证书签发机构在签发完证书后，就将证书发布到数据库和目录服务器中。签发机构采用主、从目录服务器结构来发布所签发证书。签发完成的数据直接写入主目录服务器中，然后通过主从映射，将主目录服务器的数据自动发布到从目录服务器中，供订户和依赖方查询和下载。数字证书签发完成后，注册机构将数字证书及其密码信封当面或寄送给证书申请人，证书申请人从获得数字证书起，就被视为同意接受证书。

（2）密钥对和证书的使用

证书申请实体在提交了证书申请并接受了签发机构所签发的证书后，均视为已经同意遵守与证书签发机构、依赖方（证书使用者）有关的权利和义务的条款。申请实体接收到数字证书，应妥善保存其证书对应的私钥。申请实体只能在指定的应用范围内使用私钥和证书，且只有在接受了相关证书之后才能使用对应的私钥，并且在证书到期或被吊销之后，订户必须停止使用该证书对应的私钥。

（3）依赖方对公钥和证书的使用

依赖方只能在恰当的应用范围内依赖于证书，并且与证书要求相一致（如密钥用途扩展等）。依赖方获得对方的证书和公钥后，可以通过查看对方的证书了解对方的身份，并通过公钥验证对方电子签名的真实性。主要包括以下三个方面的内容：

①用签发机构的证书验证证书中的签名，确认该证书是签发机构签发的，并且证书的内容没有被篡改。

②检验证书的有效期，确认该证书在有效期之内。

③查询证书状态，确认该证书没有被注销。

在验证电子签名时，依赖方应准确知道什么数据已被签名。在公钥密码标准里，标准的签名信息格式被用来准确表示签名过的数据。

4. 证书与证书密钥更新

CA 的密钥和所有终端用户的密钥对都有一个最终的生命周期，当密钥对期满，旧密钥就应当自动撤销并使用新密钥，这样做的原因是：

密钥使用时间越长，私钥被泄密的可有性就越大。同时如果私钥被泄密而用户未发觉，那么密钥使用得越久损失就越大。因此密钥是 PKI 系统安全的基础，为了保证安全，证书和密钥必须有一定的更换频度。

（1）证书更新方式

证书更新是指在不改变证书中申请实体的公钥或其他任何信息的情况下，为订户签发一张新证书。在证书上都有明确的证书有效期，表明该证书的起始日期与截止日期。申请实体应当在证书有效期到期前，到签发机构授权的注册机构申请更新证书。证书更新的具体情形如下：

①证书的有效期将要到期。

②密钥对的使用期将要到期。

③因私钥泄漏而吊销证书后，就需要进行证书更新。

④其他。

（2）证书更新请求的处理

处理证书更新请求包括两种方式：

一种方式是在线自动更新。对于证书信息无须改变的订户，在证书即将过期时，在获得签发机构授权后，自助进行在线证书更新操作，获得新证书。当申请实体对在线系统提示证书更新已完成，新证书已颁发进行确认时，就表示申请实体接受更新证书。

另一种方式是人工方式更新。对于证书信息发生改变的订户，由注册机构来处理证书更新请求，为订户制作新的证书。当更新证书签发后，注册机构将证书及其密码信封当面或寄送给订户，就表示申请实体接受更新证书。签发机构在签发更新证书后，就将更新证书发布到数据库和目录服务器中，对外进行发布，如图 4-15 所示。

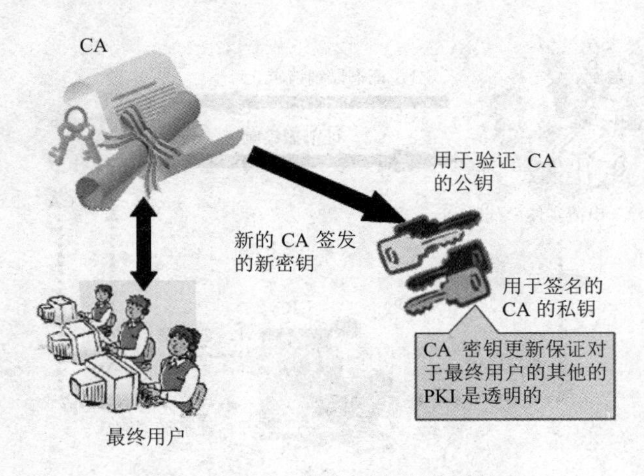

图 4-15 PKI 数字证书密钥更新

5. 证书撤销

由于证书不在有效期内某些原因，而致使该证书无效，CA 必须以某种形式在证书自然过期之前撤销它，并通知安全域内的所有实体获知这一情况而避免安全风险。

（1）发生下列情形之一的，订户应当申请撤销数字证书：

①数字证书私钥泄露。

②数字证书中的信息发生重大变更。

③认为本人不能实际履行数字证书业务规则。

（2）发生下列情形之一的，签发机构可以撤销其签发的数字证书：

①申请实体申请撤销数字证书。

②申请实体提供的信息不真实。

③申请实体没有履行双方合同规定的义务。

④数字证书的安全性得不到保证。

⑤法律、行政法规规定的其他情形。

（3）撤销请求的流程：

证书撤销请求的处理采用与原始证书签发相同的过程，如图 4-16 所示。

①证书吊销的申请人到签发机构授权的注册机构书面填写《证书撤销申请表》，并注明撤销原因。

②签发机构授权的注册机构根据要求对申请实体提交的撤销请求进行审核。

③签发机构撤销用户证书后，注册机构将当面通知申请实体证书被撤销，申请实体在 24 小时内进入 CRL（证书撤销列表），向外界公布。

④强制撤销是指当签发机构或签发机构授权的注册机构确认用户违反《电子认证业务规则》的情况发生时，对申请实体证书进行强制撤销，撤销后将立即通知该订户。

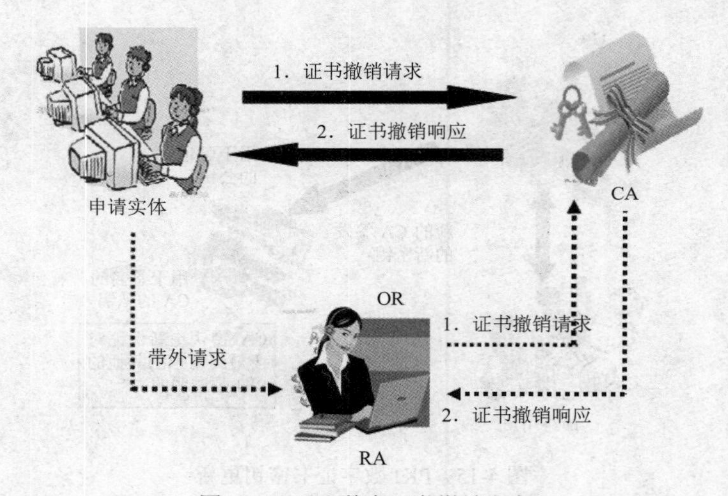

图 4-16　PKI 数字证书撤销方案

（4）依赖方检查证书撤销的要求：

在具体应用中，依赖方必须使用以下两种功能之一进行所依赖证书的状态查询：

①CRL 查询：利用证书中标识的 CRL 地址，通过目录服务器提供的查询系统，查询并下载 CRL 到本地，进行证书状态的检验。

②在线证书状态查询（OCSP）：服务系统接受证书状态查询请求，从目录服务器中查询证书的状态，查询结果经过签名后，返回给请求者。

注意：依赖方要验证 CRL 的可靠性和完整性，确保是经 CRMEC 发布并且签名的。

6. 证书终止

证书终止是指当证书有效期满或证书撤销后，该证书的服务时间结束。证书终止包含以下两种情况：

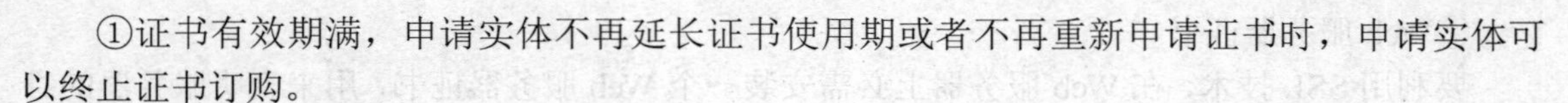

①证书有效期满，申请实体不再延长证书使用期或者不再重新申请证书时，申请实体可以终止证书订购。

②在证书有效期内，证书被撤销后，即证书订购结束。

4.3 数字身份认证关键技术

4.3.1 安全套接字层 SSL

安全对于 Web 的应用非常重要。无论是应用于金融、商业还是个人信息的交流，人们都希望能够知道他们是在和谁交流，这就是所谓的验证；人们也希望别人所收到的就是他们所寄出的，这就是所谓的完整性；另外他们还希望这样的信息即使被别人截获，也无法被破译，这就是所谓的机密。众所周知超文本传输协议（HTTP）以明文传输信息，这样很容易造成信息泄漏或遭受攻击，特别是在电子商务领域，使用 HTTP 更是危险。为实现个人或金融信息的安全传输，Netscape 开发了安全套接字层（SSL）协议来管理信息的加密，用以保障在 Internet 上数据传输的安全。SSL 的实现主要是基于 B/S（Browser/Server）架构的应用系统。以下将从安全原理、应用流程两个方面对 SSL 的实现身份认证、机密性、完整性流程进行描述。

1. B/S 架构系统安全原理

（1）身份认证和访问控制实现原理

目前，SSL 技术已被大部分的 Web Server 及 Browser 广泛支持和使用。采用 SSL 技术，在用户使用浏览器访问 Web 服务器时，会在客户端和服务器之间建立安全的 SSL 通道。在 SSL 会话产生时：首先，服务器会传送它的服务器证书，客户端会自动地分析服务器证书，来验证服务器的身份。其次，服务器会要求用户出示客户端证书（即用户证书），服务器完成客户端证书的验证，来对用户进行身份认证。对客户端证书的验证包括验证客户端证书是否由服务器信任的证书颁发机构颁发、客户端证书是否在有效期内、客户端证书是否有效（即是否被篡改等）和客户端证书是否被吊销等。验证通过后，服务器会解析客户端证书，获取用户信息，并根据用户信息查询访问控制列表来决定是否授权访问。所有的过程都会在几秒钟内自动完成，对用户是透明的。

如图 4-17 所示，实现基于 SSL 的身份认证和访问控制的安全服务原理，主要包含以下几个模块：

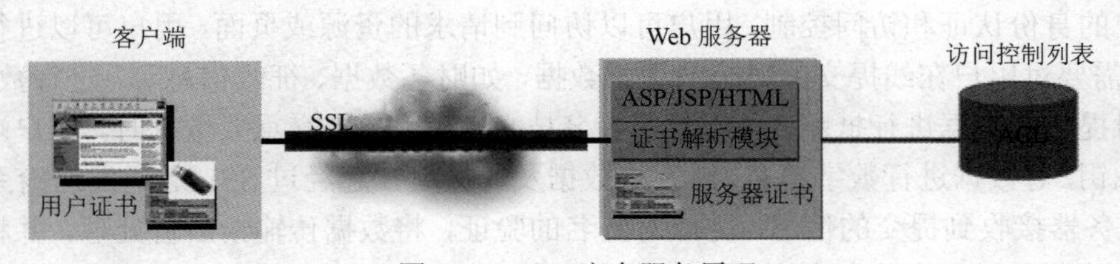

图 4-17 SSL 安全服务原理

①Web 服务器证书

要利用 SSL 技术，在 Web 服务器上必需安装一个 Web 服务器证书，用来表明服务器的身份，并对 Web 服务器的安全性进行设置，使其具备 SSL 功能。服务器证书由 CA 认证中心颁发，在服务器证书内表示了服务器的域名等证明服务器身份的信息、Web 服务器端的公钥以及 CA 对证书相关域内容的数字签名。服务器证书都有一个有效期，Web 服务器需要启用 SSL 功能的前提是必须拥有服务器证书，利用服务器证书来协商、建立安全 SSL 安全通道。

这样，在用户使用浏览器访问 Web 服务器，发出 SSL 握手时，Web 服务器将配置的服务器证书返回给客户端，通过验证服务器证书来验证他所访问的网站是否真实可靠。

②用户证书

用户证书由 CA 认证中心颁发给企业内用户，在用户证书内标识了用户的身份信息、用户的公钥以及 CA 对证书相关域内容的数字签名，用户证书都有一个有效期。在建立 SSL 通道过程中，可以将服务器的 SSL 功能配置成必须要求用户证书，服务器验证用户证书来验证用户的真实身份。

③证书解析模块

证书解析模块以动态库的方式提供给各种 Web 服务器，它可以解析证书中包含的信息，用于提取证书中的用户信息，根据获得的用户信息，查询访问控制列表（ACL），获取用户的访问权限，实现系统的访问控制。

④访问控制列表（ACL）

访问控制列表是根据应用系统不同用户建设的访问授权列表，保存在数据库中，在用户使用数字证书访问应用系统时，应用系统根据从证书中解析得到的用户信息，查询访问控制列表，获取用户的访问权限，实现对用户的访问控制。

（2）信息机密性实现原理

信息机密性实现原理也是利用 SSL 技术来实现的，在用户使用浏览器访问 Web 服务器，完成双向身份认证，并完成对用户访问控制之后，在用户客户端和服务器之间建立安全的 SSL 通道，会在用户浏览器和 Web 服务器之间协商一个 40 位或 128 位的会话密钥。此时，在客户端和服务器之间传输的数据都是采用给会话密钥进行加密传输来保证系统机密性安全需求。

（3）信息抗抵赖性实现原理

利用数字签名技术，可以对信息系统进行集成，用户在成功登录系统之后，系统已经完成了对用户的身份认证和访问控制，用户可以访问到请求的资源或页面，用户可以进行网上办公。此时，需要对用户在线提交的办公的敏感数据，如财务数据、征收信息等，进行数字签名，防止用户对提交的数据进行抵赖。采用数字签名技术，在用户提交重要数据时，客户端采用用户证书的私钥，对数据进行数字签名，然后将数据及其签名一起经过 SSL 通道发送给系统 Web 服务器。服务器接收到提交的信息，完成对签名的验证，将数据传输给后台处理，并将用户提交的数据及其签名保存到数据库中，以便将来用户进行抵赖时查询。

如图 4-18 所示，实现本方案的设计需求需要增加下列模块：

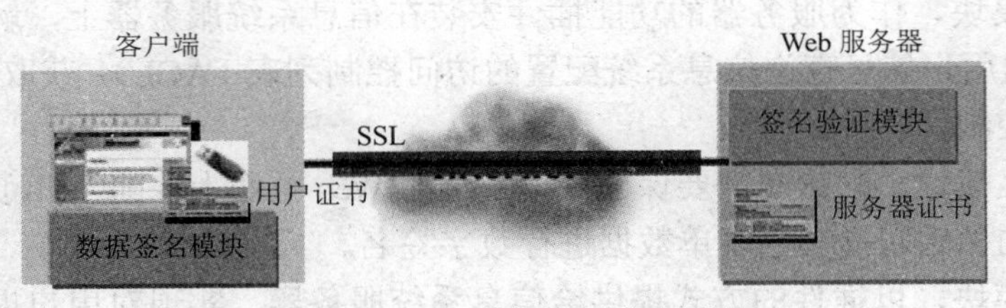

图 4-18　SSL 改良 SSL 安全服务

①客户端数据签名模块

客户端数据签名模块以控件的方式提供。用户使用浏览器访问 Web 服务器时，该模块作为控件进行下载，注册安装在用户浏览器中。数据签名模块的功能是使用用户选择的客户端证书的私钥对客户端发送的数据进行数字签名，保证数据传输的完整性，防止客户端对发送的数据进行抵赖。

②服务端签名验证模块

服务端签名验证模块以插件或动态库方式提供，安装在服务器端，实现对客户端数据签名和客户端数据签名证书的有效性验证。同时，将通过验证的数据，传输给后台应用服务器，进行相关的业务处理，并将数据及其数字签名保存到数据库中。

2. SSL 完整应用流程

根据上述安全原理，基于 SSL 技术对 B/S 架构系统进行安全集成，系统安全架构如图 4-19 所示。

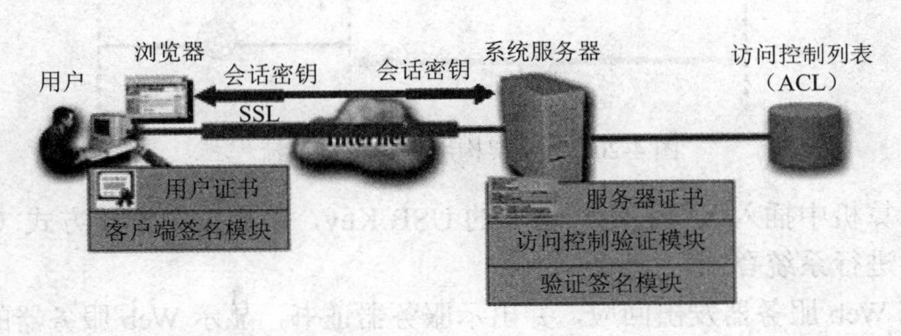

图 4-19　SSL 安全架构

如图 4-19 所示，系统安全集成的实现如下描述：

①在 B/S 架构系统 Web 服务器上，配置服务器证书，配置 SSL 功能，用户必须使用 HTTPS 访问，并要求用户证书，配置服务器的可信 CA 为根 CA，只有 CA 认证体系下的用户证书才能访问信息系统。

②客户端（即用户使用的浏览器）必须从 CA 认证系统申请用户证书，才能进行信息系统登录。申请的用户证书代表了用户的身份，登录时必须提交用户证书；在用户向信息系统提交敏感数据，如财务数据、征收信息时，必须使用该用户证书的私钥进行数字签名；为了实现用

户的移动办公，保证用户证书及其私钥的安全，应采用 USB Key 来保存用户的证书和私钥。

③访问控制模块，作为服务器的功能插件安装在信息系统服务器上，解析用户证书，获取用户信息，根据用户信息查询信息系统配置的访问控制列表（ACL），获取用户的访问权限，实现系统的访问控制。

④客户端签名模块，配置在需要保证数据安全的 Web 页面上，随 Web 页面下载并注册，它使用用户证书的私钥对提交的表单数据进行数字签名。

⑤验证签名模块，以插件的方式提供给信息系统服务器，实现对用户提交的数字签名的验证。

⑥客户端和信息系统服务器之间的所有数据通信都是通过 SSL 安全通道并以会话密钥的方式进行加密传输。

（1）应用系统身份认证流程

B/S 架构系统集成安全功能之后，用户登录信息系统的流程如图 4-20 所示。

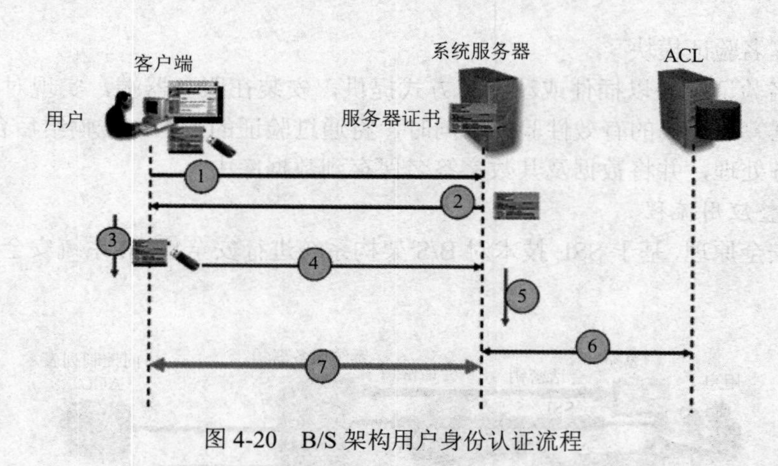

图 4-20　B/S 架构用户身份认证流程

①用户在计算机中插入保存有用户证书的 USB Key，采用安全连接方式（HTTPS 方式）访问信息系统，进行系统登录。

②信息系统 Web 服务器发出回应，并出示服务器证书，显示 Web 服务器的真实身份。同时，要求用户提交用户证书。

③用户浏览器自动验证服务器证书，验证登录的信息系统的真实性。

④用户选择保存在 USB Key 上的用户证书，进行提交。

⑤信息系统 Web 服务器验证用户提交的用户证书，判断用户的真实身份。

⑥用户身份验证通过后，Web 服务器解析用户证书，获得用户信息，根据用户信息，查询信息系统的访问控制列表（ACL），获取用户的访问授权。

⑦获得用户的访问权限后，在用户浏览器和信息系统服务器之间建立 SSL 连接，用户可以访问到请求的资源，身份认证和访问控制流程结束，用户成功登录信息系统。

（2）应用系统签名流程

B/S 结构的系统集成安全功能后，用户通过签名功能，对系统中上传和下放的文件进行签名，进一步提高系统的安全性，其流程如图 4-21 所示。

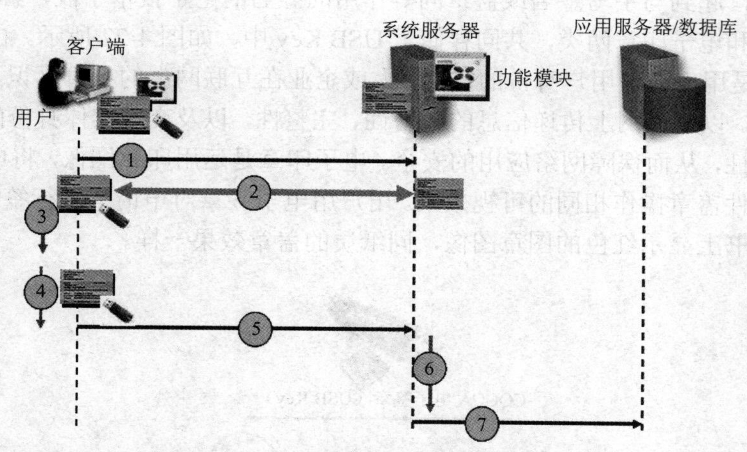

图 4-21　B/S 架构应用系统签名流程

①用户在计算机中插入保存有用户证书的 USB Key，使用浏览器访问系统，进行系统登录。

②系统对用户完成身份认证和访问控制流程，在用户浏览器和系统服务器之间建立 SSL 安全通道。

③用户访问请求的资源，进入到信息发布、公文流转、网上申报和财务数据上传等操作的网页，和网页一起将客户端签名模块下载并注册到浏览器中。用户填写办公数据（表单或文件），向系统服务器提交。

④此时，浏览器客户端签名模块对提交办公数据进行数字签名。浏览器会弹出提示，提示用户是否对提交的数据进行数字签名，并显示浏览器中的证书，供用户选择。

⑤用户选择自己的证书，单击"签名"，客户端签名模块利用用户选择证书的私钥对提交的信息进行数字签名操作，并将提交的信息及其签名一起发送给系统服务器。

⑥系统服务器接收到用户提交的信息后，服务器调用签名验证模块来验证用户提交数据的数字签名。

⑦验证通过，将用户提交的办公数据及其签名一起保存到数据库中，并进行后续的业务操作。

4.3.2　电子签章技术

在传统商务活动中，为了保证交易的安全与真实，一份书面合同或公文要由当事人或其负责人签字、盖章，以便让交易双方识别是谁签的合同，保证签字或盖章的人认可合同的内容，在法律上才能承认这份合同是有效的。而在电子商务的虚拟世界中，合同或文件是以电子文件的形式表现和传递的。在电子文件上，传统的手写签名和盖章是无法进行的，这就必须依靠电子签章技术来替代。能够在电子文件中识别双方交易的真实身份，保证交易的安全性和真实性以及不可抵赖性，起到与手写签名或盖章同等作用的签名的电子技术手段，称之为电子签章。它包括数字证书和电子印章两类，共同存储于USB Key中，如图4-22所示。由上一节的内容得知，数字证书是用来验证用户身份的，是个人或企业在互联网上的身份标识，由权威公正的第三方机构签发。以确保网上传递信息的机密性、完整性，以及交易实体身份的真实性，签名信息的不可否认性，从而保障网络应用的安全。电子印章是运用印章图像，将电子签章的操作转化为与纸质文件盖章操作相同的可视效果。用户用电子签章对申请书进行签章操作时，可以看到电子版申请书上显示红色的图章图像，同纸质的盖章效果一样。

图4-22　电子签章的组成

《中华人民共和国电子签名法》明确规定："可靠的电子签名与手写签名或者盖章具有同等的法律效力"。企业用户施加电子签章的认证申请书经过数字证书签名加密后对用户发布的与盖章的纸质申请书具有同等的法律效力，如图4-23所示。

图4-23　电子签名与手写签名有同等法律效力

1. 电子签章系统通用框架结构

如图4-24为电子签章系统构架。

印章制作管理系统：将印章图形文件通过该系统进行校色、截取、加密等操作，最终形成完美的电子印章，同时可以存入USB Key中，每个人保管自己USB Key的办法和形式形同保管物理印章。

印章签名认证系统：电子公文接收方可以对所收到的文件通过该系统进行印章或签字的认证，以确保印章或签字的有效性和严密性。通常电子签章系统中的所有客户端电子签章系列软件共享统一的认证服务器，以保证系统结构的简便性和易维护性。

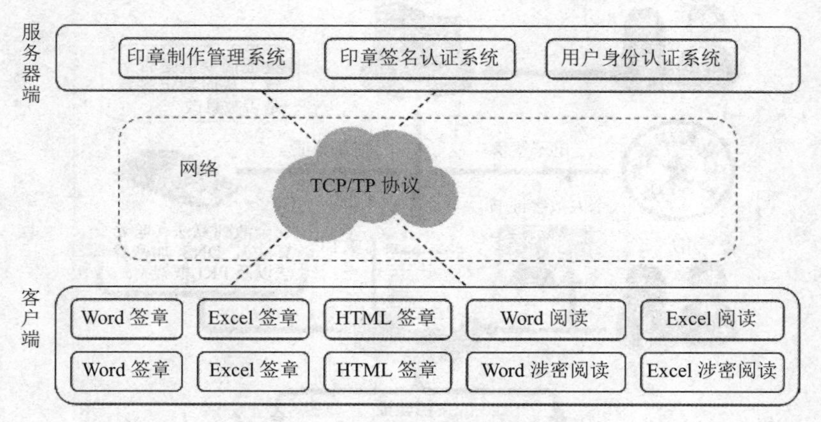

图 4-24　电子签章系统框架

用户身份认证系统：通过一一对应关系，在应用服务器上利用应用系统的身份认证体系建立印章盖章或手写签字权限，以辨别签署者身份的真伪、确保签署者身份的不可抵赖性。

客户端电子签章系列软件：在 USB Key 控制下，使相应权限持有者可以对当前的文件进行盖章或批阅签名。该系统不仅支持 Word、Excel 及 HTML 文档的电子签章，同时还满足将其他格式公文进行 Word 转换后签章。这样就提供了丰富的格式支持，可以完全适应各种用户的办公环境需求。

客户端公文阅读系列软件：很好满足不需对公文盖章只需阅读浏览的客户要求，不需要安装电子签章系统就可以实现电子签章公文的阅读、打印功能。很好地适应了用户少数人起草、签章公文，大多数人阅读、转发公文的实际需求。

2. *电子签章工作原理*

目前最成熟的电子签章技术就是“数字签章（Digital Signature）”，它是以公钥及密钥的“非对称型”密码技术制作的电子签章。使用原理大致为：由计算机程序将密钥和需传送的文件浓缩成信息摘要予以运算，得出数字签章，将数字签章并同原交易信息传送给交易对方，后者可用来验证该信息确实由前者传送、查验文件在传送过程是否遭他人篡改，并防止对方抵赖。由于数字签章技术采用的是单向不可逆运算方式，要想对其破解，以目前的计算机速度至少需要 1 万年以上，几乎是不可能的。文件传输是以乱码的形式显示的，他人无法阅读或篡改。因此，从某种意义上讲，使用电子文件和数字签章，甚至比使用经过签字盖章的书面文件还要安全。

电子印章技术以先进的数字技术模拟传统实物印章，其管理、使用方式符合实物印章的习惯和体验，其加盖的电子文件具有与实物印章加盖的纸张文件相同的外观、相同的有效性和相似的使用方式。可见，电子印章绝不是简单的印章图像加上电子签名，关键在于其使用、管理方式是否符合实物印章的习惯和体验，其加盖的电子文件是否有与纸张文件相同的外观，使用方式与纸张文件有多大程度的相似性。如图 4-25 所示为电子签章的流程图。

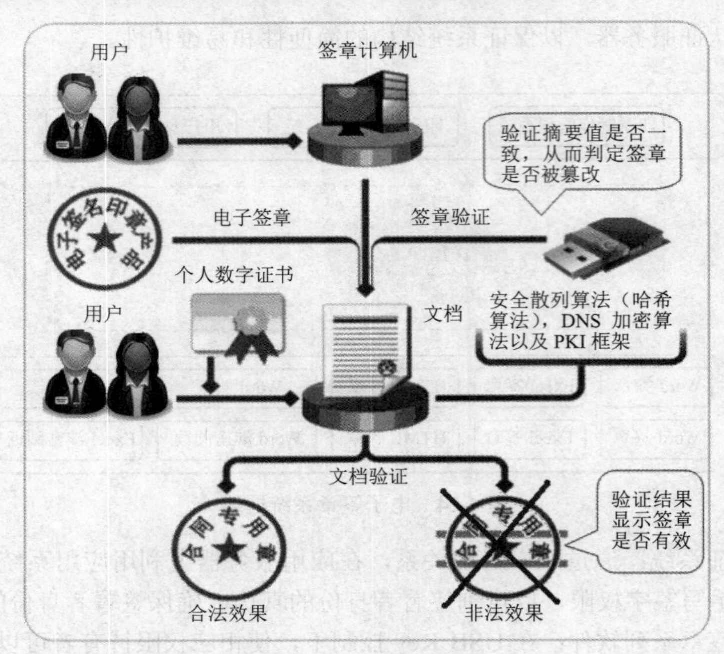

图 4-25　电子签章工作

（1）用户签章的需求产生，用户希望可以生成印章在电子文档中使用。这时用户的身份需要通过系统身份认证之后，与加密设备或专用 USB Key 绑定。经过身份认证可以辨别签署者身份的真伪、确保签署者身份的不可抵赖性。

（2）一般生成的签章都是保存在 USB Key 中，称为签章钥匙盘，可以随身携带，就像生活中的印章一样，可以放在保险柜中，像保管实物印章一样保管。签章钥匙盘中保存的印章就像应用电子签名对正文数据进行保护一样，也要进行保护，避免不法分子盗用后在非法的电子文件上显示合法的印章，从而混淆是非。因此签章也需要验证身份。

（3）当用户接收网上传递过来的文档时，首先通过身份验证，进行身份认证时需要用户的数字证书，因为数字证书是权威机构 CA 所颁发的，因此被所有用户所信任。用户通过身份认证后，用户才能打开电子文档，同时，用户把包含在电子文档中的文件摘要值与得到的用验证印章后的摘要值进行比对，如果一致，就相信印章真实性，反之，不相信。通过这种方法可以验证该文档的印章是否被盗用或修改。

（4）经过以上几步的验证，可以确保交易身份，防止不法者冒名交易；确认接收资料的正确性，防止不法者篡改交易资料内容；签章者无法否认交易内容；亦可透过相同技术对资料进行加密，确保机密资料不会外泄。

4.3.3　S/MIME 安全电子邮件技术

由于 E-mail 方便快捷的特性，日常办公事务和对内对外的沟通可以主要依赖电子邮件完成。电子邮件的安全需求是机密、完整、认证和不可否认，但由于种种原因，目前存在一些安全漏洞，基于 POP3 和 SMTP 协议的电子邮件系统在使用灵活的同时，在安全上也带来一些隐患：邮件内容和用户账号均以明文形式在网上传送，易遭到监听、截取和篡改；无法确定电子邮件的真正来源，也就是说，发信者的身份可能被人伪造。因此我们迫切需要一种技术对电子邮件系统采取有效的安全措施，这就引入了加密技术，而 PKI 加密技术正好满足了这种需求。

1. 安全电子邮件中的关键技术

由第 4 章可知 PKI 做为一种安全基础设施，是当前网络安全建设的基础与核心。它有效地结合了公钥加密和对称加密机制，通过对密钥和证书的自动管理，为用户建立起一个安全可信的网络运行环境，透明地为应用系统提供身份认证、数字加密、数据签名等多种安全服务，如图 4-26 和图 4-27 所示为其在电子邮件系统中的应用。

图 4-26　加密邮件网络

而 PKI 体系的基础是数字证书，而签发数字证书和证书管理的机构即为 CA 中心。作为公正的第三方的 CA 认证中心，实际上传播的是一种信任关系，通过数字证书把证书的公钥与用户的身份信息进行紧密绑定，从而实现证书持有者身份的确认和不可否认性，为确保信息在网络上传输的保密性和完整性提供了信任基础和安全保证。确保电子邮件安全传输的最基本的安全手段就是采用数据加密机制。由第 2 章可知传统的对称加密手段虽然加密速度很快，但由于通信双方在加/解密时共享同一个密钥，所以在密钥交换过程中，如何在开放的网络环境下安全传输共享密钥就成为一个大问题，而且在大量用户通信时，用户密钥的管理也极为困难，根本无法满足网络环境下邮件加密的需要。作为一个成熟的安全加密体系，必然要有一个成熟的密钥管理配套机制，而 PKI 体系所具备的特性能满足用户各方面的需求，它所提供的诸多安全服务都是建立在目前比较完善的公钥加密（也称非对称加密）体系基础之上。一般情况下，通信双方各自拥有一个私人密钥和公开密钥对，公钥对外公开，私钥自己保存，不可公开。当发送方发送数据时，使用接收方的公钥对数据进行加密，而接收方接收时，则用自己的私钥进行解密，反之亦然。目前常用的RSA公钥体系的加密过程在数学理论上是一个不可逆的过程，在已知明文、密文和公钥的情况下，要想推导出私钥，在计算上是不可能的。依照现在的计算机技术水平，破解目前采用的1024位RSA密钥需上千年的计算时间。所以说，即使恶意第三方截获了加密邮件，由于没有与加密公钥相对应的私钥，也就无法对邮件进行解密操作，这样也就解决了数据传输的保密性问题。

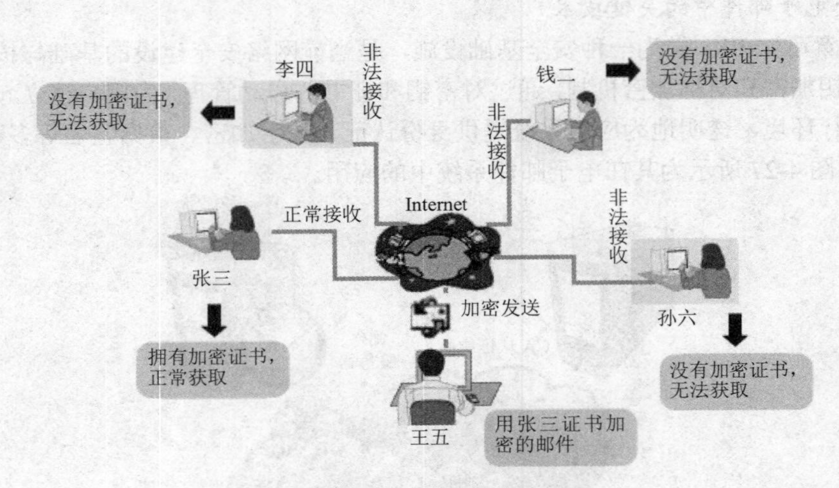

图4-27　加密邮件传输过程

但是，由于公钥是公开的，恶意第三方可以通过一定的技术手段篡改公钥内容，用自己的公钥信息替换真正接收方的公钥信息，第三方就可以在截获邮件后，用自己的私钥对数据进行解密，甚至可以对邮件进行篡改后再转发给真正的接收方，这样，不仅数据的完整性不能得到保障，而且真正的接收者也无法确信邮件的真实来源，真正的发送方甚至可以否认曾经发送过邮件，信息的完整性、身份认证和不可否认性问题由此产生。而PKI体系所提供的数字签名服务就可以很好地解决这些问题。第2章谈到所谓数字签名技术就是根据MD5等单向散列算法对原文产生一个能体现原文特征和文件签署人特征的128位“信息摘要”，然后发送方用自己的私钥对该信息摘要值进行加密，附加在原文之上，再用接收方的公钥对整个文件进行加密。接收方收到密文后，用自己的私钥对密文进行解密，得到对方的原文和签名，再根据同样的哈希算法从原文中计算出信息摘要，然后与用对方公钥解密所得到的签名进行比较，如果数据在传输和处理过程中被篡改，接收方就不会收到正确的数字签名；如果完全一致，就表明数据未遭篡改，信息是完整的。任何人都可以通过使用他人的公钥来确认签名的正确性。由于数字签名只能由私钥的真正拥有者来生成，所以，密钥分发和密钥管理的安全性也就得到了极大提高。CA中心作为公正的第三方的权威机构，还可以通过自己的数字签名进行公证，使发送者无法抵赖对发送信息的签名，从而实现数据源的身份认证和数据的不可否认。

目前，应用于邮件加密中的是发展很快的安全电子邮件协议 S/MIME（The Secure Multipurpose Internet Mail Extension），其系统大部分都是基于 PKI 开发的，依据该标准设计的电子邮件系统基本上满足了身份验证、数据保密性、数据完整性和不可否认性等安全要求。它是一个允许发送加密和有签名邮件的协议，由 RSA 公司提出，是电子邮件的安全传输标准，可用于发送安全标识的 IETF 标准。目前大多数电子邮件产品都包含对 S/MIME 的内部支持。

2. S/MIME 工作原理

S/MIME 采用了一个层次式的认证系统，如图 4-28 所示整个信任关系基本是呈树状的，信任源只有一个：一个像国家计委 CA 认证中心这样的被大家共同信任的第三方权威机构，通过发布证书来保证公钥属于申请证书的人。S/MIME 采用 PKI 数字签名技术支持消息和附件的签名，无须收发双方共享相同密钥。同时采用单向散列算法，如 SHA-1、MD5 等以及公钥机制的加密体系进行加密邮件。

<table>
<tr><td>S/MIME</td><td colspan="2"></td></tr>
<tr><td>SMTP</td><td>HTTP</td><td>……</td></tr>
<tr><td colspan="3">TCP</td></tr>
<tr><td colspan="3">IP</td></tr>
</table>

图 4-28　安全电子邮件协议 S/MIME 在 TCP/IP 协议栈中所处的层次

S/MIME 委员会采用 PKI 技术标准来实现 S/MIME，并适当扩展了 PKI 的功能。其工作流程如下：

（1）发送方通过客户端如专业收发邮件软件 Outlook Express、Foxmail 等，编写电子邮件。

（2）提交电子邮件时，根据指定的公钥和私钥对（接收方的公钥和发送方的私钥）加密邮件内容并签名，这样就需要两种功能模块。签名一个电子邮件意味着发送方将自已的数字证书附加在电子邮件中，接收方就可以确定发送方是谁。签名提供了验证功能，但是无法保护信息内容的隐私，第三方有可能看到其中的内容。而加密邮件意味着只有指定的收信人才能够看到信件的内容。因此，为了发送签名邮件，你必须有自已的数字证书；为了加密邮件，你必须有收信人的数字证书。

（3）消息通过中间节点，而外界无法查看、篡改和变动数字签名。

（4）接收方收到电子邮件，客户端自动检查数字签名的合法性，然后应用私钥解密邮件。

对于 S/MIME 邮件加密过程也需要审计。因为证书库是天然的攻击目标，所以必须对证书库的管理权限进行很好地控制。

学习项目

4.4 项目一 电子邮件证书在 Outlook Express 中的使用

4.4.1 任务 1：网上申请个人电子邮件证书

实训目的：让学生掌握网上申请个人电子邮件数字证书的流程与要求。

实训环境：装有 Windows XP 及以上操作系统的计算机，计算机需要接入 Internet。

●项目导读

1. 数字证书原理与应用

数字证书是 PKI 的核心元素，是在互联网通信中标志通信各方身份信息的一系列数据，提供了一种在 Internet 上验证身份的方式，数字证书就像身份证、护照、驾照等。可以形象地说，它是网上虚拟世界的护照或实体身份证明。数字证书采用 PKI 公钥基础设施技术，利用一对互相匹配的密钥进行加密和解密。用户采用自己的私钥对发送信息加以处理，形成数字签名。由于私钥为本人所独有，这样可以确定发送者的身份，防止发送者对发送信息的抵赖。接收方通过验证签名还可以判断信息是否被篡改过。

2. 个人数字证书

数字证书是在 Internet 上用来证明身份的一种方式，它是一份包含用户身份信息、用户密钥信息以及 CA 中心数字签名的文件。申请个人数字证书可以为 Internet 用户提供发送电子邮件的安全和访问需要的安全连接（需要用户证书）的站点。

3. 数字证书的颁发

数字证书是由认证中心（CA 机构）颁发的。认证中心是能向用户签发数字证书以确认用户身份的管理机构。它作为电子商务交易中受信任的第三方，一方面为每个使用公开密钥的用户发放一个数字证书，其作用是证明证书中列出的用户合法拥有证书中列出的公开密钥；另一方面承担公钥体系中公钥的合法性检验的责任。

4. 数字证书格式标准

目前，PKI 数字证书广泛采用 X.509 标准格式。X.509 证书是由国际电信联盟电信标准化组织（ITU-T）制定的数字证书标准，X.509 标准规定了证书可以包含什么信息，并说明了记录信息的方法（数据格式）。详见 4.2.1 节。

5. 中国协卡认证体系

中国协卡认证体系（SHECA）是基于 PKI 构架，根据中国国情，由地区行业来联合共建的认证体系。SHECA 为电子政务、网上金融、网上证券等电子商务活动提供安全可靠的认证和信任服务。同时还提供证书管理器、SHECA 安全引擎、基于 SHECA 认证的简易支付、小额支付系统、防伪票据等各种产品和软件，以及电子公证、证书目录查询等一系列服务和解决方案。

●项目内容

第一步：在百度上搜索“数字证书申请”进入数字证书相关网站，如访问中国数字认证网，网址：www.ca365.com。

第二步：根据提示申请免费数字证书，按要求首先下载并安装根 CA 证书，如图 4-29 所示。

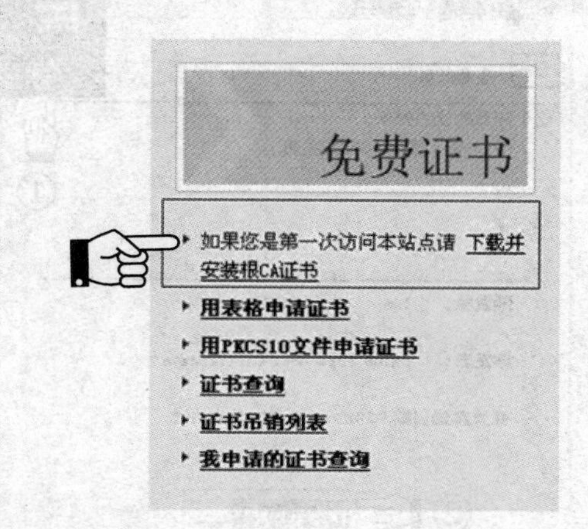

图 4-29　下载安装 CA 根证书

第三步：然后根据提示选择“用表格申请证书”，输入个人相关信息，逐步完成证书申请，如图 4-30 所示。由于需要的是电子邮件证书，因此选择复选框中的“电子邮件保护证书”，提交后单击“保存”按钮。

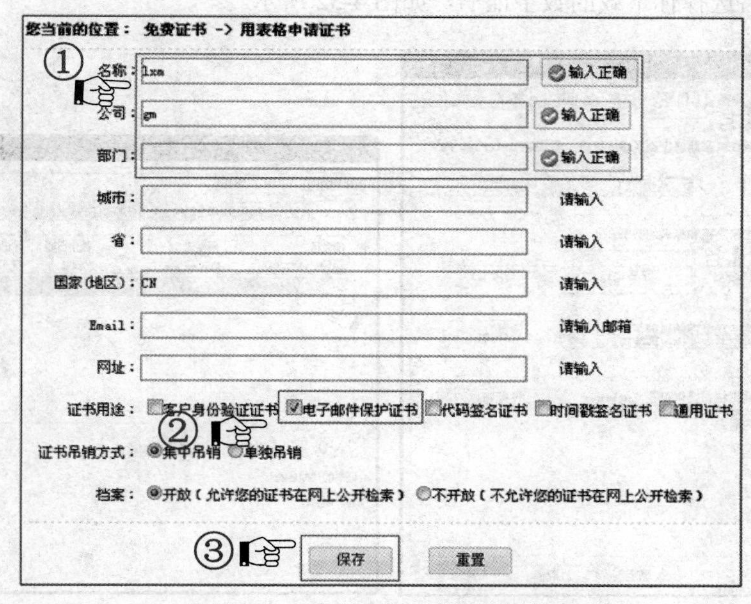

图 4-30　完成申请证书所需信息

第四步：从网上申请成功后，备份数字证书到电脑硬盘，双击打开下载到硬盘上的数字证书。并单击安装证书，如图 4-31 所示。

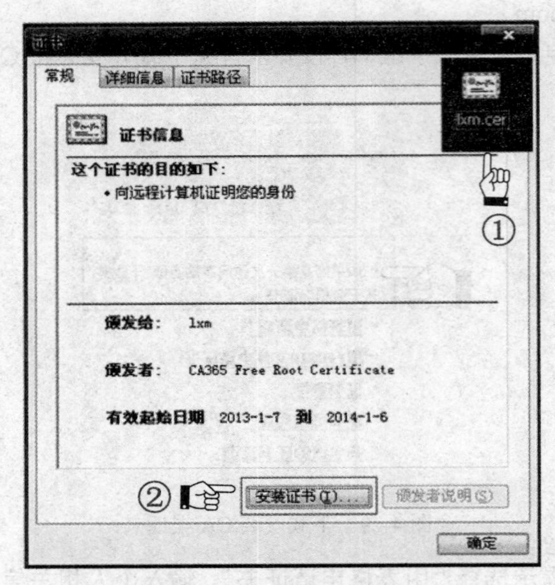

图 4-31　安装网上下载证书

第五步：安装成功以后，在浏览器菜单中依次选择："选项"→"Internet 选项"→"内容"→"证书"，然后选择你下载的数字证书，如图 4-32 所示。

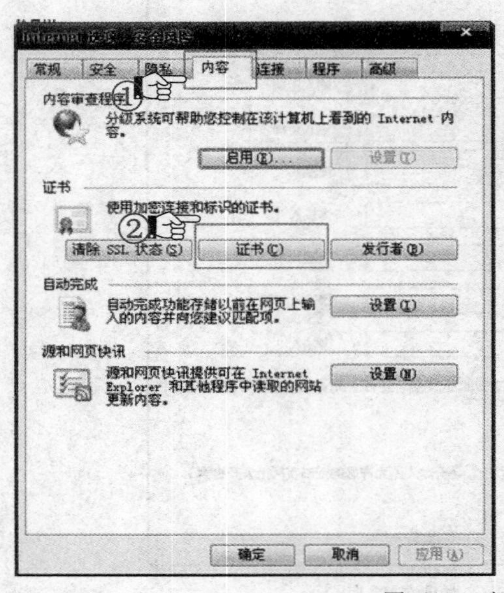

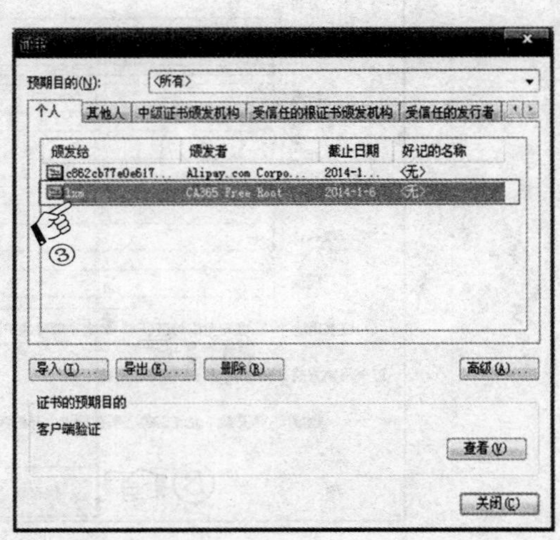

图 4-32　查看安装的证书

第六步：查看申请成功的数字证书详细信息，如图 4-33 所示，理解 X.509 证书的格式特点。

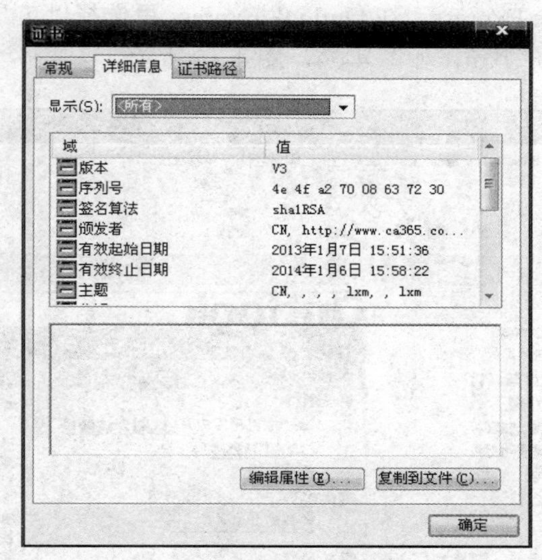

图 4-33　X.509 证书内容

4.4.2　任务 2：Outlook Express 中使用数字证书

实训目的：让学生掌握在 Outlook Express 中应用数字证书来保护电子邮件。

实训环境：计算机要求连接因特网，并且要求安装 Office 2003 中的组件 Outlook Express。

●项目导读

1. Outlook Express 功能

Outlook Express 是 Microsoft（微软）自带的一种电子邮件，简称为 OE，是微软公司出品的一款电子邮件客户端。Outlook Express 不是电子邮箱的提供者，只是 Windows 操作系统的一个收、发、写、管理电子邮件的自带软件，即收、发、写、管理电子邮件的工具，使用它收发电子邮件十分方便。

2. 电子邮件安全隐患

传统生活中人们使用信封将信件封装起来，通过邮局进行传送。而在互联网上发送电子邮件就像邮寄明信片一样，很容易被别人随意阅读甚至篡改。使用安全电子邮件证书可以确保私人邮件的安全性。

电子邮件证书可以安装在标准的因特网浏览器中，方便地应用于 Netscape Messenger、Microsoft Outlook、Outlook Express 以及 Frontier、Pre-mail、Opensoft、Connectsoft、Eudora 等其他遵循安全电子邮件扩展协议的程序中。使用证书后，可以对电子邮件的内容和附件进行加密，确保在传输的过程中不被他人阅读、截取和篡改。也能对电子邮件进行签名，使得接收方可以确认该电子邮件是由发送方发送的，并且在传送过程中未被篡改。

●项目内容

第一步：进入 Outlook Express，在 Outlook Express 里选择“工具”→“账户”，选择“添加”增加一个新的邮件账户 lxm，如图 4-34，图 4-35 所示。

图 4-34　进入 Outlook Express

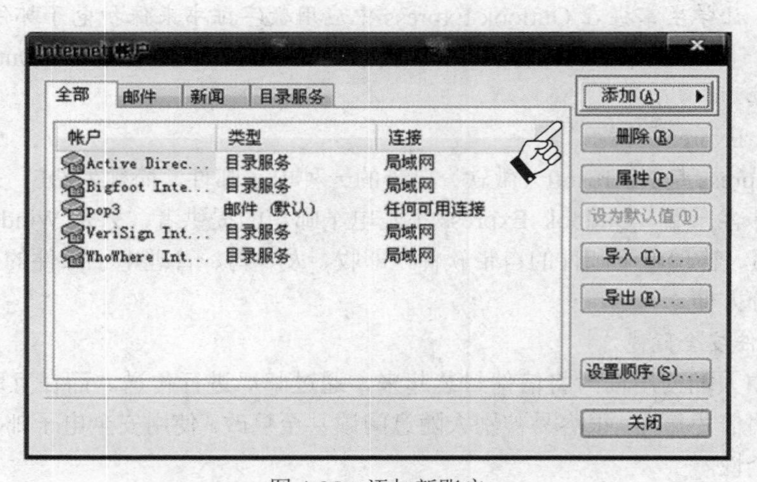

图 4-35　添加新账户

第二步：选择您申请证书的邮件账号，单击“属性”，选中“安全”标签，如图 4-36 所示。

第三步：在“安全”选项卡里选择相应的签署和加密证书，如图 4-37，图 4-38 所示。

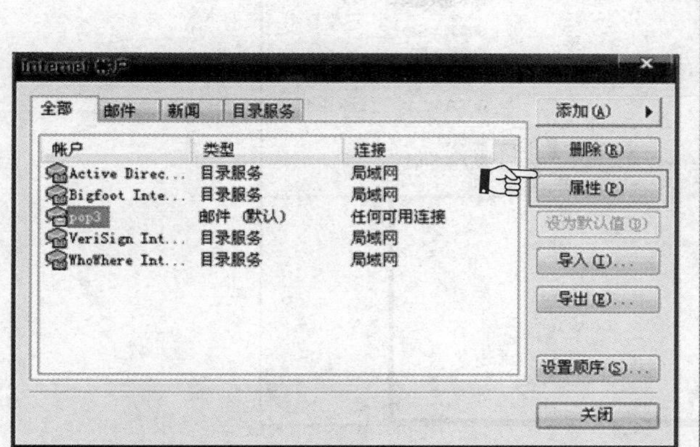

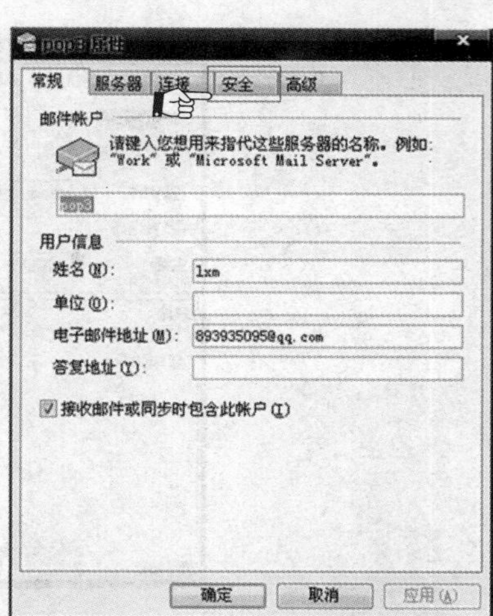

图 4-36　修改 POP3 属性

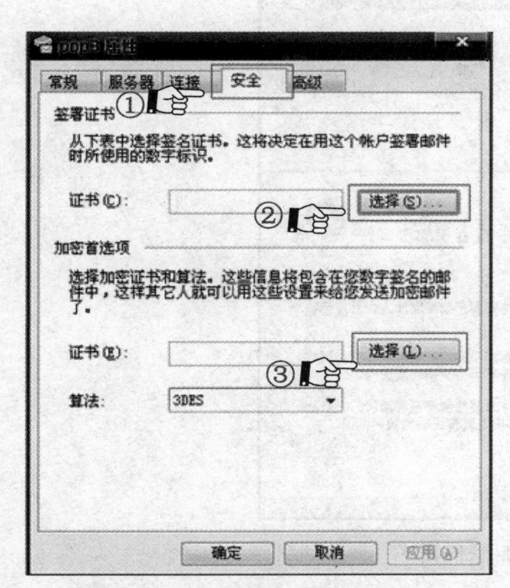

图 4-37　加载加密时采用的证书

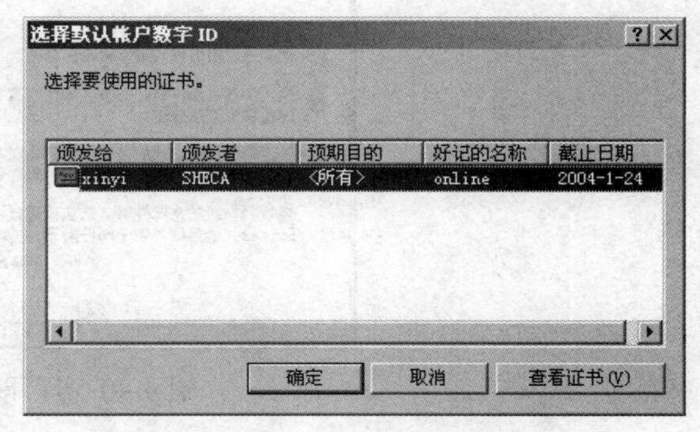

图 4-38　证书列表中进行选择

第四步：写好邮件后在上方的“工具”菜单中选择“数字签名”、“加密”选项以实现相应的功能，如图 4-39 所示。

第五步：单击“发送”按钮，签名邮件发送成功。当收件人收到并打开已加密过的邮件时，对方将看到“数字签名邮件”的提示信息，如图 4-40 所示。单击“继续”按钮，才可以阅读该邮件内容，如图 4-40 所示。

当收到加密邮件时，收件人完全有理由确认邮件没有被其他任何人阅读或篡改过，因为只有在收件人自己的计算机上安装了正确的数字证书，Outlook Express 才能自动解密电子邮件，否则邮件内容将无法显示，系统将给出“安全警告”提示。

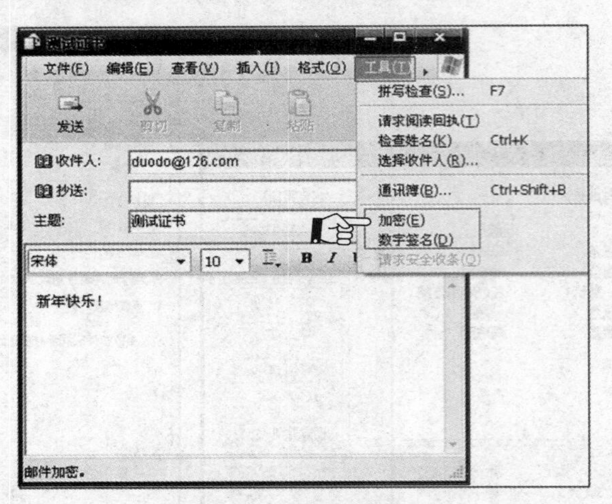

图 4-39　功能选择

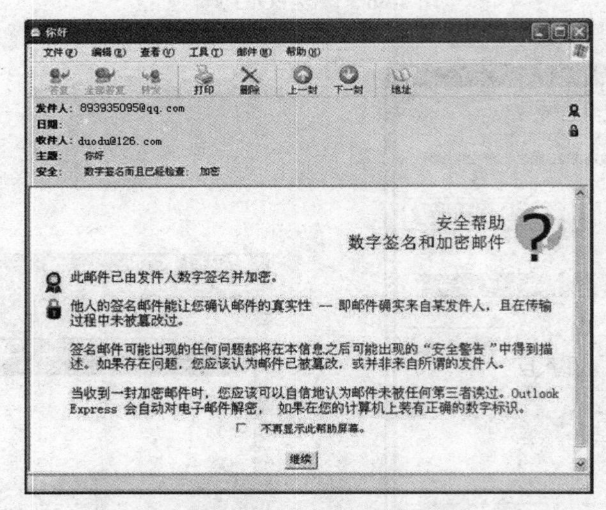

图 4-40　打开签名和加密的邮件

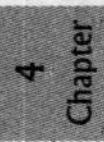

如果邮件被篡改，安全加密邮件能否看到被修改后的信件内容？

4.5　项目二　电子印章的制作与应用

4.5.1　任务 1：电子签章的制作

实训目的：了解电子签章的制作过程；掌握电子签章的使用过程；掌握电子签章的操作

方法。

实训环境：1、操作系统：支持 Windows 2000、Windows XP 及以上。

2. 应用软件：需要安装软件包括 Microsoft Office 2000 或以上版本产品，推荐 Office 2007。

3. 硬件环境：主机，主频要求 800MHz 以上，内存 128MB 以上；显卡的颜色配置需要设置为 24 位增强色或 32 位真彩色；扫描设备，公章或手写签名图案输入设备，如普通扫描仪；输出设备，彩色激光打印机或彩色喷墨打印机。

4. 系统配置：电子签章教学软件包含 iSignature 电子签章安装软件。

●项目导读

电子签章（Electronic Signature）泛指所有以电子形式存在，依附在电子文件上并与其逻辑相关，可用以辨识电子文件签署者身份，保证文件的完整性，并表示签署者同意电子文件所陈述事项的内容。包括数字签章技术和逐渐普及的用于身份验证的生物识别技术如指纹、面纹、DNA 技术等。

能够在电子文件中识别双方交易的真实身份，保证交易的安全性和真实性以及不可抵赖性，起到与手写签名或盖章同等作用的签名的电子技术手段，称之为电子签章。它包括数字证书和电子印章两类。电子印章是运用印章图像，将电子签章的操作转化为与纸质文件盖章操作相同的可视效果。用户用电子签章对申请书进行签章操作时，可以看到电子版申请书上显示红色的图章图像，同纸质的盖章效果一样。它具有以下几个方面的特点：

（1）对操作用户的透明。在整个使用过程中，不涉及数字证书、CA 等新概念，将电子签名技术完全隐藏在电子印章的后面，使人们光靠日常经验就能使用，无须额外学习理解艰深的技术和概念。

（2）电子印章成为签名有效的表现形式。即当且仅当用电子签名技术验证某份电子文件真实有效时，才正常显示印章。这样我们不仅需要用电子签名技术对正文数据进行保护，还要对印章进行保护，避免不法分子盗用后在非法的电子文件上显示合法的印章，从而混淆是非。

（3）电子印章的唯一性。一个实物印章只能对应一个电子印章，一方面这样才符合人们日常的使用习惯，另一方面也方便用户管理，避免出现失控的印章满天飞的情形。

（4）电子印章必须存储在可移动介质上（如 U 盘）。一个存储了电子印章的可移动介质就相当于一个实物印章，可以像实物印章一样保管。

（5）需要配合数字纸张技术满足更高要求。为了使加盖电子印章后的电子文件与纸张文件有相同的外观等特性，必须采用数字纸张技术。数字纸张技术是用数字技术搭建的符合传统纸张特性的技术平台，它不仅具有强大的版面描述能力，无论多么复杂的版面，只要能画在纸上就都能表现出来，更重要的是具有版面一致性、不可篡改性和不可分割性。对任何电子印章技术来说，以上五点要求都是必须具备的。电子印章作为一项先进的数字技术，也不能停留在仅仅是模拟传统的签字盖章，还必须提供更可靠的安全性和更加强大的功能，如用章口令、实时挂失、对任意文档格式的支持、与后台数据库的智能衔接等。

●项目内容

第一步：安装电子签章软件并生成签章图案。

步骤一 iSignature 电子签章软件安装完成，单击“完成”按钮。

步骤二 单击“开始”→“程序”→“iSignature 电子签章 V5”→“iSignature 图案生成”进入图案制作向导画面，如图 4-41 所示。按照自己的需要制作签章图案，并将图案保存下来。

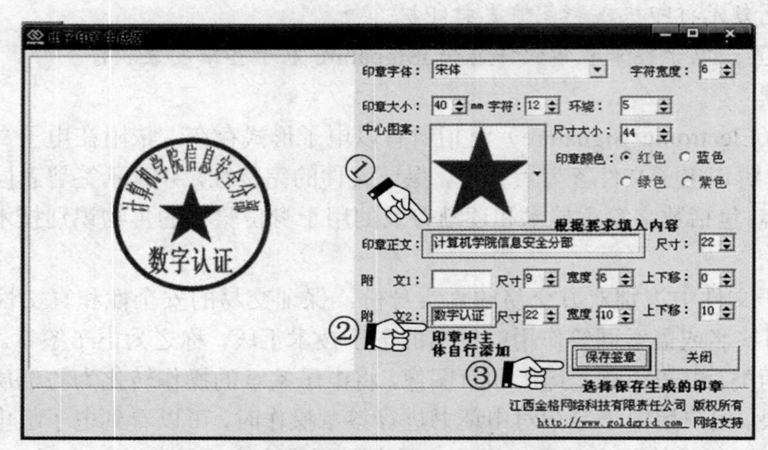

图 4-41 运用电子签章生成签章图案

第二步：制作签章。

步骤一 运行 iSignature 签章制作软件，如图 4-42 所示进入签章制作向导画面。

图 4-42 导入缓存的印章图案

步骤二 单击“签章导入”按钮，软件将默认打开“演示样章图库”目录。

步骤三 选择刚制作保存的签章图案，选择“打开”，然后输入用户名称、签章名称和使用签章时需要验证的密码。

步骤四 单击“确定”按钮，出现“签章制作成功!”的提示信息。

步骤五 单击“确定”按钮，完成印章制作，如图 4-43 所示。

图 4-43　生成电子签章

4.5.2　任务 2：电子印章的应用

●项目导读

1. 数字签章过程

将交易资料利用某种数学方程式散列算法转换为“信息摘要”，再利用私钥（电子印章）对“信息摘要”进行乱码运算即可得到此笔交易资料的数字签章。

（1）所使用的散列算法具备“单向不可逆运算”的特性，仅能由交易资料推算出信息摘要，而无法由信息摘要反向推算出交易资料的内容，因此交易资料与信息摘要的内容具有关联性，且不同的交易资料内容不会运算出相同的信息摘要，我们可以将信息摘要视为精简版的交易资料特征。

（2）为节省签章所需运算时间，因此对较为简短的信息摘要进行签章，而不对原交易资料进行签章；只要信息摘要与原交易资料内容完全相关，对信息摘要签章即相当于对原交易资料签章。

（3）乱码化运算是一个相当复杂的运算过程，由于其破解困难度非常高，只要私钥不外泄，他人即无法伪造代表交易资料的数字签章，因此，数字签章即可达到传统印章的身份识别功能。

2. 验证签章过程

（1）公钥与私钥具有配对关系，经某私钥签章的资料，只能由其配对的公钥才能正确完成验证。

（2）认证机构（网络认证公司）证明公钥的拥有者，并将公钥置于电子证书中公开，供交易对方使用。

（3）透过上述机制可确认所接收资料的正确性。

（4）验证签章过程：当交易对方（例如证券商）收到交易资料及数字签章后，依其接收的交易资料经 Hash 运算产生“信息摘要 1”。利用私钥配对的公钥可将数字签章以乱码化运算还原为原来的“信息摘要 2”，比对两个信息摘要，若两者相同即表示交易资料或数字签章正确无误。

（5）透过数字签章机制可达到下列安全保护功能：交易身份确认，防止不法者冒名交易；确认接收资料的正确性，防止不法者篡改交易资料内容；签章者无法否认交易内容；亦可透过相同技术对资料进行加密，确保机密资料不会外泄。

●项目内容

第一步：应用手写签名

步骤一 打开 Office Word 应用软件，新建一份文件名为 lxmsignature.doc 的收款确认单。

步骤二 利用电子签章软件对该文件内容进行电子签章和手写签名，电子签章用上一任务中的“计算机学院信息安全分部”。

步骤三 在 lxmsignature.doc 文档上，将光标停留在需要签字的位置，单击上面看到的手写签名按钮，将会弹出一个手写签名的窗口，如图 4-44 所示。

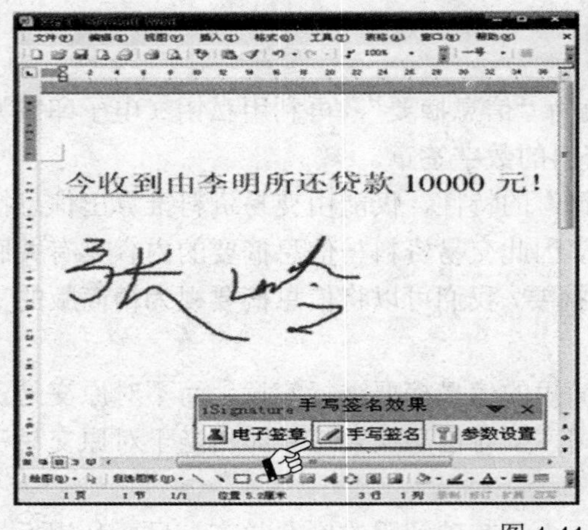

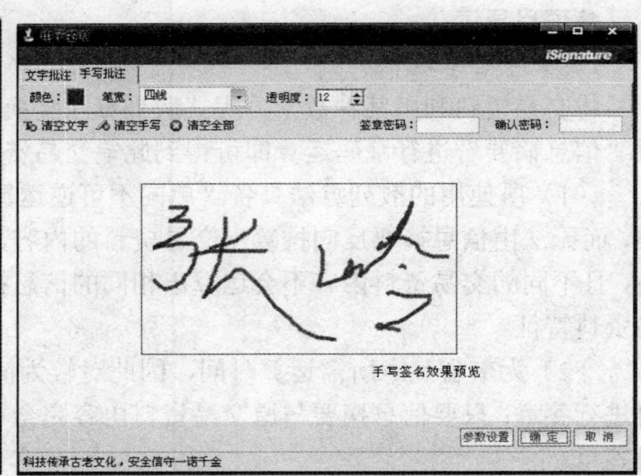

图 4-44 新建电子签名

步骤四 打开手写笔的签名功能，进行签名。签名完成后，用户输入密码，单击“确定”按钮，签名就会显示在文档中，并移动到合适位置。

第二步：应用电子签章。

步骤一 将光标停留在需要签章的位置，单击上面看到的电子签章按钮，将会弹出一个签章信息，你可以选择前面制作的“计算机学院信息安全分部”签章名称，然后输入密码，如图 4-45 所示。

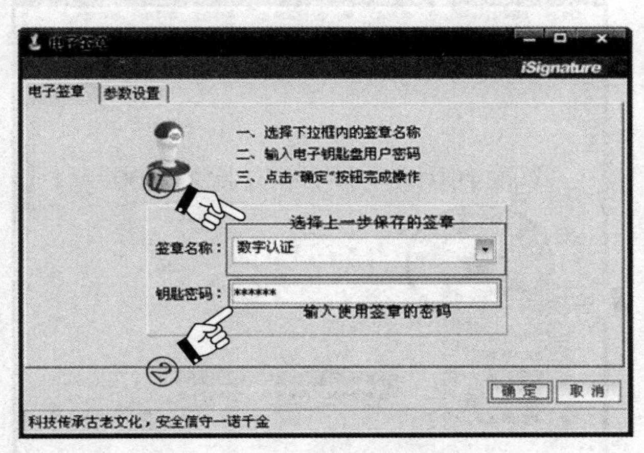

图 4-45　应用电子签章

步骤二 单击“确定”按钮在 Word 文档页面上就出现红色的财务印章，用鼠标拖动放到合适位置，如图 4-46 所示。

图 4-46　成功应用电子签章

第三步：文档验证。

步骤一 在印章上单击鼠标右键，选择“文档验证”。

步骤二 展开文档验证对话框，如图 4-47 所示。

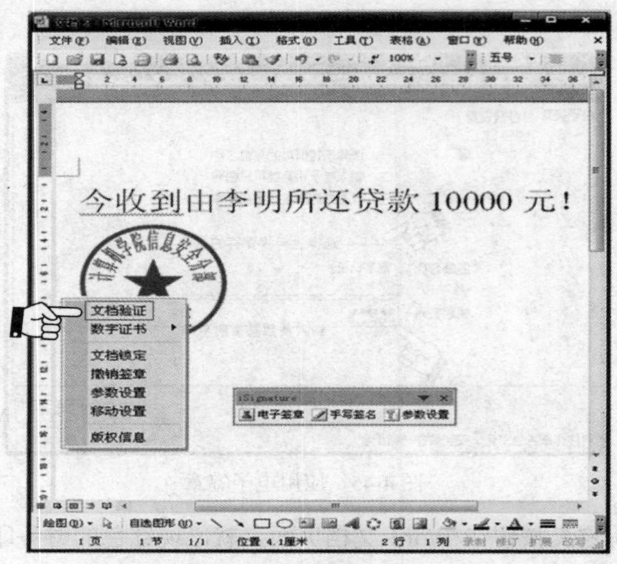

图 4-47 验证电子签章正确性

步骤三 如果我们对文档没做任何修改，将会出现文档完好无损的文档验证信息，如图 4-48 所示。

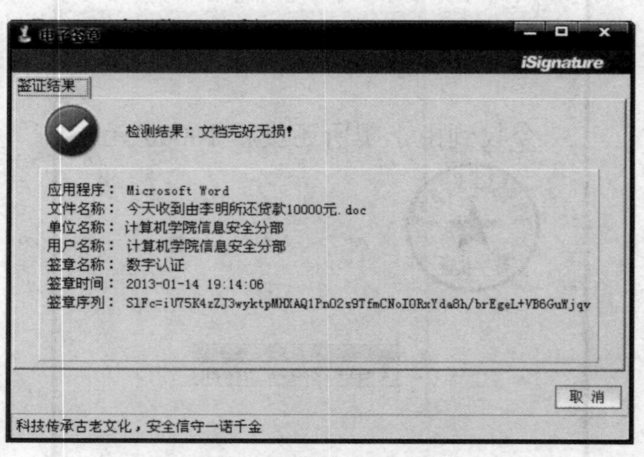

图 4-48 验证成功正确无误

步骤四 当文件被改动时，如“今天”改为“明天”，通过在印章上单击鼠标右键，选择“文档验证”后，我们将看到印章被加上了两条线，表示印章无效。同时也会出现文档已被篡改的提示框，如图 4-49 所示。

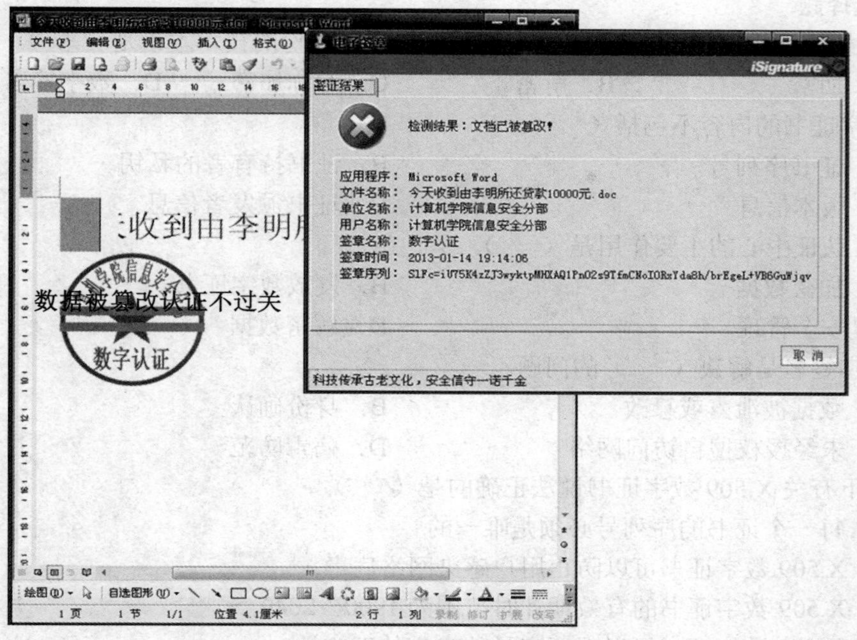

图 4-49　验证不成功

第四步：锁定文档。

步骤一 如果文件已经签章，并且要求文件将不再做任何修改，可以选择锁定文档功能，这样的文件将不能够再次盖章或修改。

步骤二 选择“文档锁定”后，将提示输入锁定密码。

步骤三 输入完成后，单击“确定”按钮，那么文件就被锁定，将不能再做任何修改了。

步骤四 解除锁定，选择工具栏里的“解除锁定”按钮或在印章上面的右键菜单中选择“文档解锁”功能，输入解锁密码，输入正确后，即可以解除保护，如图 4-50 所示。

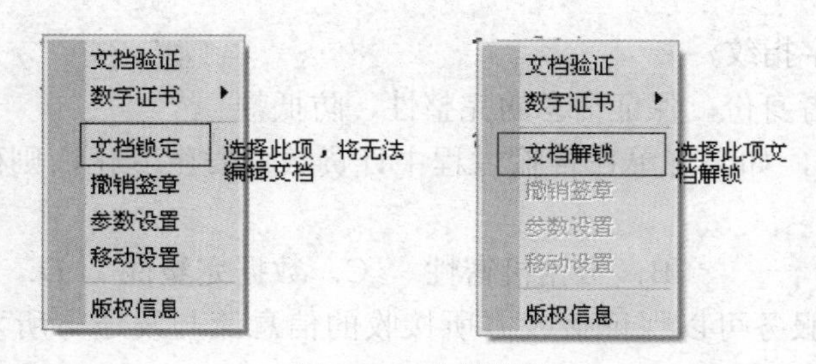

图 4-50　文档锁定

知识巩固

一、选择题

1．描述数字信息的接收方能够准确地验证发送方身份的技术术语是（　　）。

A．加密　B．解密　C．对称加密　D．数字签名

2．数字证书的内容不包括（　　）。

A．证书序列号　B．证书持有者的私钥

C．版本信息　D．证书颁发者信息

3．CA 认证中心的主要作用是（　　）。

A．加密数据　B．发放数字证书

C．安全管理　D．解密数据

4．数字签名是解决（　　）的问题。

A．数据被泄露或篡改　B．身份确认

C．未经授权擅自访问网络　D．病毒防范

5．以下有关 X.509 数字证书说法正确的是（　　）。

A．每一个证书的序列号必须是唯一的

B．X.509 数字证书可以防止用户感染网络病毒

C．X.509 数字证书的有效期计时范围为 1900～2049

D．X.509 数字证书可以保证交易的身份的真实性

6．在电子商务活动中，身份验证的一个主要方法是通过认证机构发放的数字证书对交易各方进行验证。数字证书采用的是（　　）。

A．公钥体制　B．私钥体制　C．加密体制　D．解密体制

7．数字证书中不包括（　　）。

A．公开密钥　B．数字签名

C．证书发行机构的名称　D．证书的使用次数信息

8．数字签名的作用是（　　）。

A．确保加密的密文还原为明文

B．个人签名

C．相当于数字指纹

D．确认签发者身份，保证信息的完整性、防抵赖

9．在网上交易中，如果订单在传输过程中订货数量发生变化，则破坏了安全需求中的（　　）。

A．身份鉴别　B．数据机密性　C．数据完整性　D．不可抵赖性

10．数据（　　）服务可以保证接收方所接收的信息流与发送方所发送的信息是完全一致的。

A．完整性　B．加密　C．访问控制　D．认证技术

二、判断题

1．数字证书又名数字凭证，它是仅用电子手段来证实用户的身份。（ ）。

2．基于公开密钥加密技术的数字证书是电子商务安全体系的核心。（ ）。

3．X.509 证书中包括证书的使用次数选项。（ ）。

4．X.509 证书中包括证书的版本信息。（ ）。

5．数字证书可以分为三类：应用角度证书、安全等级证书、证书持有者实体角色证书。（ ）。

三、简答题

1．简述 PKI 数字证书中，密钥更新与密钥恢复的区别？

2．数字证书定义及其具备的主要功能？

5

Kerberos 数字认证

本章导读：

本章主要介绍 Kerberos 网络认证协议的背景及发展过程，并详细分析 Kerberos 的工作原理；由于 Kerberos 的安装比较复杂，本章按照阶梯形的结构，逐步进行分步阐述，最后，针对 Kerberos 局限性与改进技术进行分析。

学习目标：

- 学会分析 Kerberos 身份认证技术特点、用途
- 学会分析 Kerberos 认证技术的工作原理
- 熟练操作 Kerberos 中主要配置文件 KDC 的配置步骤
- 学会分析 Kerberos 的缺陷以及改进技术

引入案例：

【案例一】Windows Server 2012 如何有效控制敏感企业数据

发布时间：2012.11.01 09:13　作者：赛迪网

IT 的消费化发展趋势，以及 BYOD，即"自带设备上班"的趋势是各地企业都在面对的一个问题，而 IT 部门才刚刚开始准备着手解决这一问题。除了一些对安全性要求较高的环境，例如除政府部门、军队，以及金融部门之外，IT 对基础架构中的所有用户设备拥有完整控制权的时代恐怕已经一去不复返了。接受这些挑战需要的不仅是新的思路，还有新的技术，而 Windows Server 2012 提供的功能可以帮助 IT 解决这些问题，让 IT 为用户提供内部或云端

服务，同时依然对敏感的企业数据加以控制。

针对敏感的企业数据，Windows Server 2012 为您提供了更强大的控制能力，帮您保护业务，满足合规性需求。您可以使用中央访问策略定义谁能够访问企业中的哪些信息。中央审计策略通过改进，可以帮助您创建合规性报表，执行法政分析。Windows 身份验证与审计引擎通过重构可以让您使用条件表达式以及中央策略。Kerberos 身份验证可以支持用户声明与设备声明。此外权限管理服务（RMS）也可进行扩展，合作伙伴可借此对非 Office 文件提供加密解决方案。所有这些改进都使得用户能够用更安全的方式连接到内部或云基础架构，用更高效率迎接目前工作风格的挑战，同时对企业数据维持严格的控制能力。

【案例二】微软加入 MIT Kerberos 组织 创造通用安全验证平台

时间：2008-04-02 10:26:22　作者：CNET 科技资讯网

4 月 2 日国际报道安全验证与授权联盟 The MIT Kerberos Consortium 日前宣布，微软已经加入该组织。这个去年 9 月才由 Google、苹果、Sun 和多所大学共同发起成立的联盟表示，微软是以创始赞助人的身份加入。

Kerberos 的宗旨是提供消费者相同于美国企业员工登入内部网络服务的单一验证与授权系统。Kerberos 是麻省理工学院（MIT）Project Athena 的分支，该计划在 20 世纪 80 年代成立。

微软的 Windows 2000、Windows XP、Windows Server 2003、Windows Vista 和 Windows Server 2008 等产品，都使用 Kerberos 网络验证协定。Kerberos 也是微软 Active Directory 的主要验证工具。

该联盟执行主任 Stephen Buckley 已声明表示: 微软加入 Kerberos Consortium 是一件大事。他们代表庞大的 Kerberos 使用者。这是朝向我们为全球的电脑网络创造一个通用验证平台的共有抱负，迈进重要的一步。

知识模块

5.1 基本概念与术语

5.1.1 Kerberos 产生背景

伴随着开放式网络系统的飞速发展，比如银行结算系统等关系国计民生的大型网络系统的普遍应用，认证用户身份和保证用户使用时的安全，正日益受到各方面的挑战。众所周知，在断开网络连接的个人计算机中，资源和个人信息可以通过物理保护来实现。在分时计算环境中，操作系统管理所有资源，并保护用户信息不被其他未授权的用户使用，这时操作系统需要认证每一个用户，以保证每个用户的权限，操作系统在用户登录时完成这项工作。在开放式网络系统中，用户需要从多台计算机得到服务，一般常用的有以下三种方法：①服务程序不进行认证工作，而由用户登录的计算机来管理用户的认证以保证正确地访问。②收到服务请求时，对发来请求的主机进行认证，对每台认证过的主机的用户不进行认证。半开放系统可以采用这种方法，每个服务选择自己信任的计算机，在认证时检查主机地址来实现认证，这种方法应用于 rlogin 和 rsh 程序中。③对每一个服务请求，都要认证用户的身份。

在因特网飞速发展的今天，网络已经深入到人们日常生活中的方方面面，在开放式网络系统中，主机并不能控制登录它的每一个用户，也就是说，工作站是不可信的，普遍存在威胁。

开放式网络系统存在的威胁：

（1）用户可以访问特定的工作站并伪装成其他工作站用户。

（2）用户可以改动工作站的网络地址，这样改动过的工作站发出的请求就像是从伪装工作站发出的一样。

（3）用户可以根据交换窃取信息，并使用重放攻击来进入服务器或破坏操作。

就目前网络发展速度，开放式系统已经成为主流，针对以上存在的几种威胁，对于开放式网络系统的认证有以下几种需求：

（1）安全性：认证机制必须足够安全，不致成为攻击的薄弱环节。

（2）可靠性：认证服务是其他服务的基础，它的可靠性决定整个系统的可靠性。

（3）透明性：用户应该感受不到认证服务的存在。

（4）可扩展性：当和不支持认证机制的系统通信时，应该保持一切不受影响。

对开放式网络系统的认证需求导致了 Kerberos 的产生。Kerberos 是 20 世纪 80 年代美国麻省理工学院（MIT）设计的一种基于对称算法密码体制的为网络通信提供可信第三方服务的面向开放系统的认证机制。Kerberos 这一名词来源于希腊神话“三个头的狗——地狱之门守护者”。MIT 之所以将其认证协议命名为 Kerberos，是因为他们计划通过认证、清算和审计三个方面来建立完善的完全认证机制。

Kerberos 的设计针对以下几个方面：

（1）安全性：网络中的窃听者不能获得必要的信息来假冒网络用户。

（2）可靠性：Kerberos 应该具有高度的可靠性，并采用一个系统支持另一个系统的分布式服务结构。

（3）透明性：用户除了被要求输入密码外，不会觉察出认证的进行过程。

（4）可扩展性：系统应能够支持更多的用户和服务器，具有较好的伸缩性。

Kerberos 的设计目的主要包括三类：认证、授权、记账。它们可用于建造安全网络，供了可用于安全网络环境的认证机制和加密工具。该认证过程的实现不依赖于主机操作系统的认证，无需基于主机地址的信任，不要求网络上所有主机的物理安全，并假定网络上传送的数据包可以被任意地读取、修改和插入数据。为了减轻每个服务器的负担，Kerberos 把身份认证的任务集中在身份认证服务器上执行。它可以在不安全的网络环境中为用户对远程服务器的访问提供自动鉴别、数据安全性和完整性服务，以及密钥管理服务。Kerberos 认证系统一直在 UNIX 系统中广泛应用，常用的有 2 个版本：第 4 版和第 5 版，其他的是内部版本。其中版本 5 更正了版本 4 的一些安全缺陷，并已发布为 Internet 提议标准（RFC1510）。

每当用户（Client）申请得到某服务程序（Server）的服务时，用户和服务程序会首先向 Kerberos 要求认证对方的身份，认证同时建立在用户（Client）和服务程序（Server）对 Kerberos 的信任的基础上。在申请认证时，Client 和 Server 都可看成是 Kerberos 认证服务的用户，为了和其他服务的用户区别，Kerberos 用户统称为 Principle/Client、Principle/Server，Principle 既可以是用户也可以是某项服务。如图 5-1 所示为认证双方与 Kerberos 的关系。

当用户登录到工作站并向 Kerberos 发出对 server 服务器的申请服务，这时 Kerberos 对用户进行初始认证，通过认证的用户可在整个登录期间得到相应的服务。当 Kerberos 进行验证成功过程中，既不依赖用户登录的终端，也不依赖用户所请求的服务的安全机制，它本身提供了认证服务器来完成用户的认证工作。Kerberos 验证过程中对数据的时效性很重视，为了防止数据被篡改以及假冒，引入时间戳（代表时间的大数字）技术防止入侵者进行重放攻击。

Kerberos 保存 Principle 及密钥的数据库。私有密钥（Private Key）只被 Kerberos 和拥有它的 Principle 知道，在用户或服务登记时和 Kerberos 协议生成。Kerberos 使用私有密钥可以创建消息使其中一个 Principle 相信另一个 Principle 的真实性，进行认证工作。Kerberos 还产生一种临时密钥，称作会话密钥（Session Key），方便通信双方只在一次具体的通信中交换数据，当通信结束，此会话密钥自动失效，如果 Principle 需要再一次申请服务，必须重复向 Kerberos 申请，Kerberos 又会重新分配新的会话密钥方便通信双方进行新的一次通信。

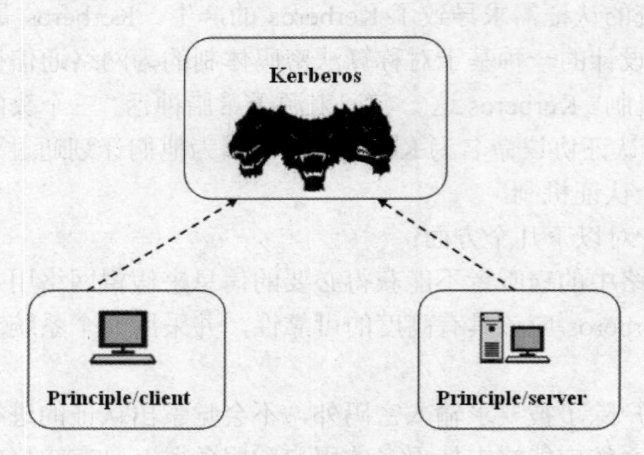

图 5-1　Kerberos 关系图

5.1.2　Kerberos 专有术语

Kerberos 协议的描述中定义了许多术语，如表 5-1 如示，比较重要的有如下几个：

表 5-1　Kerberos 术语表

参数	含义说明
C	客户端（Client）
S	服务器（Server）
TGS	票据许可服务器（Ticket-Granting Server）
TS	时间戳（Timestamp）
Ticket	票据，网络双方通信时的有效凭证
LT	票据（Ticket）的有效期
ID_C	客户端的标识（ID）
ID_{TGS}	票据许可服务器的标识（TGS ID）
$K_{C,AS}$	客户端（C）和认证服务器（AS）的共享密钥
$K_{v,TGS}$	服务器（v）和票据许可服务器（TGS）的共享密钥
K_{TGS}	认证服务器（AS）和票据许可服务器（TGS）的共享密钥
$K_{C,TGS}$	认证服务器（AS）产生、用于客户端（C）和票据许可服务器（TGS）之间通信需要的会话密钥（Session Key）

续表

参数	含义说明
$K_{C,v}$	票据许可服务器（TGS）产生的、用于客户端（C）和服务器（v）之间通信需要的会话密钥
$\{M\}_K$	表示用密钥 K 加密消息 M
$Ticket_{TGS}$	客户端（C）用来与票据许可服务器（TGS）通信的票据
AD_C	客户端的 IP 地址，用来代表谁使用票据
AU	认证标识，用来标识认证相关信息
$M_1 \parallel M_2$	消息 M_1 和消息 M_2 的简单串接

（1）Principal（Client/Server）：参与网络通信的实体，是具有唯一标识或特定字符串名字的实体（客户端或服务器）。Kerberos 可以给该实体分配一组凭证。它可以由任何数量的独立部分组成，但通常含有以下三个部分：

- 主名（Primary）

Kerberos Principal 的第一部分。如果是一个用户，那么它就是用户名。如果是一个服务，那么它就是该服务的名称。

- 实例（Instance）

Kerberos Principal 的第二部分。它主要是为了用来修饰主名。实例可以为空。如果是一个用户，实例通常用来描述相应凭证的用途。如果是一台主机，实例就是主机名的全称。

- 域（Realm）

由一个独立的 Kerberos 的数据库和一组 KDC 组成的逻辑网络。通常域名都是由大写字母组成，这样做是为了将 Kerberos 中的域和通常我们熟悉的因特网中的域（Domain）区分开来。

Kerberos 中的 Principal 的通常格式是：Primary/instance@Realm。在 Kerberos 安全机制里，一个 Principal 就是 Realm 里的一个对象，一个 Principal 总是和一个密钥（Secret Key）成对出现的。这个 Principal 的对应物可以是 Service，可以是 Host，也可以是 User，对于 Kerberos 来说，都没有区别。

（2）Authentication：认证。验证一个主体所宣称的身份是否真实。

（3）Authentication header：认证头。是一个数据记录，包括票据和提交给服务器的认证码。

（4）Authentication path：认证路径。跨域认证时，所经过的中间域的序列。

（5）Authenticator：认证码。是一个数据记录，其中包含一些最近产生的信息，产生这些信息需要用到客户和服务器之间共享的会话密钥。

（6）Ticket：票据。Kerberos 协议中用来记录信息、密钥等的数据结构，Client 用它向 Server 证明身份，包括 Client 身份标识、会话密钥、时间戳和其他信息。所有内容都用 Server 的密钥加密。

（7）Session Key：会话密钥。两个主体之间使用的一个临时加密密钥，只在一次会话中使用，会话结束即作废。

⑧KDC（Key Distribution Center）：Kerberos 密钥分发中心，负责发行票据和会话密钥的可信网络服务中心。KDC 同时为初始票据和票据授予票据 TGT 请求提供服务。

提醒

Kerberos 票据：Client 和 Server 在最初并没有共享加密密钥。每当一个 Client 向一个新的验证者证明自己时，总是依赖于认证服务器生成的并安全地分发给双方的一个新加密密钥。这个加密密钥称为会话密钥，Kerberos 票据就是用来向验证者分发会话密钥的。

5.1.3 Kerberos 应用环境与组成结构

Kerberos 协议本身并不是无限安全的，而且也不能自动地提供安全，它只是建立在一些特定基础之上的，并在满足以下特定的环境中才能正常运行：

（1）不存在拒绝服务（Denial of service）攻击。

（2）主体必须保证他们的私钥的安全。

（3）Kerberos 无法应付口令猜测（Password guessing）攻击。

（4）网络上每个主机的时钟必须是松散同步的（Loosely synchronized）。

（5）主体的标识不能频繁地循环使用。

（6）由于协议中的部分消息无法穿透防火墙，限制了 Kerberos 协议往往只能用于一个组织的内部。

由于访问控制的典型模式是使用访问控制列表（ACL）来对主体进行授权。可见，所有这些条件满足以后 Kerberos 才开始正常地运作。Kerberos 协议的基本应用环境主要是在一个分布式的 Client/Server 体系机构中采用一个或多个 Kerberos 服务器提供一个鉴别服务。Client 客户端想请求应用服务器 Server 上的资源，首先 Client 向 Kerberos 认证服务器请求，一张身份证明，然后将身份证明交给 Server 进行验证，Server 在验证通过后，即为 Client 分配请求的资源。如图 5-2 所示是 Kerberos 的完整结构图。

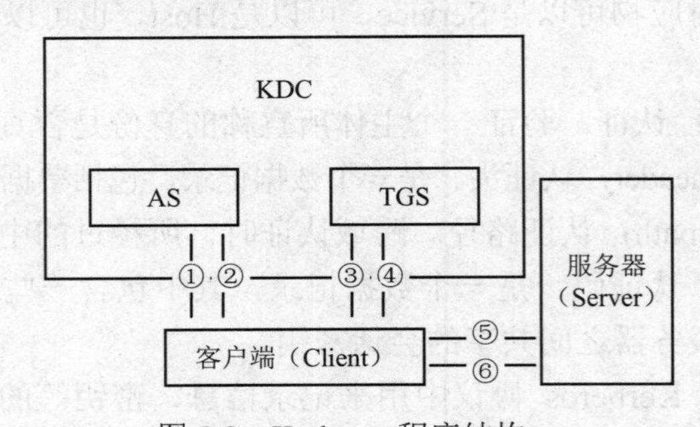

图 5-2　Kerberos 程序结构

总的来说 Kerberos 协议内部由以下几大模块组成：

Kerberos 协议中共涉及到三个服务器：认证服务器（AS），票据许可服务器（TGS）和应用服务器。其中 AS 和 TGS 两个服务器为认证提供服务，应用服务器则是为用户提供最终请求的资源，在 Kerberos 协议中主要负责验证。

（1）Kerberos 应用程序库（Kerberos Applicaton Library）。

Kerberos 应用程序库给应用程序提供了一系列接口，其中包括创建和读取认证请求，以及创建 Safe message 和 Private message 的子程序。Kerberos 的加密采用 DES（Data Encryption Standard）算法。Kerberos 中提供对 PCBC（Propagating CBC）的支持，PCBC 是对 CBC（DES Cypher Block Chaining）的扩展，在 CBC 中当传输出错时只会影响整个消息中的当前块（current block），但在 PCBC 中会将整个消息置为无效，因此提高了可靠性。

（2）加密/解密库（Encryption/Decryption Library）。

加密/解密库主要完成整个通信过程中的加密部分，保证了以密文形式传递所有重要信息。Kerberos 数据库的记录中记载了每个 Kerberos 用户的名字、私有密钥、截止信息（记录的有效时间，通常为几年）等信息。用户的其他信息，如真实姓名，电话号码等次要信息，放在 Hesiod nameserver 中。Database Administration Programs 对这两个数据库进行管理，Database Library 为它进行支持。

（3）数据库程序库（Database Library）。

（4）数据库管理程序（Database Administration Programs）。

（5）KDBM 服务器（KDBM Server）。

KDBM 服务器又称为数据库管理服务器（Administrations Server），运行在存放 Kerberos 数据库的主机上，接受客户端的请求对数据库进行操作。

（6）认证服务器 AS（Authentication Server）。

认证服务器又称为 Kerberos 服务器（Kerberos Server），在主机上存放一个 Kerberos 数据库的只读副本，用来完成 Principle 的认证，并生成会话密钥。

（7）票据许可服务器（Ticket-Granting Server）。

负责验证客户端从 AS 处所得到的票据，并生成客户端与最终服务器之间通信的 Kerberos 票据。

（8）数据库复制软件（DB Propagation Software）。

数据库复制软件用来管理数据库从主机（Master Machines，即 KDBM 服务所在的机器），到从机（Slave Machines，即认证服务器所在的机器）的复制工作。为了保持数据库的一致性，每隔一段时间就需要进行复制工作。

（9）用户程序（User Programs）。

用户程序用来完成登录 Kerberos，改变 Kerberos 密码，显示和破坏 Kerberos 标签（Ticket）等工作。

（10）应用程序（Applications）。

用户请求服务的最终目标方。应用程序用来接收客户发来的票据，并提供客户所请求的服务。

5.2　Kerberos 工作原理

Kerberos 认证系统主要用于计算机网络鉴别（Authentication），其特点是用户只需输入一次身份验证信息就可以凭借此验证获得的票据（Ticket-Granting $Ticket_{TGT}$）访问多个服务，即SSO（Single Sign On）。由于在每个客户端 Client 和服务器端 Server 之间建立了共享密钥，使得该协议具有相同的安全性。

5.2.1　Kerberos 认证服务请求和响应

首先 Client 向 KDC 发送自已的身份信息、验证者名称、票据的有效期限和一个用来匹配请求与响应的随机数。Client 和每一个验证者通信都需要一个独立票据的会话密钥进行通信。当 Client 要和一个特定的验证者建立联系时，使用认证请求，如图 5-3 中的消息 1。KDC 收到此请求信息后，从认证服务器 AS（Authentication Server）得到 TGT（Ticket-Granting Ticket），使用响应请求协议开始前 Client 与 KDC 之间的密钥将 TGT 加密回复给 Client，如图 5-3 中消息 2。Client 收到此响应后，只有拥有私钥的 Client 才能利用它与 KDC 之间的密钥加密后的 TGT 解密，从而获得 TGT 和会话密钥（此过程避免了 Client 直接向 KDC 发送密码，以期通过验证的不安全方式）。在响应中，认证服务器返回会话密钥、指定的有效时间、请求时所发的随机数、验证者名称和票据的其他信息，所有内容均用用户在认证服务器上注册的口令作为密钥来加密，再附上包含相同内容的票据，这个票据将作为应用请求的一部分发送给验证者。

这一部分所涉及的协议包内容：

（1）C→AS：$ID_C \parallel ID_{TGS} \parallel TS1$，客户端向认证服务器请求授权服务器访问的凭证票据 $Ticket_{TGS}$，其中的 TS1 和下面出现的 TS2、TS3 等表示对应的票据的有效期限。

（2）ASC：$EK_C(K_{C,TGS} \parallel ID_{TGS} \parallel TS2 \parallel LIFETIME2 \parallel Ticket_{TGS})$，其中 $Ticker_{TGS}=E_{TGS}(K_{C,TGS} \parallel ID_C \parallel AD_C \parallel ID_{TGS} \parallel TS2 \parallel LIFETIME2)$。

5.2.2　应用服务请求和响应

图 5-3 中的消息 3 和 4 表示应用服务请求和响应（Application Request And Response），这是 Kerberos 协议中最基本的消息交换，Client 利用之前获得的 TGT 向 KDC 请求 TGT（Ticket-Granting Ticket），如图 5-3 中的信息 3。此 TGT 是 TGS 授权客户可以访问应用服务器 Server 的许可票据 $Ticket_v$。当 TGS 收到客户传送过来的认证服务器 AS 给出的授权服务器许可访问的票据 $Ticker_{TGS}$，接着用私钥解开 $Ticker_{TG}$ 得到用户身份信息，然后通过 TGS 与客户的共享密钥解开 Authenticator 验证包得到用户身份信息。比较两个用户信息，如果相同，证明身份可靠，反之身份可疑。最终 TGS 用与客户之间的共享密钥加密信息包传送给客户，如图 5-3 中的信息 4。

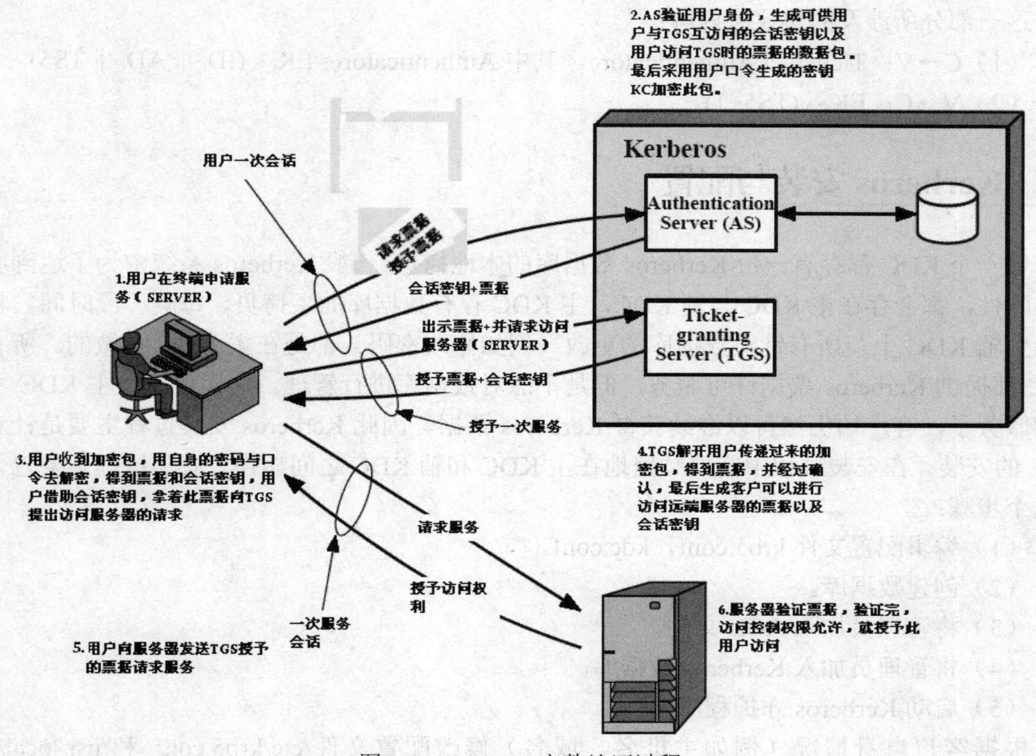

图 5-3　Kerberos 完整认证过程

这一部分所涉及的协议包内容：

（1）C→TGS：$ID_V \parallel Ticket_{TGS} \parallel Authenticator_C$，其中 $Authenticator_C = EK_{C,TGS}(ID_C \parallel AD_C \parallel TS3)$。

（2）TGS→C：$EK_{C,TGS}(K_{C,V} \parallel ID_V \parallel TS4 \parallel Ticket_V)$，其中：$Ticket_V = EK_V(K_{C,V}) \parallel ID_C \parallel AD_C \parallel ID_V \parallel TS4 \parallel LIFETIME4$。

5.2.3　Kerberos 最终服务请求与响应

为了完成 Ticket 的传递，Client 把信息中获得的票据 $Ticket_v$ 转发到 Server 服务器端。由于 Client 不知道 KDC 与 Server 之间的密钥，所以它无法篡改 $Ticket_v$ 中的信息。同时 Client 将收到的会话密钥（Session Key）解密出来，然后将自己的用户名、用户地址（IP）打包成 Authenticator，用会话密钥加密也发送给 Server。如图 5-3 中的信息 5。Server 收到 Ticket 后，利用它与 KDC 之间的密钥将 Ticket 中的信息解密出来，从而获得 Session Key 和用户名，用户地址（IP）、服务名、有效期。然后再用会话密钥将 Authenticator 解密从而获得用户名、用户地址（IP），将其与之前 Ticket 中解密出来的用户名、用户地址（IP）做比较从而验证 Client 的身份。如果 Server 有返回结果，将其返回给 Client。如图 5-3 中的信息 6。

这一部分所涉及的协议包内容：

（1）C→V：$Ticket_V \parallel Authenticator_V$，其中 $Authenticator_V=EK_{C,V}(ID_C \parallel AD_C \parallel TS5)$。

（2）V→C：$EK_{C,V}(TS5+1)$。

5.3 Kerberos 安装与配置

每一个 KDC 都存有一份 Kerberos 数据库的本地拷贝。一般 Kerberos 系统中为了达到服务的保障性，都会存在主 KDC 与辅 KDC，主 KDC 存有数据库的主拷贝，每隔一段时间它将被同步到辅 KDC 上。所有针对数据库的更改（例如修改密码）都是在主 KDC 上做的。所有辅 KDC 都提供 Kerberos 票据许可服务，但是不能对数据库进行管理。这样，即使主 KDC 不能提供服务了，客户端仍然可以继续获得 Kerberos 票据。因此 Kerberos 安装过程主要是针对主 KDC 的安装。在安装过程中需要频繁地在主 KDC 和辅 KDC 之间切换。安装过程主要包含以下几个步骤：

（1）编辑配置文件 krb5.conf，kdc.conf。

（2）创建数据库。

（3）将管理员加入 ACL 文件。

（4）将管理员加入 Kerberos 数据库。

（5）启动 Kerberos 守护程序。

根据客户自身情况（例如主机名、域名）修改配置文件/etc/krb5.conf 和/usr/local/var/krb5kdc/kdc.conf。建议你将配置文件保存在/etc 目录下。配置文件中的大多数配置项都有默认值，在大多数情况下都可以正常工作。但在 krb5.conf 文件中有一些配置必须特别设定。

5.3.1 配置主 KDC 文件

- krb5.conf

配置文件 krb5.conf 中包含着 Kerberos 的配置信息，包括该 Kerberos 域中 KDC 和管理服务器的地址、当前域和 Kerberos 应用程序的默认值，以及主机名与 Kerberos 域之间的对应关系。通常来说，你应该把配置文件 krb5.conf 放在/etc 目录下。当然，你也可以通过更改环境变量 krb5.conf 来对其进行重新配置。

krb5.conf 文件的组织形式类似 Windows 中的 INI 文件。不同的段由段名加上方括号区分。每一个段中可以包含一个到多个配置项，形式如下：

```
foo=bar
```

或者

```
Fubar={
    Foo=bar
    Baz=quux
}
```

如果在每条配置项后面打上“*”，表示对该标签所设置的值就是最终的值，不可以进行更改。这也就意味着，在该配置文件的其他部分或者是在其他的配置文件中，对该标签重新设定的值都会被忽略。

例如，如果有以下两行配置：

```
foo=bar*
foo=baz
```

第二行中对 foo 所设定的值（baz）将不会起到任何作用。

在 krb5.conf 文件中也可以包含对其他配置文件的引用，有以下两种形式：

```
Include filename
Includedir Dirname
```

filename 和 Dirname 都必须是绝对路径。指定的文件或目录必须存在并可读。如果指定为包含目录，则该目录下的所有文件都会被包含进来，但是文件名必须只含有字符、斜杠或者下划线。被包含的文件从语法上来说与包含它的父文件没有直接关系，因此每个被包含的文件必须以一个段头开头。

krb5.conf 可以包含表 5-2 中任意一个或者全部字段。

表 5-2　krb5.conf 字段表

字段	含义说明
libdefaults	包含了 KerberosV5 库所使用的默认值
login	包含了 KerberosV5 登录程序所使用的默认值
appdefault	包含了 KerberosV5 应用程序所使用的默认值
realms	包含了若干由 Kerberos 域名划分出来的子段。每一个子段描述了该域所特有的一些信息，包括在哪里找到该域的 Kerberos 服务器
domain_realm	包含了域名和子域到 Kerberos 域名对应关系的配置。这个有可能被其他程序用来确定一台拥有全域名的主机该属于哪一个 Kerberos 域
logging	决定了 Kerberos 程序如何进行登录的信息
capaths	包括了直接（非分层）跨域鉴权路径。该段中的每一个条目都会被客户端用来决定跨域鉴权所要经过的中间域。它也可以被终端服务用来指定可信任中间域的中转范围
plugins	用来动态加载插件模块以及打开或关闭某一个模块

- kdc.conf

kdc.conf 文件包含了 KDC 的配置信息，这其中就包括了发布 Kerberos 票据所需要用到的许多默认值。通常，你要把 kdc.conf 文件放到/usr/local/var/krb5kdc 目录下，可以通过修改环境变量 krb_kdc_profile 来重载缺省路径。

如表 5-3 所示，kdc.conf 文件的格式与 krb5.conf 文件基本一致，主要包含以下三个字段。

表 5-3 kdc.conf 字段表

字段	含义说明
kdcdefaults	包含了定义所有 KDC 行为的缺省值
realms	由不同 Kerberos 域名区分开来的子段所组成。每个子段内包含属于该域的特有信息，包括从哪里可以找到该域的 Kerberos 服务器
logging	包含了决定 Kerberos 程序如何进行登录的信息

5.3.2 创建数据库

在创建数据库时，通过在主 KDC 上执行命令 kdb5_util 来创建 Kerberos 数据库及 stash 文件（可选）。stash 文件是主密钥的一份本地拷贝，主密钥以加密的形式保存在 KDC 的本地磁盘中。stash 文件用来让 KDC 在启动 kadmink 和 krb5kdc 守护程序之前，一旦被攻破，黑客就可以没有任何限制地访问 Kerberos 数据库。因此如果选择安装 stash 文件，它应该被设置成对 root 只读，并且只能放到 KDC 的本地磁盘上。日常的系统备份不应该包含 stash 文件，除非对备份文件的访问也有非常高的安全限制。如果不安装 stash 文件，KDC 就会在每次启动的时候提示你输入主 key。这也就意味着 KDC 无法自动启动，比如在系统重启之后。

如表 5-4 所示是一个演示如何使用 kdb5_util 在主 KDC 上创建一个 Kerberos 数据库和 stash 文件的例子。

表 5-4 创建 Kerberos 数据库实例

实例
[root@GMS01/]#kdb5_util create-r GMS.TRENDMICRO.COM-s Loading random data Initializing database '/usr/local/var/krb5kdc/principal'for realm'GMS.TRENDMICRO.COM', Master ker name 'K/M@ GMS.TRENDMICRO.COM', you will be prompted for the database master password. It is important that you not forget this password. Enter kdc database master key: Re-enter KDC database master key to verify:

通过以上步骤，就能在 kdc.conf 文件的同级目录下创建 5 个文件：两个 Kerberos 数据库文件 principal.db 和 principal.ok，一个 Kerberos 管理数据库文件 principal.kadm5；管理数据库锁文件 principal.kadm5.lock 和 stash 文件。

5.3.3 将管理员加入 ACL 文件

通过将至少一个具有管理员身份的 Principal（身份已经被确认过的对象）加入到新创建的访问控制列表 ACL（Access Control List）文件中。kadmind 守护进程使用这个文件控制用户可以对 Kerberos 数据库文件进行访问和完成哪些需要特权的修改。在配置 ACL 文件时，主要包含表 5-5 所示的一些参数。

表 5-5　ACL 参数表

参数	意义
a	允许向数据库添加 principal 或者 policy
A	不允许向数据库添加 principal 或者 policy
d	允许删除数据库中的 principal 或者 policy
D	不允许删除数据库中的 principal 或者 policy
m	允许修改数据库中的 principal 或者 policy
M	不允许修改数据库中的 pricipal 或者 policy
c	允许修改数据库的密码
C	不允许修改数据库中的密码
i	允许查询数据库中的内容
I	不允许查询数据库的内容
l	允许列举数据库的 principal 或者 policy
L	不允许列举数据库的 principal 或者 policy
s	允许显式地设置 principal 的密钥
S	不允许显式地设置 principal 的密钥
*	所有权限（admcil）
x	所有权限（admcil）和“*”作用一样

如表 5-6 所示的示例中，任何在 ATHENA.MIT.EDU 域中，拥有 admin 实例的 principal 都拥有全部的管理员权限。用户 joeadmin 的 admin 实例有所有的许可。任何在 ATHENA.MIT.EDU 域中的 principal 可以对他们自己的 admin 实例进行查询、列举以及修改密码，但是对其他用户就不允许。任何在 ATHENA.MIT.EDU 域中的 principal（joeadmin@ATHENA.MIT.EDU，如上所述）都有查询的权限，但是任何 principal 的创建或者修改操作都无法获得超过 9 个小时生命时间的 postdateable 票据或者普通票据。

表 5-6　实例

实例
*/admin@ATHENA.MIT.EDU *
joeadmin@ATHENA.MIT.EDU　ADMCIL
joeadmin/*@ATHENA.MIT.EDU il */root@ATHENA.MIT.EDU
*@ATHENA.MIT.EDU cil *1/admin@ATHENA.MIT.EDU
/@ATHENA.MIT.EDU　i
*/admin@EXAMPLE.COM * -maxlife 9h -postdateable

5.3.4 向 Kerberos 数据库中添加管理员

接下来，需要向 Kerberos 数据库中添加管理员 principal。这一步骤可以在主 KDC 上的 kadmin.local 配置完成。但是要求新创建的管理员 principal 应该与前面 ACL 中添加的相一致，否则系统就无法查询匹配。如表 5-7 所示的示例中，创建在 admin/admin 的管理员 principal。

表 5-7 添加管理员实例

实例
[root@GMS01/]#/usr/local/sbin/kadmin.local Authenticating as principal root/admin@GMS.TRENDMICRO.COM with password. Kadmin.local:addprinc admin/admin@GMS.TRENDMICRO.COM WARNING:no policy specified for admin/admin@GMS.TRENDMICRO.COM; defaulting to no policy Enter password for principal admin/admin@GMS.TRENDMICRO.COM; Re-enter password for principal admin/admin@GMS@.TRENDMICRO.COM; Principal admin/admin@GMS.TRENDMICRO.COM created Kadmin.local:

5.3.5 在主 KDC 上启动 Kerberos 守护进程

经过上面几个步骤的配置，可以启动主 KDC 上的 Kerberos 守护进程。只需键入以下两条命令：

```
[root@GMS01/]#/usr/local/sbin/krb5kdc
[root@GMS01/]#/usr/local/sbin/kadmind
```

如果想每次省略这一步骤，可以将这两行命令加入到KDC的/etc/rc或者/etc/inittab文件中。让机器开启时，自动运行。守护进程启动后，都只会在后台操作。因此需要通过检查 log 中的启动信息来验证它们是否已经被正常运行起来，以及是否存在错误。log 文件的位置由/etc/krb5.conf 中的配置项制定。例如：

```
[root@GMS01/]#tail/var/log/krb5kdc.log
Mar 24 14:10:04 GMS01.trendmicro.com krb5kdc[13277](info):commencing operation
[root@GMS01/]#tail/var/log/kadmind.log
Mar 24 14:10:50 GMS01.trendmicro.com kadmind[13281](info):starting
```

5.4 Kerberos 的局限性与改进技术

5.4.1 Kerberos 的局限性

Kerberos 协议设计精巧、优点突出，但是通过以上对其认证过程的分析，可见其局限性也是很明显的。主要包括以下几个方面。

1. 单点连接，服务效率下降

Kerberos 服务结束前，它需要中心服务器的持续响应。其他用户请求不允许连接到服务器。这样就会导致很多的用户请求无法响应。

2. 受中心服务器影响

所有用户所使用的密钥都存储于中心服务器中，危及服务器安全的行为也将危及所有用户的密钥。因此中心服务器所担负的角色最为重要，影响所有用户的认证行为。

3. 口令猜测攻击问题

在 Kerberos 中，当用户 C 向 AS 服务器请求获取访问 TGS 的票据 TGT 时，AS 发往客户 C 的报文是由从客户口令产生的密钥 Kc 来加密的。而用户密钥 Kc 是采用单向 Hash 函数对用户口令进行加密后得到的，攻击者就可以大量地向 AS 请求获取访问 TGS 的票据，这样就能收集大量的 TGT，通过计算和密钥分析来进行口令猜测。当用户选择的口令不够强时，就不能有效地防止口令猜测攻击。

4. 时钟同步攻击问题

在 Kerberos 中，为了防止重放攻击，在票据和认证符中都加入了时间戳，票据具有一定有效期，只有时间戳的差异在一个比较小的范围内时，才认为数据是有效的。因此，如果主机的时钟与 Kerberos 服务器的时钟不同步，认证会失败。这样就要求客户、AS 服务器、TGS 服务器和应用服务器的机器时间要大致保持一致，一旦时间差异过大，认证就会失败。这在分布式网络环境下其实是很难达到的。由于变化的和不可预见的网络延迟的本性，不能期望分布式时钟保持精确地同步。同时时间戳也带来重放攻击的隐患。假设系统中收到消息的时间在规定范围内（一般可以规定 5 分钟），就认为消息是新的。而事实上，攻击者可以事先把伪造的消息准备好，一旦得到票据就马上发出，这在所规定的时间内是难以检查出来的。

对于时钟攻击缺陷，有人提出采用 Challenge/Response 认证机制来加以解决，还有一种折衷的方法是在协议中增加一个 Challenge/Response 选项。但是这样也带来了认证过程的繁杂、琐碎，增加了实现的难度。

5. 密钥存储问题

使用对称密码体制 DES 作为协议的基础，这就带来了密钥交换、密钥存储以及密钥管理的困难。Kerberos 认证中心要求保存大量的共享密钥，无论是管理还是更新都有很大的困难，需要特别细致的安全保护措施。在密钥存储管理的问题上，将付出极大的系统代价。

6. KDC 安全问题

通信双方无条件地信任第三方 KDC，它是 Kerberos 认证能够进行的基础，因此，第三方 Kerberos 的安全至关重要。由于第三方 Kerberos 时时在线，所以，对它进行网络攻击是可能的。一旦第三方 Kerberos 的安全出现问题，将会影响所有信任它的系统安全。

7. 恶意软件攻击问题

Kerberos 认证协议依赖于对 Kerberos 软件的绝对信任，而攻击者可以用执行 Kerberos 协议和记录用户口令软件来代替所有用户的 Kerberos 软件来达到攻击目的。一般而言，装在不安全计算机内的密码软件都会面临这一问题。

5.4.2 改进的 Kerberos 协议

1. 对称密钥与不对称密钥的结合使用

公共密钥方案比对称密钥方案处理速度慢，因此通常把公共密钥与对称密钥技术结合起来实现最佳性能，即用公共密钥技术在通信双方之间传送对称密钥，而用对称密钥来实现对实际传输的数据加密和解密。目前不对称密钥加密体制和对称密钥加密体制的代表算法分别为 RSA 算法和 AES 算法。RSA 算法属于公共密钥方案，在密码体制中加密和解密采用两个不同的相关的密钥。每个通信方在进行保密通信的时候有两个相关的密钥，一个公开，另一个保密。对不同的通信对象只需保密自己的解密密钥即可，所以对加密密钥的更新非常便捷。AES 算法属于对称密码体制，加密和解密采用相同的密钥，因此要求通信双方对密钥进行秘密分配，密钥的更新比较困难，而且对不同的通信对象，AES 需产生和保管不同的密钥。AES 算法的核心技术是在相信可以通过简单函数迭代若干次得到复杂函数的原则下，利用简单函数和对数运算等，充分利用非线性运算，因此可以利用软件和硬件进行高速实现；而 RSA 算法中需要进行多次大整数的乘幂运算，通常密钥越长，加密效果越好，但加解密的开销也很大，相比而言效率上要相差很多。因此 AES 算法具有加解密速度快、安全强度高等优点，在军事、外交及商业应用中使用得越来越普遍，但由于存在密钥发行与管理的不足，在提供数字签名、身份认证等方面需要与 RSA 算法共同使用，才能达到更好的安全效果。

2. 针对口令猜测攻击，取消认证过程中的相应口令，改由 ECC 进行认证

椭圆曲线密码体制（Elliptic Curve Cryp to Systems，ECC）是目前已知的公钥体制中，对每比特所提供加密强度很高的一种体制。它基于有限域椭圆曲线上的点群中的离散对数问题。与其他公钥体制相比，椭圆曲线密码体制的优点主要表现在以下 4 个方面：密钥尺度较小；参数选择较灵活；具有由数学难题保证的安全性；实现速度较快。

3. 针对重放攻击，在 Kerberos 中引入序列号循环机制

由用户自己产生的一次性使用随机数来代替时间戳以解决时间同步的问题，再结合系统原有的生存期控制，将有效地保证一定的时间里只能存在唯一的合法消息，从而消除了重放的可能性。

4. 使用密钥长度 1024 比特以上的 RSA 算法在当前是安全的

使用用户公钥加密而不是用原有口令生成的密钥加密，避免了猜测口令攻击。由于在身份认证的各个环节中采用随机数，攻击者无法冒充，该协议可承受重放攻击（replay）。即使中间人利用截获的信息进行攻击，由于他不掌握原始方的私钥，无法获得会话密钥，也不可能获得服务器方的信任，无法得到预想的服务。

本节深入研究了新的 Kerberos 认证协议规范，指出了其局限性。提出了在 Kerberos 协议中引入 ECC 的数据传输加密的改进方法，在一定程度上克服了传统 Kerberos 认证协议中密钥管理困难、容易受到口令攻击和对时间同步性要求高的缺点，提高了 Kerberos 认证协议的安

全性，同时提高了身份认证速度，使其更符合工业控制网络的高实时性要求，可以更好地解决工业控制网络的身份认证问题。

学习项目

5.5 项目一 Kerberos 在 Windows Server 2003 中的安装与调试

5.5.1 任务 1：配置并安装 AD（Active Directory）

实训目的： 让学生掌握局域网中活动目录的应用流程与要求。

实训环境： 分别装有 Windows XP 及 Windows Server 2003 操作系统的两台计算机，计算机需要接入 Internet。

●项目导读

1. 域、域控制器、活动目录

域是活动目录的核心单元，是计算机、用户等对象容器，一个域的管理权限只限于该域。每个域至少包括一个域控制器。域控制器是运行 Windows Server 2003 服务器的计算机，在域控制器中设置了账户的计算机，只要开机就会连接到域中，域控制器为网络用户和计算机提供活动目录服务、存储目录数据并管理用户和域之间的交互。活动目录是 Windows Server 2003 网络体系结构中不可分割的重要组件，它为每个域建立一个目录数据库的副本，这个副本只存储用于这个域的对象。域、域树、树林构成层次结构，如果多个域之间有相互关系，它们可以构成一个域树，多个域树构成了树林，这种层次结构便于组织管理以及目录定位。

2. Windows Server 2003 中的 Kerberos

Kerberos 是 Windows Server 2003 唯一的身份认证机制，通过 KDC（密钥分发中心）来体现。KDC 以域为其作用范围，使用活动目录进行账号管理，并向客户端提供两个服务：

- 认证服务（AS）
- 票据许可服务（TGS）

3. Windows Server 2003 中的 Kerberos 组成

只要安装 Active Directory 和运行一个域控制器，Kerberos 就会安装并运行，当一个用户尝试登录时，系统就使用 Kerberos 对用户进行身份验证。Windows Server 2003 的 Kerberos 实现由以下组件组成：

- KDC
- 账户数据库
- Kerberos 策略

4. KDC 密钥分发中心

KDC 服务运行于 Active Directory 中的每个域控制器，当域控制器启动时，KDC 服务就会自动启动并运行在本地系统账户下，它是本地安全程序的一部分。主要实现 Kerberos 协议定义的两个服务：

- 认证服务（AS）
- 票据许可服务（TGS）

●项目内容

第一步：配置可以互相连通的两台主机，如图 5-4 所示。

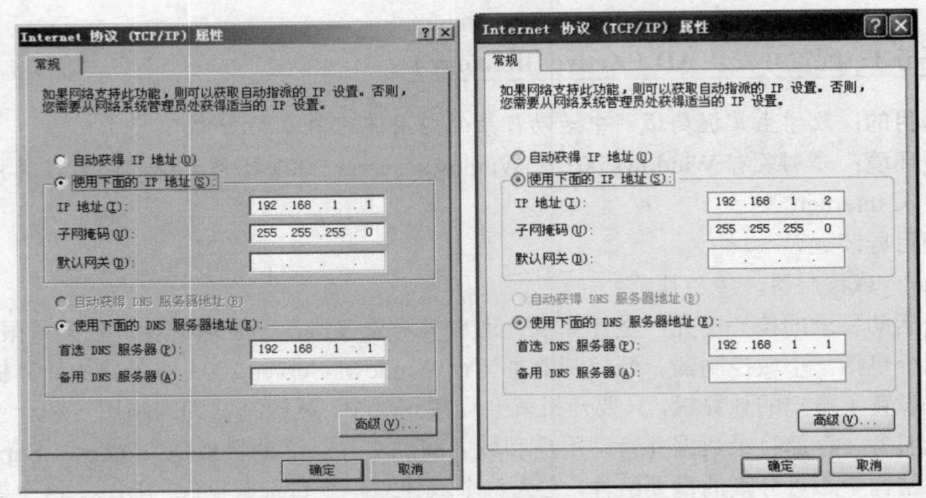

图 5-4　配置主机 IP 地址

第二步：在 Windows Server 2003 里安装 AD（含 DNS 服务器），步骤如图 5-5 所示。

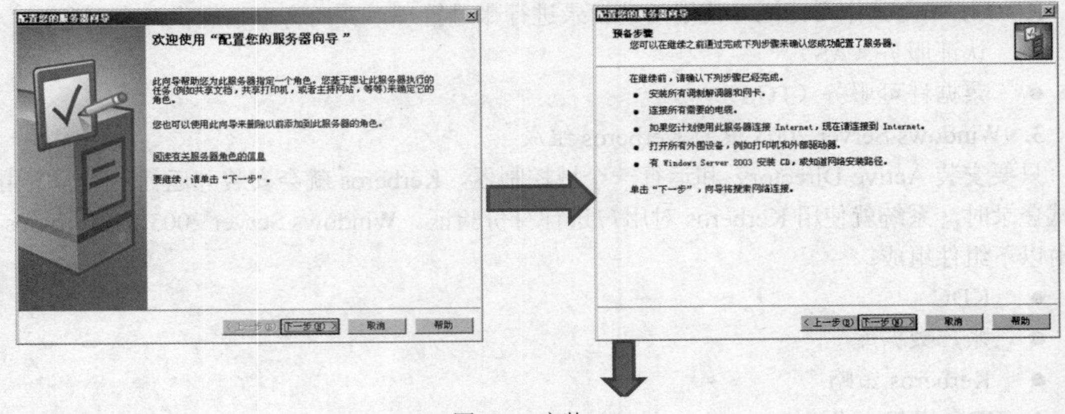

图 5-5　安装 AD

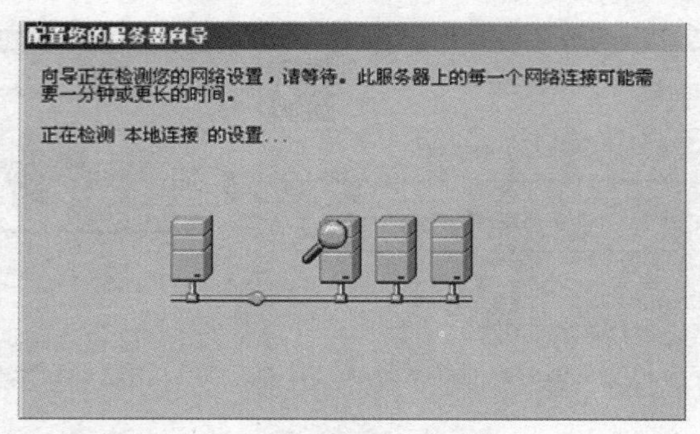

图 5-6　安装 AD（续图）

第三步：选择域控制器的安装，如图 5-7 所示。

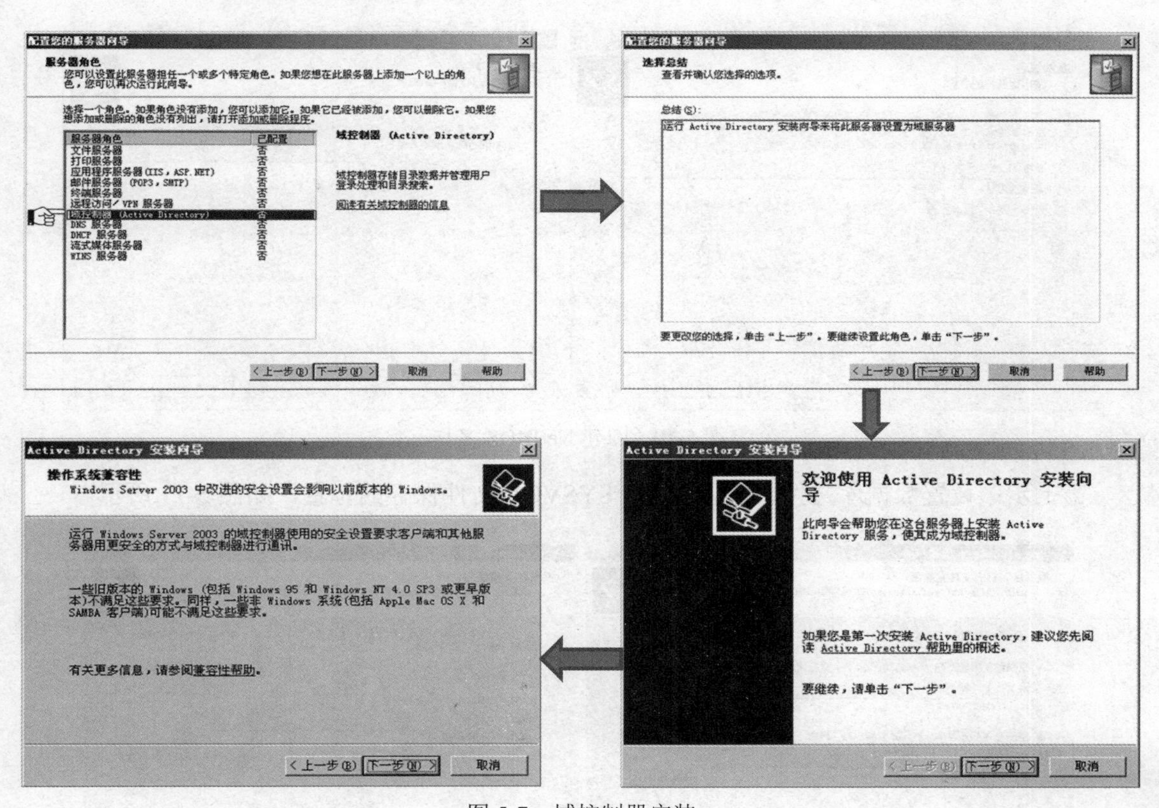

图 5-7　域控制器安装

第四步：选择新域的域控制器，如图 5-8 所示。

第五步：创建一个新林中的域，单击“下一步”按钮，如图 5-9 所示。

第六步：输入新域的名称为 wdh.local，单击“下一步”按钮，接着输入新域的 NetBIOS 的名称，并单击“下一步”按钮，如图 5-10 所示。

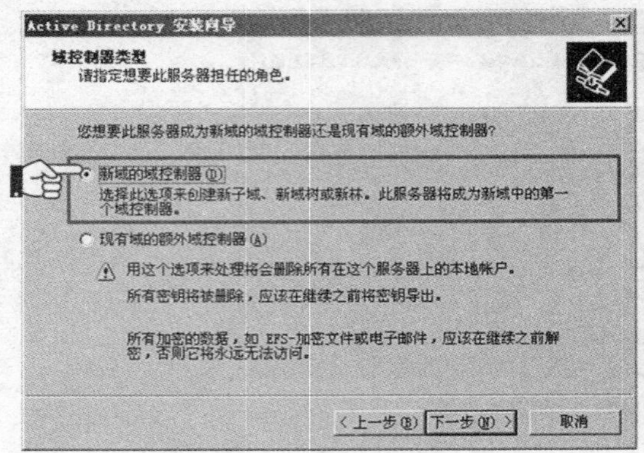

图 5-8 选择域控制器

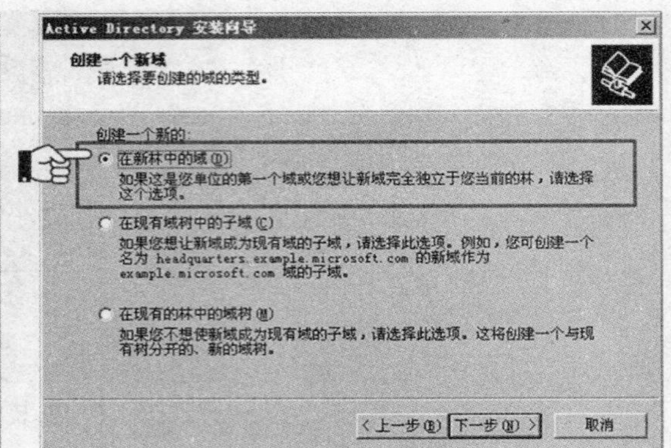

图 5-9 创建新域

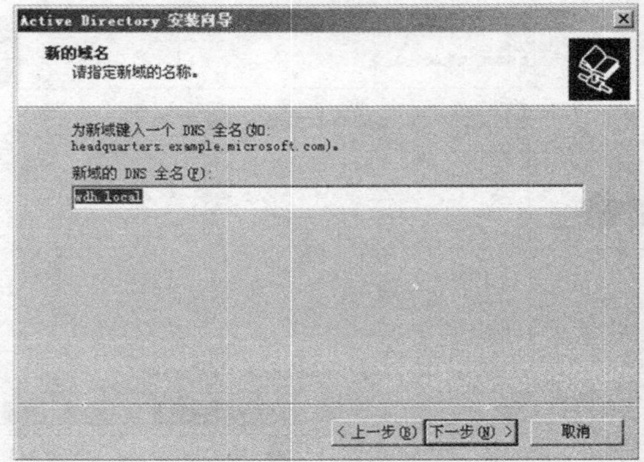

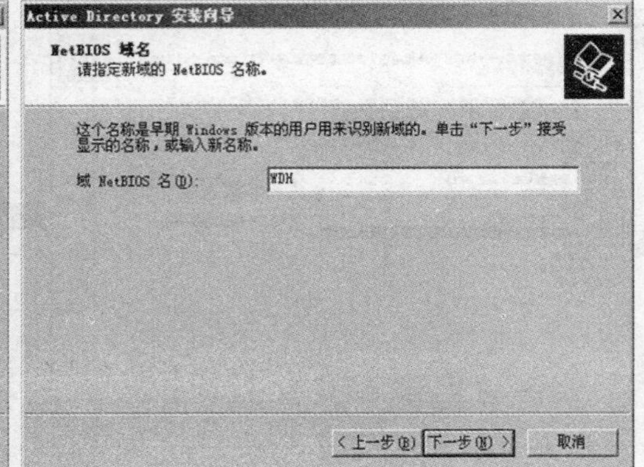

图 5-10 新建 NetBIOS 名称

第七步：设置数据库文件、日志文件、SYSVOL 文件保存的位置，如图 5-11 所示。

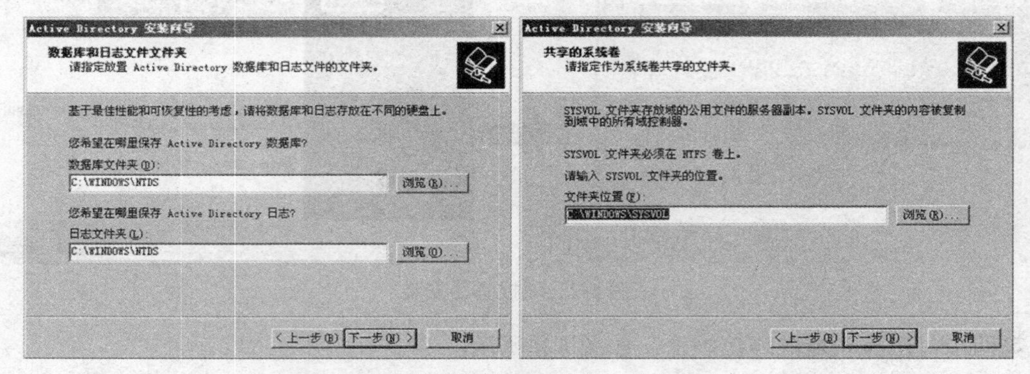

图 5-11 设置数据库和日志文件文件夹

第八步：在“DNS 注册诊断”中选择第二项，在用户与组对象权限上也选择第二项，如图 5-12 所示。

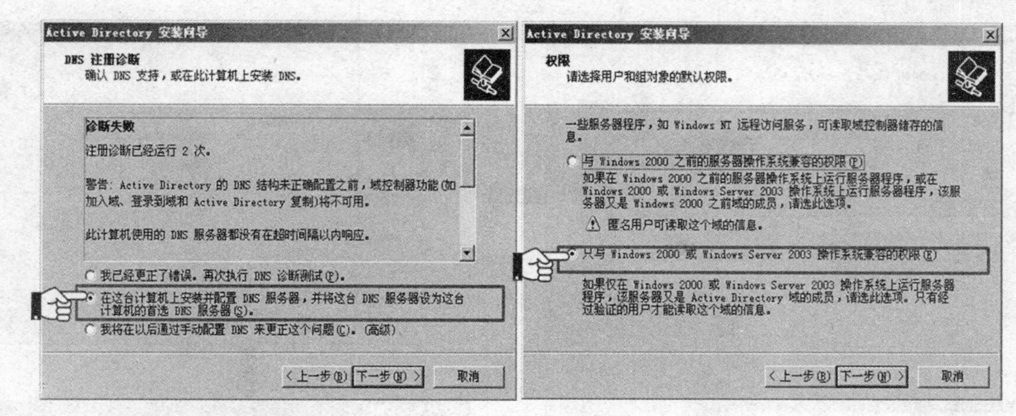

图 5-12　DNS 注册诊断

第九步：设置目录服务还原模式的密码，如图 5-13 所示。

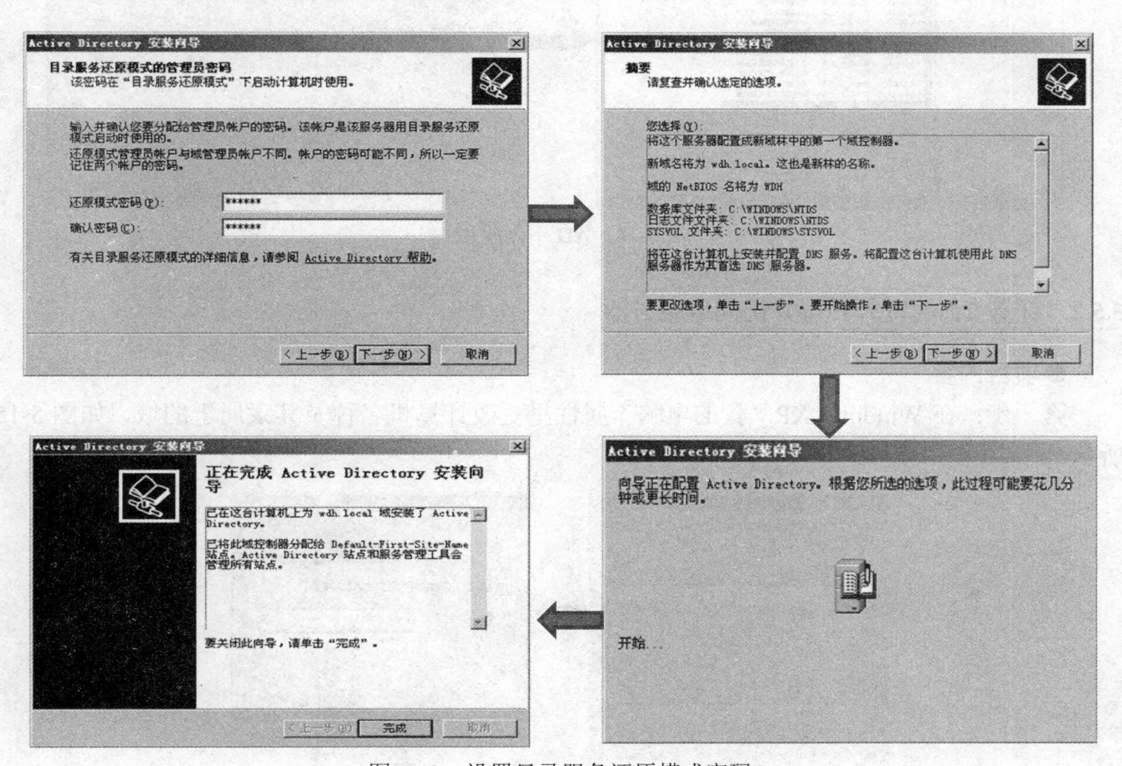

图 5-13　设置目录服务还原模式密码

第十步：接着在 AD 下创建用户，如图 5-14 所示。

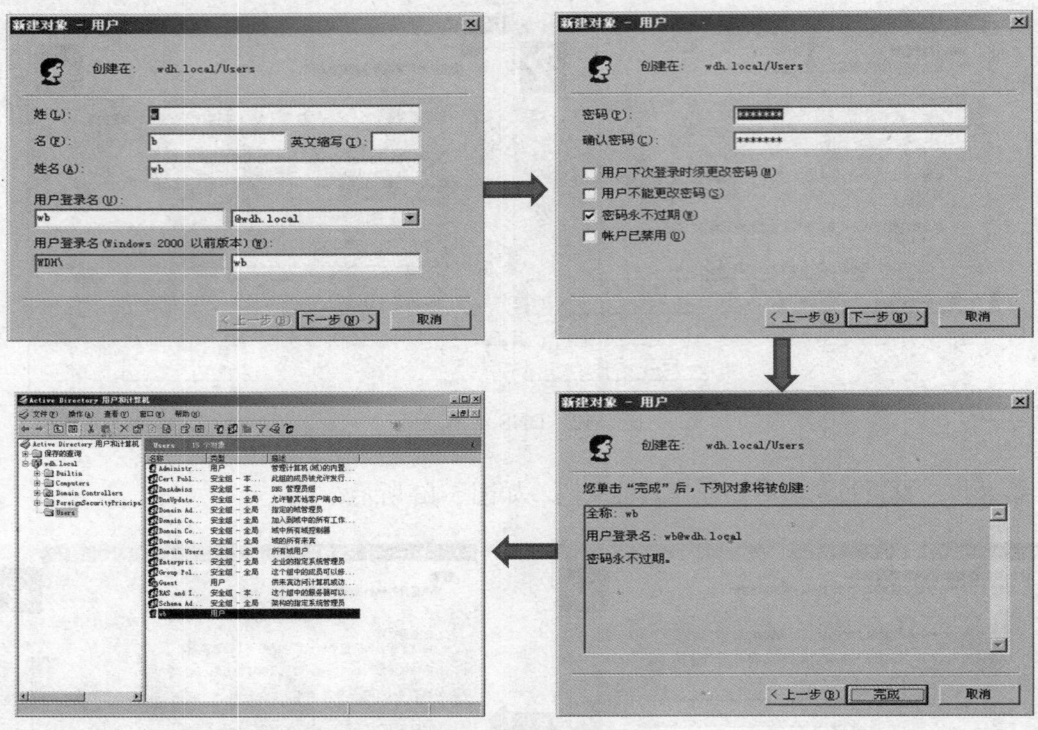

图 5-14　AD 下创建用户

5.5.2　任务 2：配置客户端并访问域服务器

●项目内容

第一步：在 Windows XP"我的电脑"属性里更改计算机名称及其隶属于的域，如图 5-15 所示。

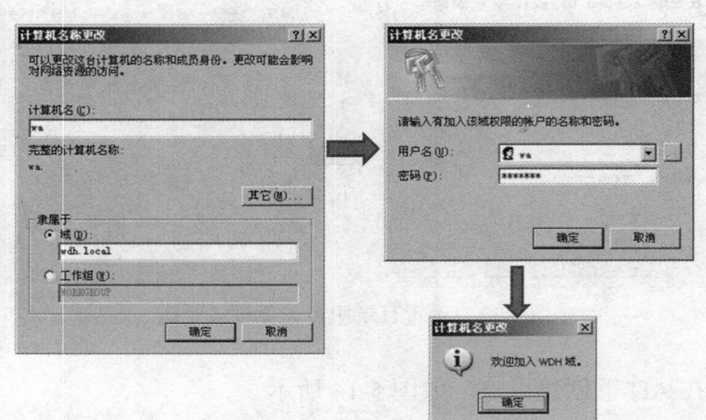

图 5-15　访问 WDH 域

第二步：成功后重启系统，在登录界面选择 WDH 域，如图 5-16 所示。

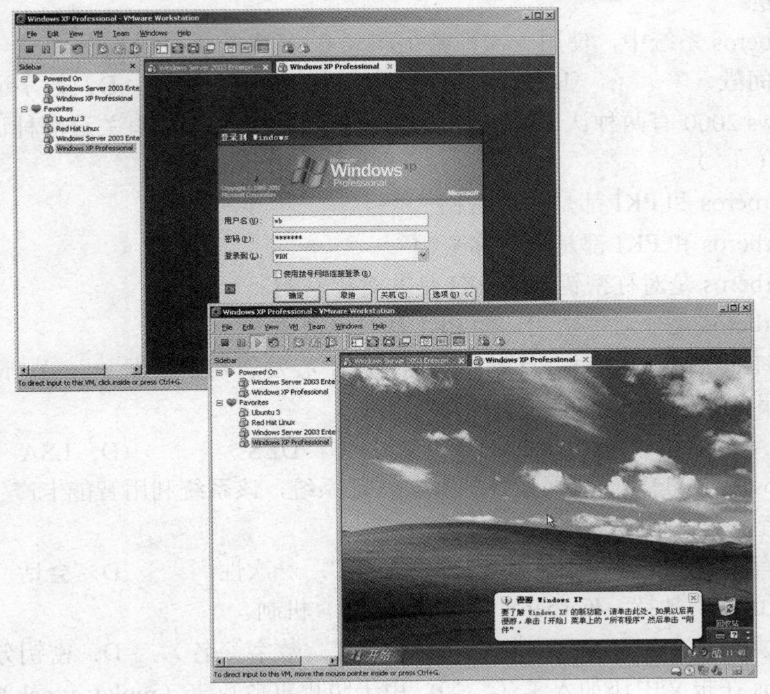

图 5-16　成功登录

第三步：登录域成功。域资源如图 5-17 所示。

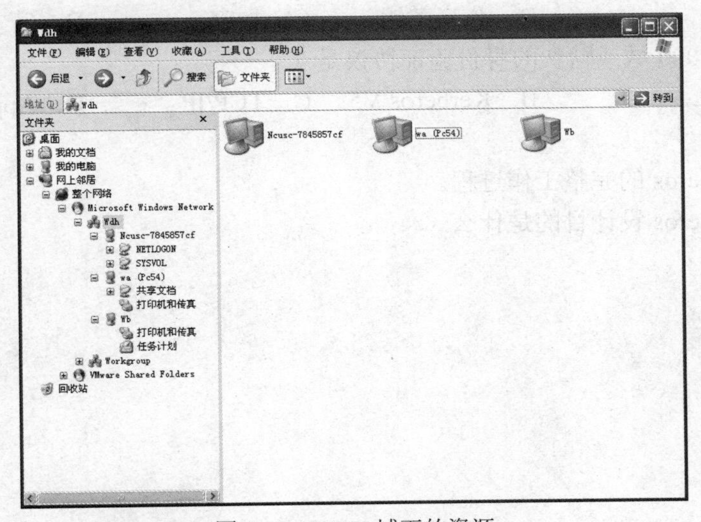

图 5-17　WDH 域下的资源

知识巩固

一、选择题

1．在 Kerberos 系统中，使用一次性密钥和（　　）来防止重放攻击。

A．时间戳　　B．数字签名　　C．序列号　　D．数字证书

2．Windows 2000 有两种认证协议，即 Kerberos 和 PKI，下面有关这两种认证协议的描述中，正确的是（　　）。

A．Kerberos 和 PKI 都是对称密钥

B．Kerberos 和 PKI 都是非对称密钥

C．Kerberos 是对称密钥，而 PKI 是非对称密钥

D．Kerberos 是非对称密钥，而 PKI 是对称密钥

3．在使用 Kerberos 认证时，首先向密钥分发中心发送初始票据（　　），请求一个会话票据，以便获取服务器提供的服务。

A．RSA　　B．TGT　　C．DES　　D．LSA

4．Kerberos 是 MIT 为校园网设计的身份认证系统，该系统利用智能卡产生（　　）密钥，可以防止窃听者捕获认证信息。

A．私有　　B．加密　　C．一次性　　D．会话

5．为了防止会话劫持，Kerberos 提供了（　　）机制。

A．连续加密　　B．报文认证　　C．数字签名　　D．密钥分发

6．Kerberos 在报文中还加入了（　　），用于防止重放攻击（replay attack）。

A．伪随机数　　B．时间标记　　C．私有密钥　　D．数字签名

7．Kerberos 是基于（　　）的认证协议。

A．私钥　　B．公享密钥　　C．加密　　D．密文

8．Window 2000 域或默认的身份验证协议是（　　）。

A．HTML　　B．Kerberos V5　　C．TCP/IP　　D．Apptalk

二、简答题

1．简述 Kerberos 的完整工作过程。

2．简述 Kerberos 设计目的是什么。

6

微软数字认证

本章导读：

本章主要介绍微软开发的数字证书测试工具集，并详细分析工具包中主要工具的使用原理与用途。

学习目标：

- 理解并掌握 Makecert 原理及工具应用
- 理解并掌握签名工具——SignCode 原理及工具应用
- 理解并掌握发行者证书管理工具——Cert2Spc 原理及工具应用
- 理解并掌握证书验证工具——Chktrust 原理及工具应用

引入案例

【案例一】微软更新 Windows 数字证书列表以打击黑客行为

http://www.enet.com.cn/security/　2013 年 01 月 04 日 17：01　来源：CNbeta

【文章摘要】微软公司为阻击已知的黑客攻击，快速响应并对其所支持的全部 Windows 版本做出更新。该公司今日发布了一则安全公告，宣布推出一个新版本的证书信任列表。该安全公告称，微软已经注意到，一个由 TURKTRUST 颁发的数字证书是欺诈性的。该消息指出：

"该欺诈性证书可被用于欺骗内容和钓鱼攻击，或执行'中间人'（man-in-the-middle）攻击。此问题会影响微软所有受支持版本的 Windows。"

此外，TURKTRUST 错误地颁布了两个子 CA，其可被用于创建 Google 主域名的一个虚假的数字证书，这也为黑客们对 Google 的 Web 服务进行类似的攻击敞开了大门。

“微软已经更新了它的证书信任列表”……其为所有受支持的 Windows 版本提供了一个更新，移除了可引发此问题的信任证书。设置了自动更新的电脑不需要做任何操作，但是对安装了 Windows XP 和 Windows Server 2003，且未设置自动更新的用户，也可以手动下载更新。

知识模块

6.1 微软数字证书工具

通过第 4 章对数字证书工作原理的学习，我们了解到在互联网技术和信息化迅速发展的今天，数字证书应用于各种需要身份认证的场合，为从事信息活动的实体间进行信息安全交互提供有力的保障。近两年，媒体也对网上银行和数字证书应用进行了全方面的调查，调查表明，百姓对数字证书还是很陌生，使用者相对于网上银行的用户更是寥寥无几，因而导致一些网上资金被盗事件。

公众对数字证书的不了解，原因主要有两个方面：一方面宣传力度不大，相关的培训还不到位；另一方面媒体舆论对数字证书的常识介绍相对甚少。买家对数字证书了解不深。截止 2011 年 12 月底中国上网人数已经超过 5 亿，但发放的电子认证证书只有 1200 多万张，说明电子商务中的电子认证工作刚处于起步阶段，绝大多数用户对电子认证还没有形成概念。中国金融认证中心对全国 10 个经济发达的城市进行的用户对网上银行态度调查结果显示，个人客户之中不了解的占 65%，大量用户仅使用用户密码来进行网上交易，客户中知道数字证书的约有 1/3 左右，而使用第三方数字证书的只有 3%。公众之所以担心数字证书的安全，原因有两点：一方面，曾有一段时间“网络钓鱼”、“网上诈骗”等事件弄得沸沸扬扬，混淆了公众的视听；另一方面，公众缺乏对数字证书安全保护措施的了解，缺乏对电子认证和数字证书的认知，绝大部分用户采用用户名/密码这种不安全手段。实际上，数字证书是世界上普遍采用的、安全性最好的安全手段。在电子支付、网上银行业务中发生的欺诈、盗窃案件，都是因为受害者没有使用交易安全的根本保障措施——数字证书。

为了让更多的人了解数字证书，微软开发出一套免费的制作数字证书的测试工具集，该工具集包含数字证书工具 Makecert，用于生成仅用于测试目的的 X.509 证书。发行者证书测试工具 Cert2spc，用于从一个或多个 X.509 证书创建发行者证书（SPC）。文件签名工具 SignCode，用于 Authenticode 数字签名对可移植的执行文件（PE）进行签名。设置注册表工具 Setreg，用于允许更改“软件发布状态”密钥的注册表设置。证书管理器工具 Certmgr，用于管理证书、证书信任列表（CTL）和证书吊销列表（CRL）。证书验证工具 Chktrust，用于检验签名证书的正确性。该工具集全部采用命令行执行，运用它可以轻松地做出属于当前用户自己的一套“数字签名”。

6.1.1 数字证书工具 Makecert 原理参数

Makecert 是微软研发出来用来创建数字证书的工具，生成的证书符合 X.509 证书规范。该工具首先创建公钥私钥密钥对，并与指定发行者的名称相关联同时保存于数字证书中。Makecert 包含基本选项和扩展选项。基本选项是最常用于创建证书的选项。扩展选项提供更多的灵活性。其调用格式如下：

```
Makecert [options] outputCertificateFile
```

其中 options 为选项部分，outputCertificateFile 为新创建的 X.509 证书的证书名。

如表 6-1、表 6-2 所示分别为基本选项与扩展选项参数说明。

表 6-1　基本选项参数说明

基本选项	说明
-n x509name	指定主题的证书名称。此名称必须符合 X.500 标准。最简单的方法是在双引号中指定此名称，并加上前缀 CN=；例如，"CN=*myName*"
-pe	将生成的私钥标记为可导出。这样可将私钥包括在证书中
-sk keyname	指定主题的密钥容器位置，该位置包含私钥。如果密钥容器不存在，系统将创建一个
-sr location	指定主题的证书存储位置。*location* 可以是 currentuser（默认值）或 localmachine。currentuser 为当前个人用户区，其他用户登录系统后则看不到该证书
-ss store	指定主题的证书存储名称，输出证书即存储在那里
-# number	指定一个介于 1～2,147,483,647 之间的序列号。默认值是由 Makecert 生成的唯一值
-$ authority	指定证书的签名权限，必须设置为 commercial（对于商业软件发行者使用的证书，指明商业使用）或 individual（对于个人软件发行者使用的证书）
-?	显示此工具的命令语法和基本选项列表
-!	显示此工具的命令语法和扩展选项列表

表 6-2　扩展选项参数说明

扩展选项	说明
-a algorithm	指定签名算法。必须是 md5（默认值）或 sha1
-b mm/dd/yyyy	指定有效期的开始时间。默认为证书的创建日期

续表

扩展选项	说明
-cy certType	指定证书类型。有效值是 end（对于最终实体）和 authority（对于证书颁发机构）
-d name	显示主题的名称
-e mm/dd/yyyy	指定有效期的结束时间。默认为 12/31/2039 11:59:59 GMT
-eku oid[,oid]	将用逗号分隔的增强型密钥用对象标识符（OID）列表插入到证书中
-h number	指定此证书下面的树的最大高度
-ic file	指定颁发者的证书文件
-ik keyName	指定颁发者的密钥容器名称
-iky keytype	指定颁发者的密钥类型，必须是 signature、exchange 或一个表示提供程序类型的整数。默认情况下，可传入 1 表示交换密钥，传入 2 表示签名密钥
-in name	指定颁发者的证书公用名称
-ip provider	指定颁发者的 CryptoAPI 提供程序名称
-ir location	指定颁发者的证书存储位置。*location* 可以是 CurrentUser（默认值）或 LocalMachine
-is store	指定颁发者的证书存储名称
-iv pvkFile	指定颁发者的 .pvk 私钥文件
-iy pvkFile	指定颁发者的 CryptoAPI 提供程序类型
-l link	到策略信息的链接（例如，一个 URL）
-m number	以月为单位指定证书有效期的持续时间
-nscp	包括 Netscape 客户端身份验证扩展
-r	创建自签署证书（也就是自签名证书，发行者与证书所有者为同一人）
-sc file	指定主题的证书文件
-sky keytype	指定主题的密钥类型，必须是 signature、exchange 或一个表示提供程序类型的整数。默认情况下，可传入 1 表示交换密钥，传入 2 表示签名密钥
-sp provider	指定主题的 CryptoAPI 提供程序名称
-sv pvkFile	指定主题的 .pvk 私钥文件。如果该文件不存在，系统将创建一个
-sy type	指定主题的 CryptoAPI 提供程序类型

6.1.2 Makecert 工具的应用

1. 数字证书的管理

Makecert 命令生成的证书被保存在证书存储区。证书存储区是系统中一个特殊区域，专门用来保存 X.509 数字证书。由于 Windows 没有提供直接的管理证书的入口。需要用户自行在 MMC 中添加，步骤如下：

可以在 MMC 的证书管理单元中对证书存储区进行管理。

- “开始”→“运行”→MMC，打开一个空的 MMC 控制台，如图 6-1 所示。
- 在控制台菜单如下操作：“文件”→“添加/删除管理单元”→“添加按钮”→选“证书”→“添加”→选“我的用户账户”→“关闭”→“确定”。
- 在控制台菜单如下操作：“文件”→“添加/删除管理单元”→“添加按钮”→选“证书”→“添加”→选“计算机账户”→“关闭”→“确定”。

完成后，如图 6-1 所示在 MMC 控制台中有两个 MMC 管理单元。

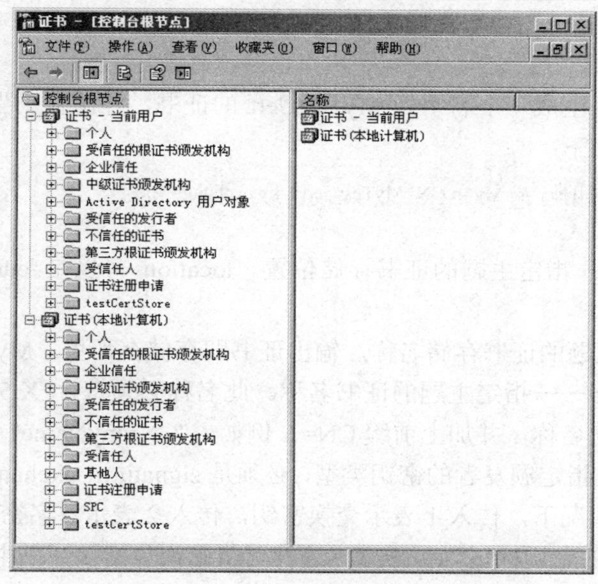

图 6-1　证书管理

添加完证书管理单元后可以保存一下这个 MMC 控制台的设置，方便以后再次使用。在“文件”菜单中选“保存”，比如可以保存为“证书.msc”。

这两个管理单元分别对应证书的两类存储位置：

- 当前用户（CurrentUser）——当前用户使用的 X.509 证书存储区。
- 本地计算机（LocalMachine）——分配给本地计算机的 X.509 证书存储区。

每个存储位置下面的子目录代表证书的存储区，通常预设了如表 6-3 所示的存储区。

表 6-3　证书存储区

目录名称	注释
AddressBook	其他用户的 X.509 证书存储区
AuthRoot	第三方证书颁发机构（CA）的 X.509 证书存储区
CertificateAuthority	中间证书颁发机构（CA）的 X.509 证书存储区
Disallowed	吊销的证书的 X.509 证书存储区

续表

目录名称	注释
My	个人证书的 X.509 证书存储区
Root	受信任的根证书颁发机构（CA）的 X.509 证书存储区
TrustedPeople	直接受信任的人和资源的 X.509 证书存储区
TrustedPublisher	直接受信任的发行者的 X.509 证书存储区

2. 数字证书的生成

使用下面这个命令生成一个名字为 MyTestCert 的证书，并保存到当前用户的个人证书存储区中。其调用格式如下：

```
makecert -sr CurrentUser -ss My -n CN=MyTestCert -sky exchange –pe
```

参数说明：

-sr CurrentUser——指定主题的证书存储位置。location 可以是 currentuser（默认值）或 localmachine。

-ss My——指定主题的证书存储名称，输出证书即存储在那里。My 表示保存在“个人”。

-n CN=MyTestCert——指定主题的证书名称。此名称必须符合 X.500 标准。最简单的方法是在双引号中指定此名称，并加上前缀 CN=。例如，"CN=myName"。

-sky exchange——指定颁发者的密钥类型，必须是 signature、exchange 或一个表示提供程序类型的整数。默认情况下，传入 1 表示交换密钥，传入 2 表示签名密钥。

-pe——将所生成的私钥标记为可导出。这样可将私钥包括在证书中。

3. 数字证书的保存模式

使用 Makecert 生成的证书主要包含以下几种文件格式：

- 私钥型证书：该证书格式由 PKCS#12（Public Key Cryptography Standards #12）标准定义，包含公钥和私钥的二进制格式的证书形式，证书文件后缀名为.pfx。
- 二进制编码型证书：该证书格式中不包含私钥，证书文件后缀名为.cer。
- Base64 编码型证书：该证书格式中不包含私钥，证书文件后缀名为.cer。

4. 数字证书的导入

为了方便管理，需要把外部数字证书导入存储区中。首先对需要导入的证书文件 pfx 或者 cer 格式的证书，右键单击（这里以上面用 Makecert 生成的 MyTestCert 证书为例），选择“安装”，进入证书导入向导，如图 6-2 所示。

单击“下一步”按钮，显示要导入证书文件的路径，确认即可，再单击“下一步”按钮。如果是导入 pfx 格式含有私钥的证书，需要提供密码，如图 6-3 所示。

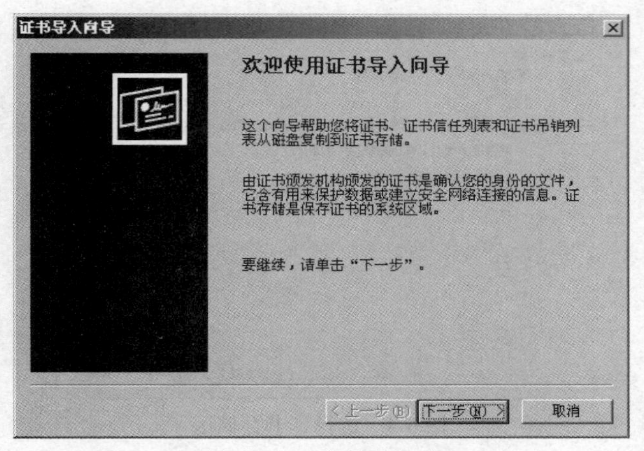

图 6-2　证书导入向导

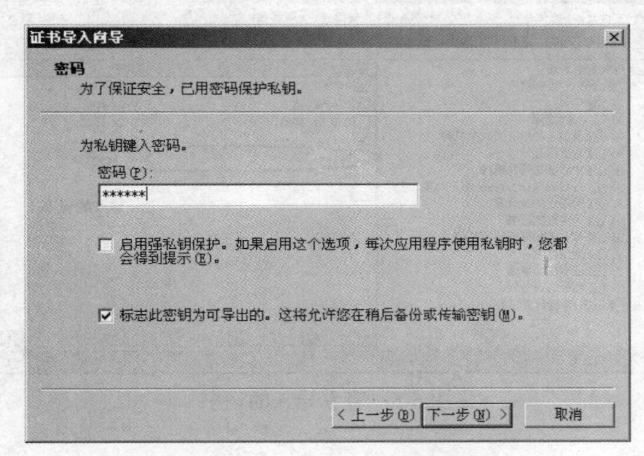

图 6-3　导入 pfx 证书时需要密码

pfx 证书含有私钥，在保存为证书文件时需要设置私钥密码，以保护私钥的安全，所以这一步需要提供保存证书时设置的私钥密钥。如果选择了“标志此密钥为可导出的”，导入到证书存储区以后还能导出含有私钥的证书，否则只能导出不含私钥的证书。

再单击“下一步”按钮，如图 6-4 所示，如果是导入 cer 证书，导入向导开始后就直接到了这一步。

可以根据证书的类型自动存放到合适的区域，也可以自己选择存储区，一般选个人存储区。导入完成，查看证书管理中可以发现证书已经导入，如图 6-5 所示。

双击这个 MyTestCert 证书，如图 6-6 所示。这是证书的具体信息，可以看见这个证书包含私钥。如果导入的是 cer 证书，则证书中不含有私钥，那么这里不会显示有相应的私钥。

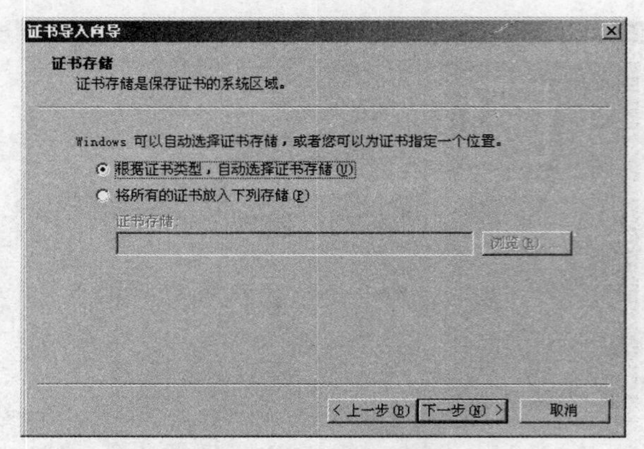

图 6-4　选择证书存储区

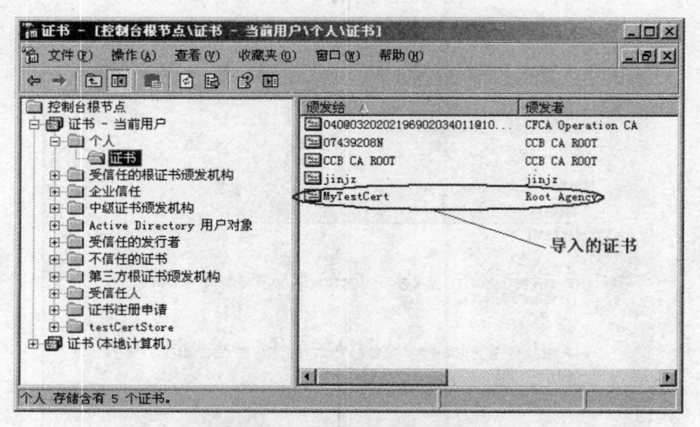

图 6-5　查看导入的证书

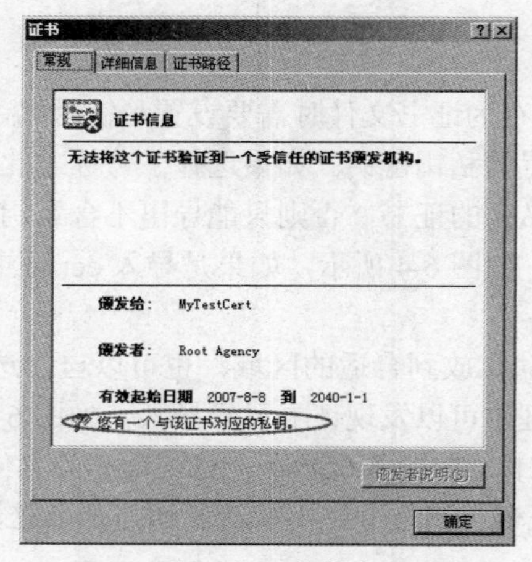

图 6-6　证书信息

5. 数字证书的导出

为了方便传递以及携带数字证书，需要把导入到证书存储区的证书再导出为证书文件。主要包含以下几个步骤：

首先在 MyTestCert 证书上右击→“所有任务”→“导出”，证书导出向导运行，如图 6-7 所示。

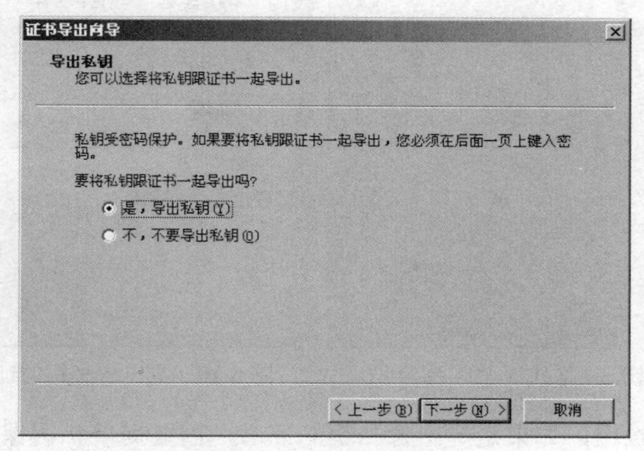

图 6-7　证书导出向导

这里要导出的 MyTestCert 证书是含有私钥的证书，所以向导首先要求选择导出的证书是否连同私钥一同导出。如果选择“是，导出私钥”，如图 6-8 所示。

则选择导出含私钥的证书生成为 pfx 格式的证书。如图 6-8 所示是导出 pfx 证书的选项。

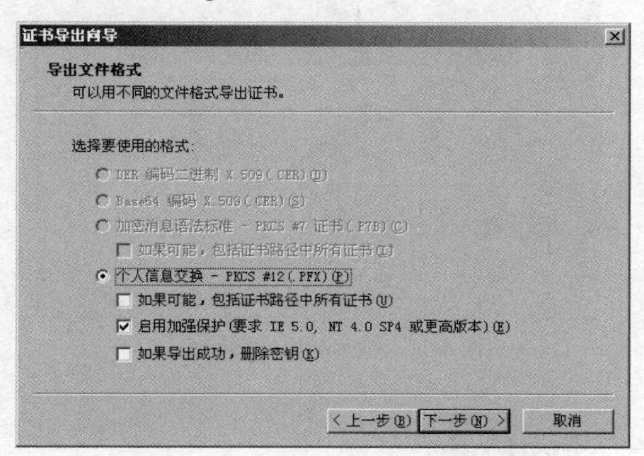

图 6-8　含私钥 pfx 格式证书的选项

如果选择了“不，不要导出私钥”或者选择导出的证书本身就不含有私钥，那么这一步只能选不含私钥的证书格式（导入私钥的选项是暗的），如图 6-9 所示。这里是导出不含私钥证书的选项，一般导出的证书为 cer 证书。

接着输入确认密码，如图 6-10 所示。

- DER 编码，就是导出的证书是以二进制格式存储的证书。
- Base64 编码，就是把证书的二进制编码转成 Base64 的编码后存储的证书。

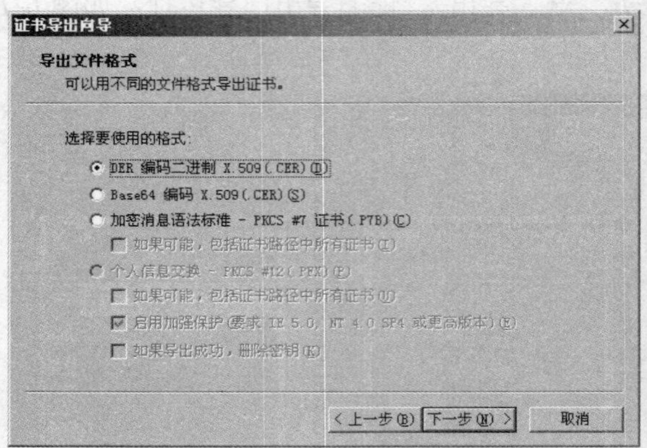

图 6-9　不含私钥 cer 格式证书选项

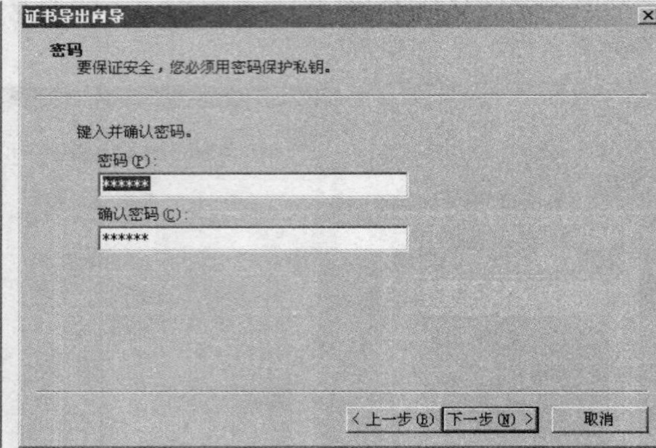

图 6-10　导出含私钥的证书需要私钥保护密码

单击“下一步”按钮，如果是导出含私钥的证书，需要提供私钥保护密码。

单击“下一步”按钮，提供证书文件的路径，作为最终证书在硬盘中的存储位置，如图 6-11 所示。

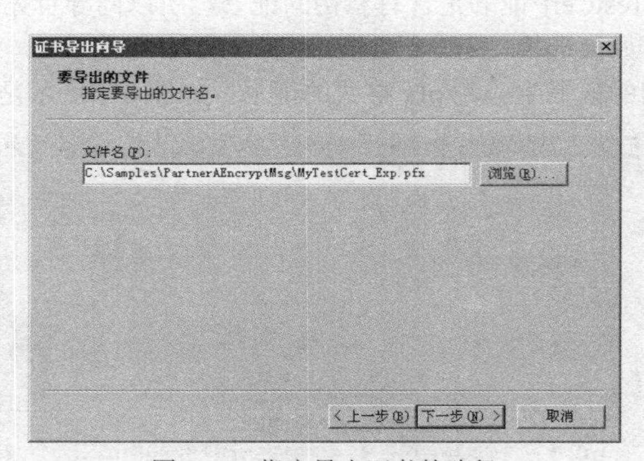

图 6-11　指定导出证书的路径

6.2　签名工具——SignCode

6.2.1　签名工具 SignCode 原理参数

应用数字签名工具 SignCode 可以对可移植可执行（PE）文件如.dll 或.exe 文件进行数字

签名，还可以对多文件程序集中包含的某个程序集或个别的文件进行签名。与其他工具不一样，微软工具集提供的 SignCode 采用图形用户界面。SignCode 的参数包含基本选项。其调用格式如下：

```
Signcode [options] filename | assemblyname,
```

如表 6-4 所示为 SignCode 的相关参数说明。

表 6-4　参数说明

参数	说明
filename	要签名的 PE 文件的名称
assemblyname	要签名的程序集的名称。此文件必须包含程序集清单
-$ authority	指定证书的签名权限，必须为 individual 或 commercial。默认情况下，SignCode 使用证书的最高权限
-a algorithm	指定签名的哈希算法，必须为 md5（默认值）或 sha1
-c file	指定包含编码软件发布证书的文件
-cn name	指定证书的公共名
-I info	指定获得有关内容的更多信息的位置（通常为 URL）
-j dllName	指定一个 DLL 的名称，该 DLL 返回用于创建文件签名的已验证属性数组。通过重复 -j 选项可以指定多个 DLL
-jp param	指定为前述 DLL 传递的参数。例如：-j *dll1* -jp *dll1Param*。此工具只允许每个 DLL 有一个参数
-k keyname	指定密钥容器名
-ky keytype	指定密钥类型，必须为 signature、exchange 或一个整数（如 4）
-n name	指定表示要签名的文件内容的文本名称
-p provider	指定系统上的加密提供程序的名称
-r location	指定注册表中证书存储区的位置，必须为 CurrentUser（默认值）或 LocalMachine
-s store	指定包含签名证书的证书存储区。默认为 my 存储区
-sha1 thumbprint	指定 *thumbprint*，它是包含在证书存储区中的签名证书的 sha1 哈希
-sp policy	设置证书存储区策略，必须为 spcStore（默认值）或 chain。如果指定 chain，则验证链中的所有证书（包括自签署证书）都将被添加到签名中；如果指定 spcStore，则受信任的自签署证书将不与验证链中添加到签名的证书包括在一起
-spc file	指定包含软件发布证书的 SPC 文件
-t URL	指示位于指定 Http 地址的时间戳服务器将为该文件创建时间戳
-tr number	指定成功前试验时间戳的最多次数，默认为 1
-tw number	指定两次时间戳试验之间的延迟（以秒为单位），默认为 0
-v pvkFile	指定包含私钥的私钥（.pvk）文件名

续表

参数	说明
-x	为文件创建时间戳，但不创建签名
-y type	指定要使用的加密提供程序类型。 加密提供程序中实现了加密标准和算法。有关默认提供程序类型的列表，请参见 Platform SDK 中的“Microsoft 加密服务提供程序”
-?	显示该工具的命令语法和选项

6.2.2 SignCode 工具应用

SignCode 工具主要用于数字签名，运用 SignCode 工具进行数字签名时，主要包含两个步骤：

1. 制作数字证书

本次使用 Makecert 的命令如下：

```
Makecert -sv xuemei.pvk -n "CN=计算机学院" -ss My -r -b 01/01/1900 -e 01/01/2015 dream.cer
```

其中的参数说明如表 6-5 所示。

表 6-5 参数说明

参数	说明
-sv xuemei.pvk	生成一个私钥文件 xuemei.pvk
-n "CN=计算机学院"	其中的“计算机学院”就是签名中显示的证书所有人的名字
-ss My	指定生成后的证书保存在个人证书中
-r	证书是自己颁发给自己的
-b 01/01/1900	指定证书有效期的起始日期
-e 01/01/2015	指定证书有效期的终止日期
dream.cer	生成的证书文件

最终生成两个文件：xuemei.pvk、dream.cer。然后调用 Cert2spc 工具转换 dream.cer 文件格式为 dream.spc，调用格式如下：

```
D:\Makecert>CERT2SPC DREAM.CER DREAM.SPC Succeeded
```

2. 使用 SignCode 进行签名

（1）运行 SignCode——启动签名向导，目前要对 TestSign.cab 进行数字签名，如图 6-12 所示。

（2）单击“下一步”按钮后，如图 6-13 所示，会要求您选择“签名类型”，直接单击“下一步”即可，即选择默认的“典型”签名类型。

（3）如图 6-14 所示，单击“从存储区选择”按钮，则会显示您的电脑证书存储区的所有证书，包括存储在电脑和 USB Key 中的所有数字证书，选择您的签名证书即可。

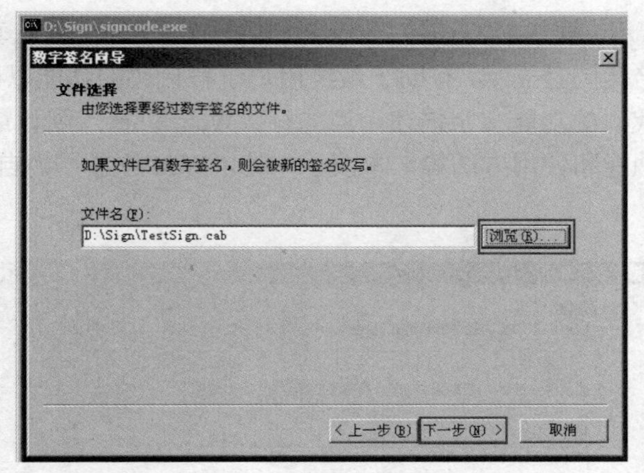

图 6-12　选择数字签名程序

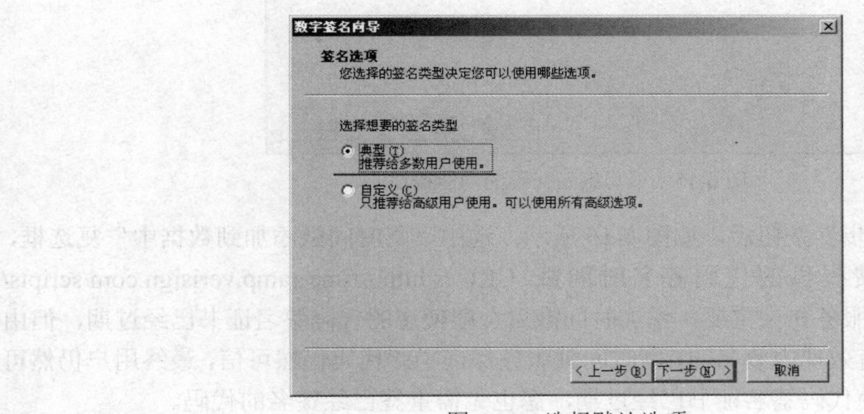

图 6-13　选择默认选项

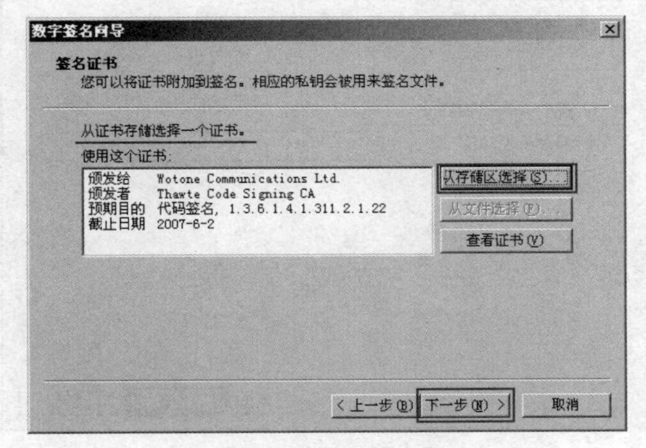

图 6-14　选择指定的数字证书

（4）如图 6-15 所示，要求填写该签名代码的功能描述，一定要认真填写，因为此信息将会在最终用户下载签名代码时显示，有助于最终用户了解代码的功能以确定是否下载安装。第一行“描述”是指此代码的功能文字描述，第二行“Web 位置”则让最终用户单击文字描述来详细了解此代码的功能和使用方法等，本演示中的“Web 位置”为自动升级 Windows 根证书的页面。

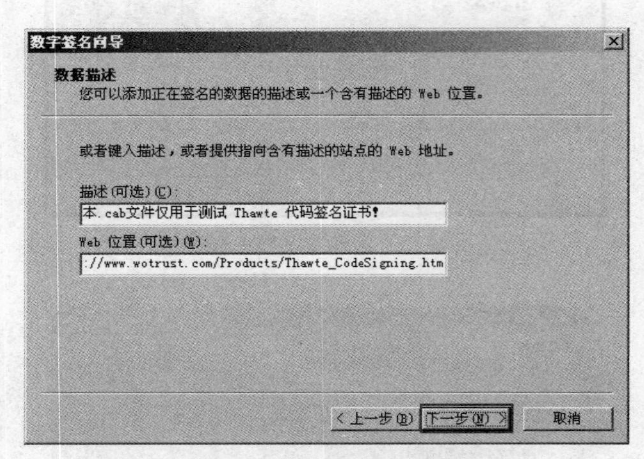

图 6-15　填写签名代码的功能描述

（5）单击“下一步”按钮后，如图 6-16 所示，选中“将时间戳添加到数据中”复选框，请使用 VeriSign 免费提供的代码签名时间戳 URL：http://timestamp.verisign.com/scripts/timestamp.dll。时间戳服务非常重要，添加时间戳后，即使您的代码签名证书已经过期，但由于您的代码是在证书有效期内签名的，则时间戳服务保证了此代码仍然可信，最终用户仍然可以放心下载，使得即使代码签名证书已经过期，您也无需重签已经签名的代码。

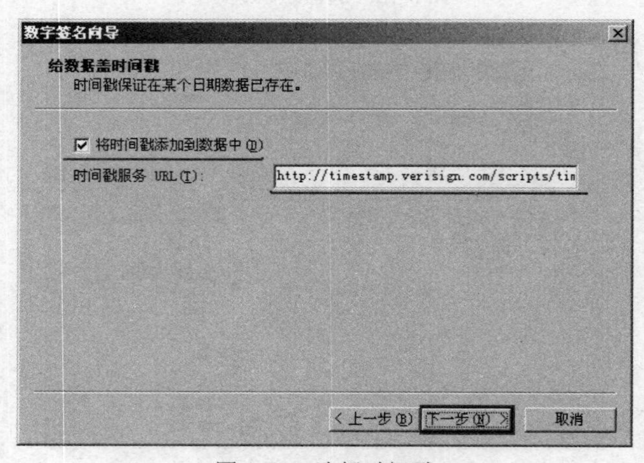

图 6-16　选择时间戳

（6）单击"下一步"按钮后，如图 6-17 所示，会提示已经完成数字签名向导，单击"完成"按钮就完成了中文版代码签名证书的代码签名。

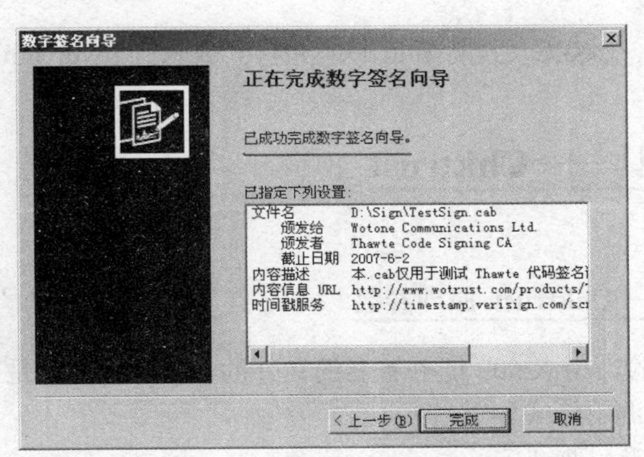

图 6-17　完成数字签名

6.3　发行者证书管理工具——Cert2spc

6.3.1　发行者证书管理工具——Cert2spc 原理参数

发行者证书测试工具 Cert2spc 通过一个或多个 X.509 证书创建发行者证书（SPC）。其调用格式如下：

```
Cert2spc cert1.cer | crl1.crl [... certN.cer | crlN.crl] outputSPCfile.spc
```

参数说明，如表 6-6 所示。

表 6-6　参数说明

参数	说明
certN.cer	要包含在 SPC 文件中的 X.509 证书的名称。可以指定多个以空格分隔的名称
crlN.crl	要包含在 SPC 文件中的证书吊销列表的名称。可以指定多个以空格分隔的名称
outputSPCfile.spc	将要包含 X.509 证书的 PKCS #7 对象的名称

6.3.2　Cert2spc 工具应用

1．Cert2spc 工具调用

进入类 DOS 下，进入工具包的安装目录中，如下所示：创建 Dream.cer 509 证书的 SPC（发行者证书），并把 Dream.cer 证书放入其中。

```
D:\Makecert>Cert2spc Dream.cer Dream.spc succeeded
```

2. 真实范例

```
Cert2spc dream.cer mydream.spc
```

调用说明：

从 dream.cer 创建一个 SPC（发行者证书）并将其放入到 mydream.spc。

6.4 证书验证工具——Chktrust

6.4.1 证书验证工具——Chktrust 原理参数

Chktrust 工具用于验证用 X.509 证书签名的文件的有效性，也就是可以使用 Chktrust 来查验已经签名的代码。其调用格式如下：

```
Chktrust    已经签过名的应用程序
```

下面以我们前面签过名的程序 TestSign.cab 为例，验证签名。

6.4.2 Chktrust 工具应用

1. 调用 Chktrust 工具

首先进入 DOS 命令提示符，并进入已经签名的文件所在目录（如：d:\sign\testSign.cab），键入命令：Chktrust testsign.cab，则会显示实际应用时在 IE 浏览器下载页面的情况，如图 6-18 所示，第 1 行红线下划线部分就是时间戳记录的签名时的本地时间，请注意：此时间不是取签名电脑的时间，而是 VeriSign 提供时间戳服务的服务器计算出来的签名电脑设置的所在时区的本地时间。第 1 行蓝色下划线文字就是 Signcode 工具应用中第 4 步所输入的描述文字，单击此蓝色文字就可以访问在第 8 步中输入的 Web 描述页面。第 2 行蓝色下划线文字则为该代码的发行者，也就是代码签名证书的申请者（拥有者）（如 Wotone Communications Ltd），单击可以查看证书的详细信息；第 2 行红色下划线部分显示“发行商可靠性由 Thawte Code Signing CA 验证”就是此代码签名证书的证书颁发者。

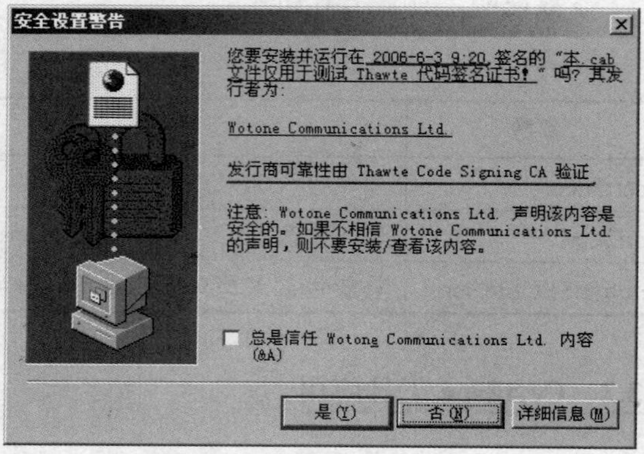

图 6-18　签名验证

2. 验证签名信息是否正确

单击“是”按钮，则会提示“testsign.cab: succeeded”，表示代码 testsign.cab 签名验证有效，这样才能放到网站上。

学习项目

6.5 项目一 数字证书构建工具 Makecert 的应用

6.5.1 任务 1：Makecert 证书构建

实验目的：理解并掌握 Makecert 工具如何创建数字证书。

实验环境：装有 Windows XP 及以上操作系统的计算机，计算机需要接入 Internet；微软数字证书工具包。

●项目导读

1. Makecert 的功能

Makecert 证书创建工具生成仅用于测试目的的 X.509 证书。它创建用于数字签名的公钥和私钥对，并将其存储在证书文件中。此工具还将密钥对与指定发行者的名称相关联，并创建一个 X.509 证书，该证书将用户指定的名称绑定到密钥对的公共部分。

2. Makecert 的参数说明

进入类 DOS 下，其调用格式如下：

```
Makecert [options] outputCertificatefile
```

其中 options 为选项部分，outputCertificatefile 为新创建的 X.509 证书的证书名。Makecert 相关参数说明请参阅表 6-1、表 6-2 所示。

●项目内容

第一步：进入类 DOS 下，调用 Makecert，输入命令，新建数字证书，格式如下：

```
Makecert -sv lxmcert.pvk –n "CN=计算机学院" -sr currentuser -ss lxmtestCertStore lxmcert.cer –e 03/1/2013 12:00:59 GMT
```

数字证书成功建立的过程如图 6-19 所示。

图 6-19 调用 Makecert 命令生成数字证书

第二步：生成的证书及私钥，保存在与工具 Makecert 相同的盘符下，如图 6-20 所示。

第三步：进入证书控制台，查看保存在证书存储区中的证书，如图 6-21 所示。

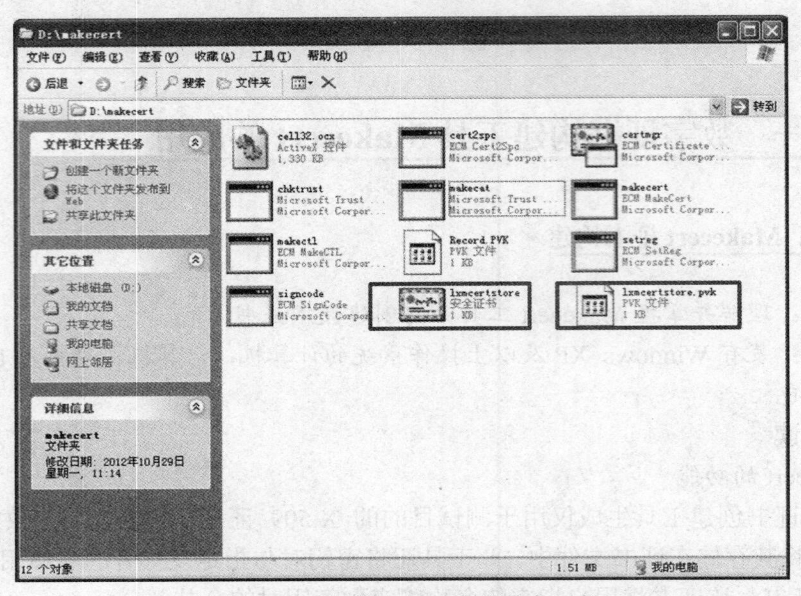

图 6-20 运用 Makecert 生成数字证书

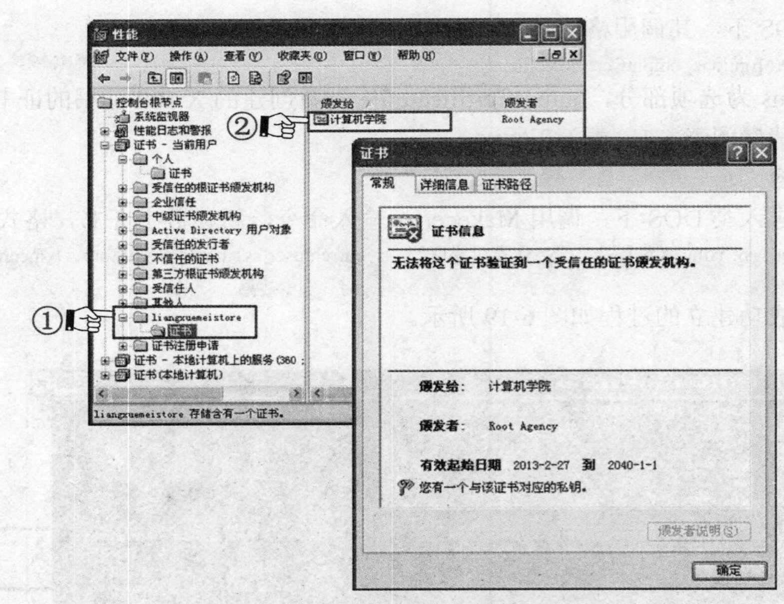

图 6-21 证书控制台

6.5.2 任务 2：Makecert 证书导入与导出

实验目的：理解并掌握数字证书导入与导出。

实验环境：装有 Windows XP 及以上操作系统的计算机，计算机需要接入 Internet；微软数字证书工具包。

●项目内容

第一步：获取证书，可以从网上下载证书，也可以通过其他途径获取他人的证书，假设从网上下载得到一证书：lxmcerstore.cer，该证书保存路径为 D:\makecert\下，首先打开证书，如图 6-22 所示。

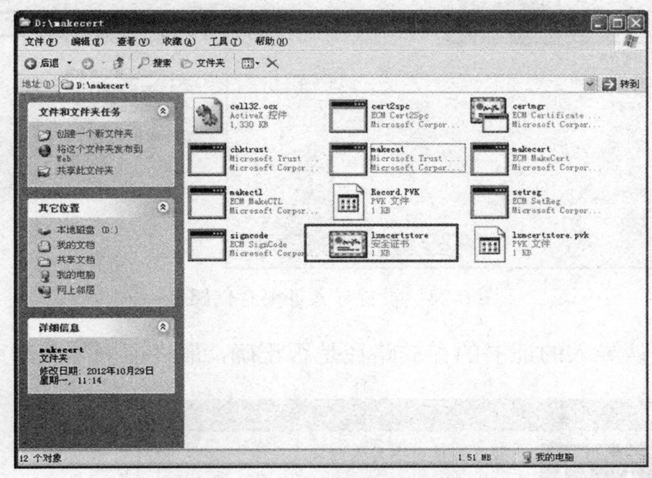

图 6-22　本地证书信息

第二步：双击证书打开如图 6-23 所示界面，单击“安装证书”按钮，进入“证书导入向导”界面。

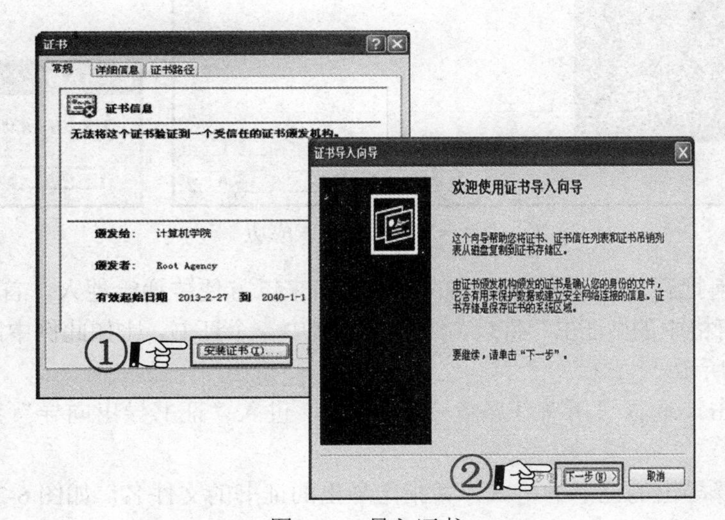

图 6-23　导入证书

6 Chapter

第三步：单击“下一步”按钮，设置导入的证书存放于证书容器中的哪个目录下。选择“个人”目录，如图 6-24 所示。

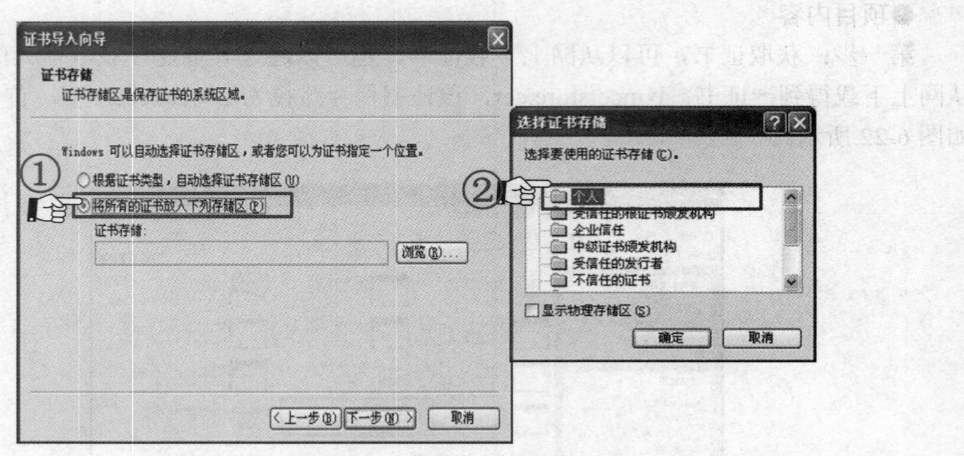

图 6-24　设置导入证书存储路径

第四步：最后确认导入的证书的存放路径是否正确，最终证书导入结束，如图 6-25 所示。

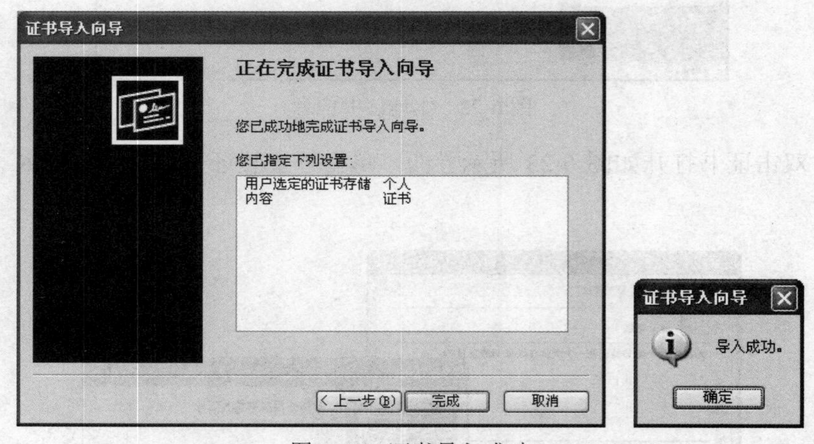

图 6-25　证书导入成功

第五步：如何把存放在证书容器中的证书导出来以方便传递给他人。首先进入证书管理平台。选中左侧窗格中的“证书”目录，然后选中其中一个证书，比如此例中的“计算机学院”证书，如图 6-26 所示。

第六步：右击，选择“所有任务”→“导出”，进入“证书导出向导”界面，如图 6-27 所示。

第七步：选择导出的证书的格式，并指定导出的证书的文件名，如图 6-28 所示。

第八步：完成证书导出，如图 6-29 所示。

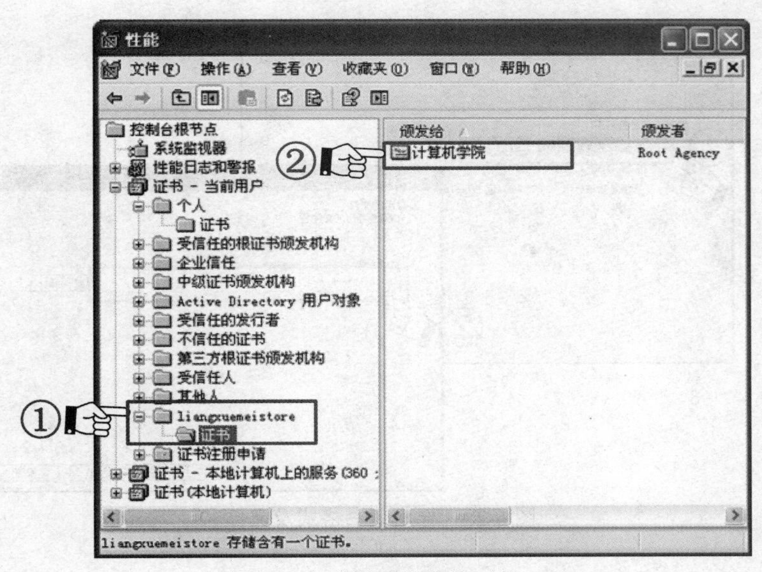

图 6-26　选择要导出的证书

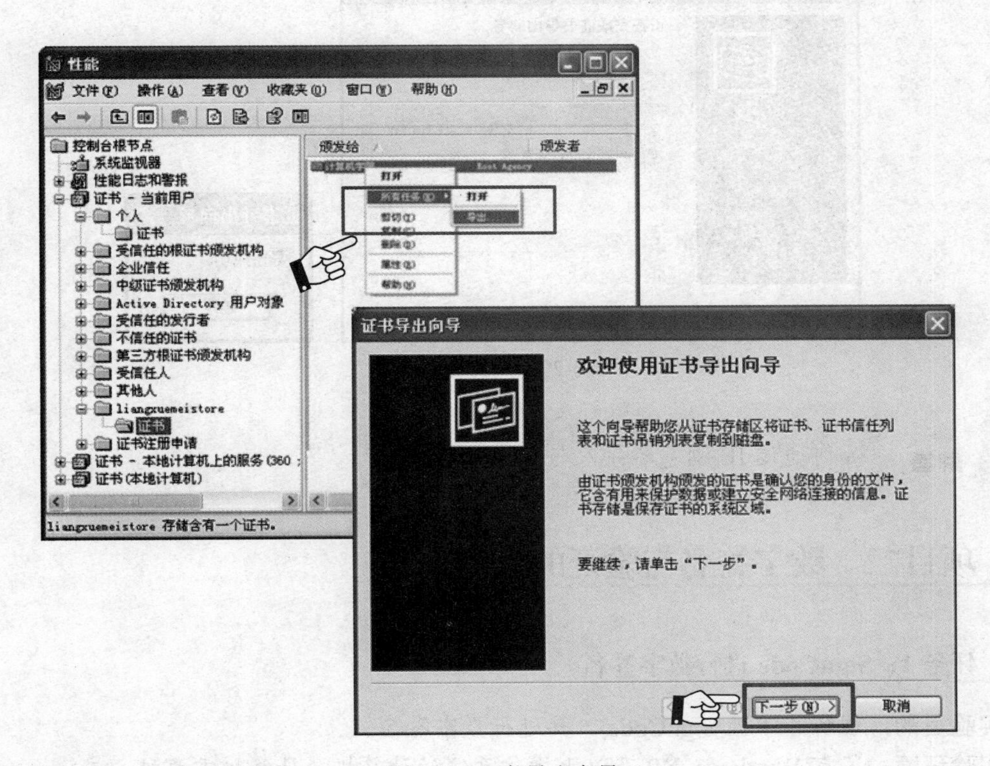

图 6-27　证书导出向导

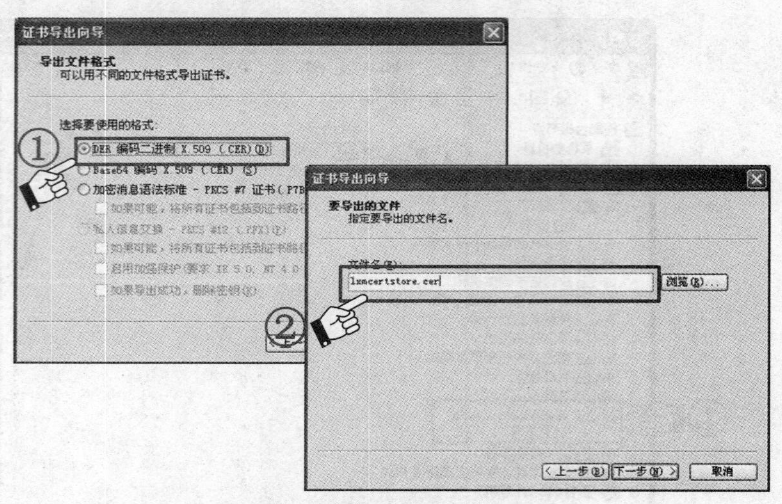

图 6-28　导出证书格式及文件名

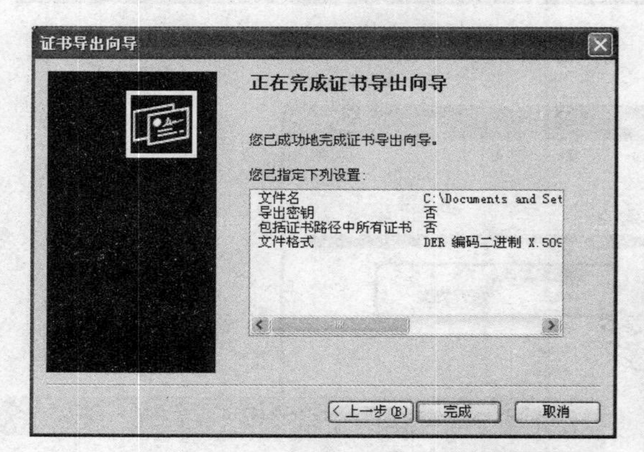

图 6-29　成功导出证书

思考　如何通过 IE 浏览器导入与导出数字证书？

6.6　项目二　数字签名与验证的应用

6.6.1　任务 1：SignCode 进行数字签名

实验目的：理解并掌握 SignCode 工具进行数字签名。

实验环境：装有 Windows XP 及以上操作系统的计算机，计算机需要接入 Internet；微软数字证书工具包。

●项目导读

1. SignCode 的功能

SignCode 可以对可移植可执行（PE）文件如.dll 或.exe 文件进行数字签名，还可以对多文件程序集中包含的某个程序集或个别的文件进行签名。与其他工具不一样，微软工具集提供的 Signcode 采用图形用户界面。

2. Signcode 的参数说明

进入类 DOS 下，其调用格式如下：

```
Signcode [options] filename | assemblyname,
```

SignCode 的相关参数请参阅表 6-4。

3. 数字签名的概念

所谓数字签名就是附加在数据单元上的一些数据，或是对数据单元所作的密码变换。这种数据或变换允许数据单元的接收者用以确认数据单元的来源和数据单元的完整性并保护数据，防止被人（例如接收者）伪造。它是对电子形式的消息进行签名的一种方法，一个签名消息能在一个通信网络中传输。基于公钥密码体制和私钥密码体制都可以获得数字签名，主要使用的是基于公钥密码体制的数字签名。包括普通数字签名和特殊数字签名。普通数字签名算法有 RSA、ElGamal、Fiat-Shamir、Guillou-Quisquarter、Schnorr、Ong-Schnorr-Shamir、DES/DSA，椭圆曲线和有限自动机数字签名算法等。特殊数字签名算法有盲签名、代理签名、群签名、不可否认签名、公平盲签名、门限签名、具有消息恢复功能的签名等，与具体应用环境密切相关。显然，数字签名的应用涉及到法律问题，美国基于有限域上的离散对数问题制定了数字签名标准（DSS）。

●项目内容

第一步：通过项目一的实训，已经成功创建数字证书及相应的私钥文件，如图 6-30 所示。

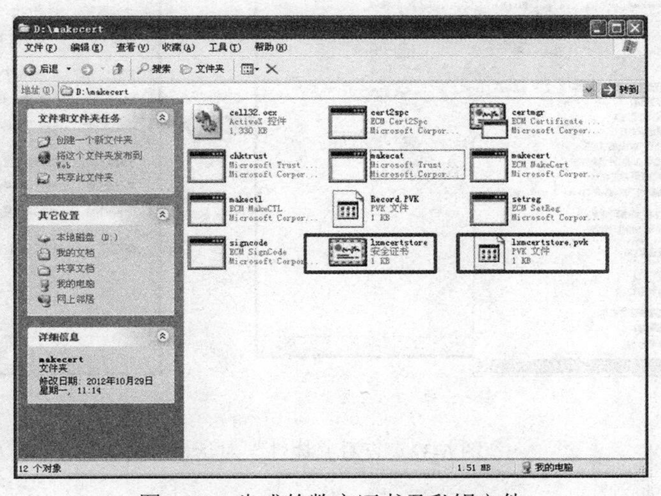

图 6-30 生成的数字证书及私钥文件

第二步：了解并熟悉应用程序的数字签名，选定如图 6-31 所示应用程序，右击选择“属性”，在“属性”对话框单击“数字签名”标签，熟悉数字签名中的相关信息。

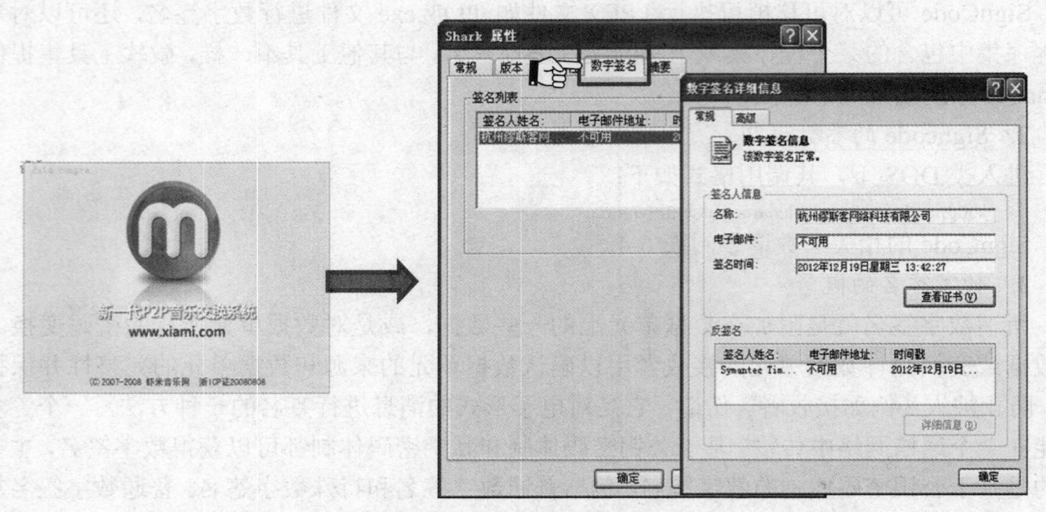

图 6-31　签过名的应用程序

第三步：下面开始对指定应用程序进行数字签名，右击选择“属性”，查看“属性”对话框，目前“属性”对话框中无数字签名一项，如图 6-32 所示。

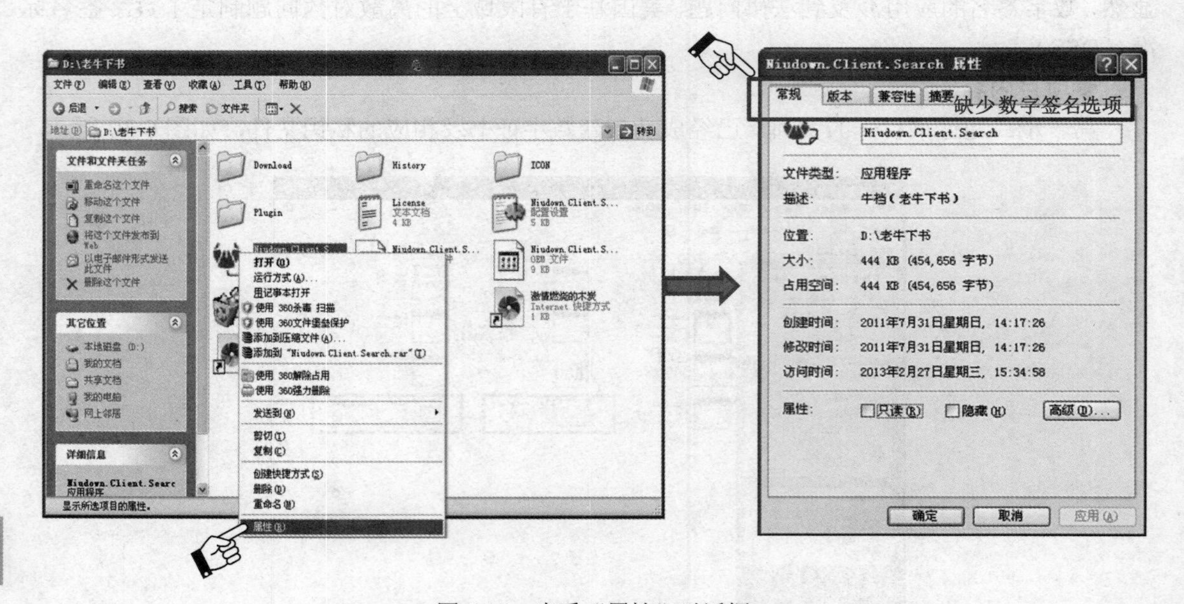

图 6-32　查看“属性”对话框

第四步：运行 SignCode——启动签名向导，如图 6-33 所示，目前要对 D:\老牛下书

\Niudown.Client.Search.exe 进行数字签名，并选择进行数字签名时用到的数字证书。在选择证书的过程中，既可以选择“从存储区选择”，也可以选择“从文件选择”。

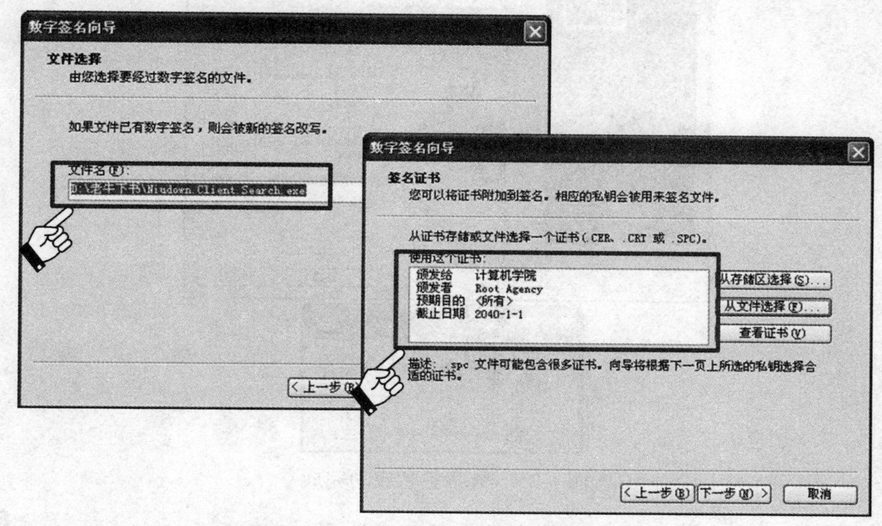

图 6-33　待签名应用程序及证书选择

第五步：从磁盘中选择数字签名过程中用到的私钥，本例中选择的是在项目一中生成的私钥 lxmcerstore.pvk，如图 6-34 所示。

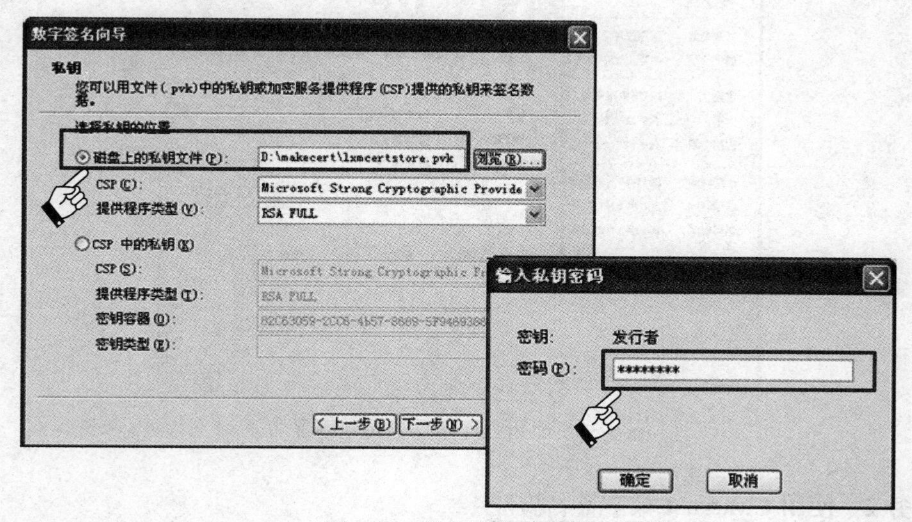

图 6-34　进行签名的私钥

第六步：单击“下一步”按钮后，如图 6-35 所示，会提示已经完成数字签名向导，单击“完成”按钮就完成了中文版代码签名证书的代码签名。

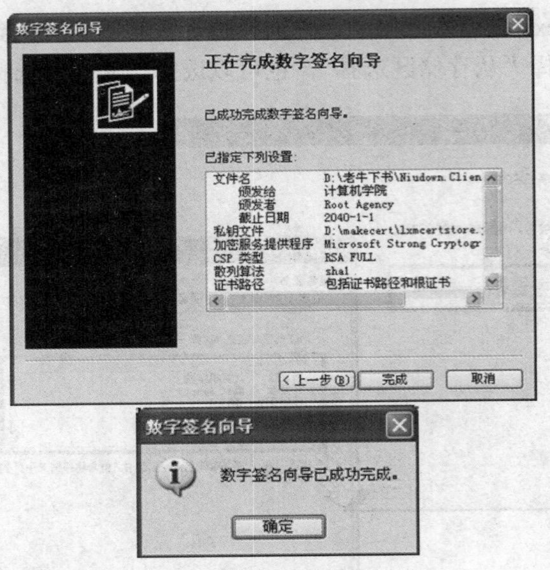

图 6-35　数字签名成功完成

第七步：查看所签名的应用程序数字签名信息，如图 6-36 所示。

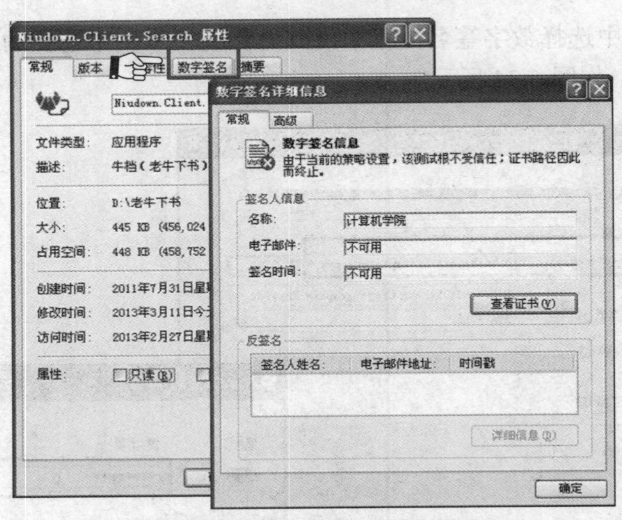

图 6-36　应用程序属性具备数字签名

6.6.2　任务 2：使用 Chktrust 数字签名验证

实验目的：理解并掌握 Chktrust 工具进行数字签名。

实验环境：装有 Windows XP 及以上操作系统的计算机，计算机需要接入 Internet；微软数字证书工具包。

●项目导读

1. Chkträst 的功能

Chktrust 工具用于验证用 X.509 证书签名的文件的有效性。

2. Chktrust 的参数说明

进入类 DOS 下，其调用格式如下：

Chktrust　已签名应用程序

●项目内容

第一步 DOS 命令提示符，并进入已经签名的文件所在目录，如图 6-37 所示。

第二步：按回车键，就会出现安全警告窗口，单击运行，这时的 DOS 命令窗口提示“succeeded”，表示成功验证数字签名。

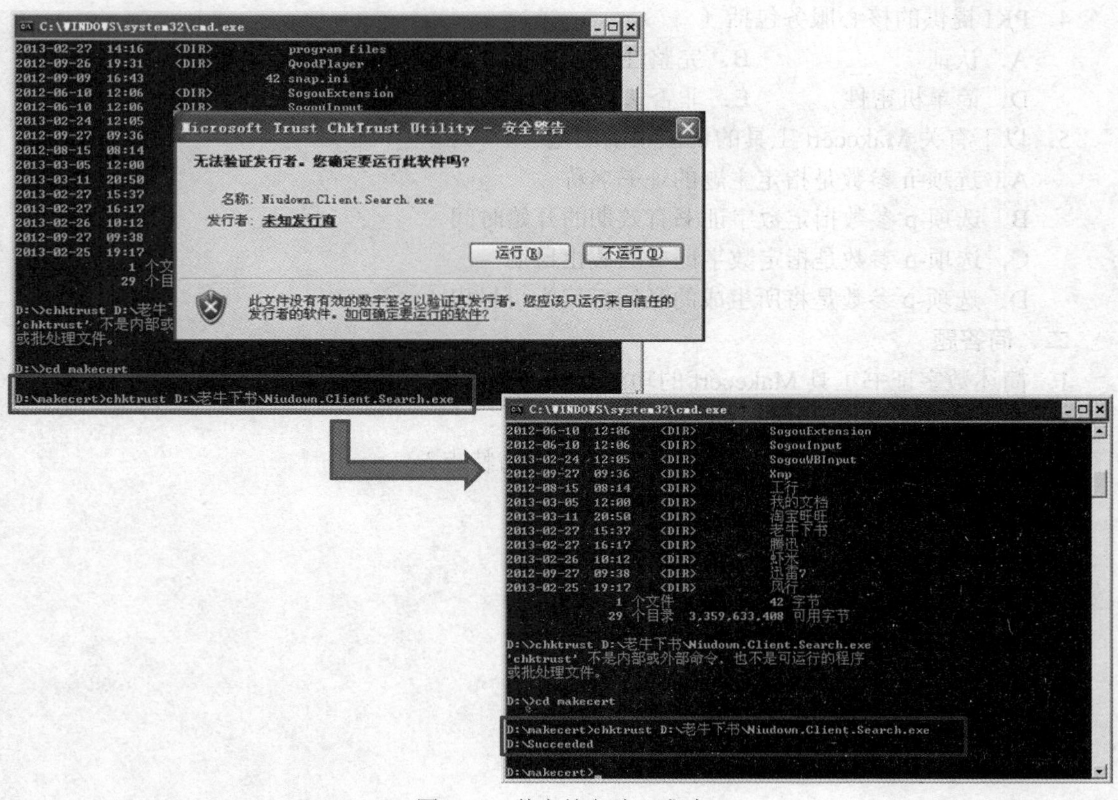

图 6-37　数字签名验证成功

知识巩固

一、选择题

1．下列说法正确的是（　　）。

A．Makecert 工具的主要功能是用于创建数字证书

B．Makecert 工具的主要功能是进行数字签名

C．Makecert 工具的主要功能是创建公钥私钥对

D．Makecert 工具的主要功能是对应用程序进行数字签名验证

2．（　　）是 PKI 体系中最基本的元素，PKI 系统所有的安全操作都是通过它来实现的。

A．密钥　　B．数字证书　　C．用户身份　　D．数字签名

3．数字证书可以存储的信息包括（　　）。

A．身份证号码、社会保险号、驾驶证号码

B．组织工商注册号、组织机构代码、组织税号

C．IP 地址

D．E-mail 地址

4．PKI 提供的核心服务包括（　　）。

A．认证　　B．完整性　　C．密钥管理

D．简单机密性　　E．非否认

5．以下有关 Makecert 工具的说法正确的是（　　）。

A．选项-n 参数是指定主题的证书名称

B．选项-p 参数指定数字证书有效期的开始时间

C．选项-n 参数是指定数字证书的截止日期

D．选项-p 参数是将所生成的私钥标记为可导出

二、简答题

1．简述数字证书工具 Makecert 的功能与特点？

2．简述签名工具 SignCode 的功能与特点？

3．简述发行者证书管理工具 Cert2spc 的功能与特点？

4．简述证书验证工具 Chktrust 的功能与特点？

7 PKI的常规应用

本章导读：

作为一种技术体系，PKI可以作为支持认证、完整性、机密性和不可否认性的技术基础，从技术上解决网上身份认证、信息完整性和抗抵赖等安全问题，为网络应用提供可靠的安全保障，因此，PKI具有非常广阔的市场应用前景。本章主要介绍PKI技术的几个典型应用，包括PKI在银行业务中的应用、PKI在电子商务中的应用、PKI在电子政务中的应用、PKI在网上证券中的应用、PKI在移动数据业务中的应用。

学习目标：

熟练操作PKI在网上银行、智能卡、移动支付、电子商务、电子政务、网上证券、移动数据业务等领域的应用。

引入案例

【案例一】美国银行系统遭受DDOS攻击

2013-01-11 10:50　出处：pconline

美国知名的PNC、HSBC、Fifth Third、美国银行及花旗集团等当地银行这几个月以来相继遭受分布式拒绝服务攻击（DDOS），影响了这些银行网站的运作，根据纽约时报的报导，美国前政府官员安全专家James Lewis指出，美国内部已认定伊朗为此波攻击的幕后黑手。去年也曾发生过类似网络攻击，伊斯兰教网络抗议组织承认，此次攻击是为了抗议YouTube上关于宗教暴行影片的报复行动。不过美国政府相信真正的幕后黑手是伊朗。

【案例二】多个政府网站遭攻击　电子政务安全再响警钟

2010-05-24 10:25　来源：华军资讯

国家互联网应急中心在最新一期报告中披露，上周我国境内有 81 个政府网站遭到篡改。到目前为止，仍有数个被篡改网站没有得到恢复，包括部分省部级网站。

随着科技的发展，无论对政府还是企业来说，信息化办公已经成为不可阻挡的趋势。信息技术对于国家各级政府机构来说非常重要，各级政府管辖区域的整体发展情况尤其是经济发展情况在很大程度上是由信息技术的发展决定的。如果电子政务安全的发展不能够与政府部门信息化的发展保持同步，政府行业的信息不能实现严格保密和规模化管理，那么对国家实现现代化发展这一目标的影响是可想而知的。要构建一个开放而安全的信息社会，这是首先应当考虑的问题。当前我国各级政府对于电子政务安全的重视还没有达到应有的高度，而这一次具有一定针对性的恶意攻击可以说是为有关部门敲响了警钟。

PKI 技术的广泛应用能满足人们对网络交易安全保障的需求。当然，作为一种基础设施，PKI 的应用范围非常广泛，并且在不断发展之中，本章主要从网上银行、电子商务、电子政务、网上证券、移动数据业务几个方面展开讨论。

知识模块

7.1 PKI 技术在银行业务中的应用

现代银行的日常运作基本是利用计算机联网完成的。网点业务、电子银行、办公文档传输、内部邮件和公告，无一不通过计算机网络实现。企业与企业、企业与银行、银行与银行之间的文档交换和商务交易也是如此。PKI/CA 是解决信息安全问题的一种有效的软件基础设施，虽然实施比较复杂，但是和其他方式相比，是目前唯一可行的技术。银行要想彻底解决安全性问题，就要把 PKI/CA 技术结合到更多的应用系统中。目前采用 PKI 技术的应用主要有：电子银行、移动支付、智能 IC 卡、电子邮件、柜员机管理和 VPN 等。实施的效果是，工作人员照常进行工作，而 PKI/CA 系统保证了信息传输的机密性、真实性、完整性和不可否认性。

7.1.1 网上银行

网上银行是借助互联网技术向客户提供金融信息服务和交易服务的新型模式。网上银行的应用模式主要包括个人网银和企业网银两种。在网上开通虚拟银行的关键是解决安全问题，目前网上银行主要包括三个方面的安全隐患：

（1）信息泄漏，表现为持卡人个人信息的泄漏，如持卡人的自然信息及持卡人账目信息被窃取，或存款金额被转移、消费。

（2）篡改，表现为账目信息的真实性和数据完整性受到威胁。

（3）身份识别，主要涉及网上银行的两个问题：第一，如果不进行身份识别，第三方就可能仿冒账务往来一方的身份进行破坏、盗取被仿冒方的资金。进行身份识别后，交易双方就可以防止“相互猜疑”。第二，抗抵赖性，往来双方对自己的行为应负有一定的责任，信息发送者和接收者都不能对此予以否认。进行身份识别后，如果出现抵赖纠纷情况，就可以出示反驳的依据。

因此网上银行的关键问题归纳下来主要是四个主要因素：交易双方身份真实性或确定性、信息的保密性、信息的完整性和交易的不可抵赖性，但是传统的用户名/密码方式以及动态口令都无法实现以上四点，即无法保证资金安全。通过前面几章的学习，我们知道基于 PKI 的数字证书签名技术有效地解决了上述问题。

网上银行的交易方式是点对点的，即客户对银行。客户浏览器端装有客户证书，银行服务器端装有服务器证书。当客户上网访问银行服务器时，银行端首先要验证客户端证书，检查客户的真实身份，确认其是否为银行真实客户；同时服务器还要到 CA 的目录服务器，查询该客户证书的有效期和是否进入废止列表；认证通过后，客户端还要验证银行服务器端证书，此为双向认证。双向认证通过以后，建立起安全通道。客户端提交交易信息，经过客户的数字签名并加密后传送到网银服务器，网关转换后，相关信息被送到银行后台系统进行账务处理，并将结果进行数字签名返回客户端。这样就做到了交易信息的保密和完整，交易双方的不可否认。可以说，PKI 的服务与网上银行的安全要求实现了完美的结合。

公钥基础设施（PKI）是以公共密钥加密技术为基本技术手段实现安全性的技术。公钥基础设施是由加拿大北方电讯公司所属 Entrust 公司开发出来的支持 SET、SSL 的电子证书和电子签名等。SET 是一种在 Internet 上保障进行安全电子交易的协议，主要适用于 B2C 的模式，支持客户、商户、银行等实体之间相互确认身份，借此保障交易安全，但 SET 协议操作起来过于复杂、成本较高。SSL 是由 Netscape 公司推出用以弥补 Internet 上的主要协议 TCP/ IP 在安全性能上的缺陷，支持 B2B 方式的电子商务。SSL 协议支持按 X.509 规范制作的电子证书，以识别通信双方的身份。但 SSL 协议缺少数字签名功能，没有授权、没有存取控制，不支持不可抵赖性功能等。这使 SSL 协议在安全方面存在弱点。PKI 可弥补 SSL 协议的缺陷，而且 PKI 涵盖的内容更为广泛，不仅包含加密、解密算法，密钥管理，还包括各种安全策略、安全协议和其他安全服务。

PKI 能实现以下几方面的安全性：

- 发送事物的人确定是源用户
- 接收事物的人确实是目的用户
- 数据完整性不会受到威胁

在整个 PKI 构架中，涉及三个主体：电子签名人、电子签名依赖方和电子认证服务机构 CA 中心，其中 CA 中心是处于核心位置的。在网上银行中，交易的双方在互联网上互不见面，为确认其身份的真实性，保证交易的不可抵赖性，在使用数字证书电子签名时，应由权威的第三方 CA 认证机构为其签发数字证书，对签名人的身份进行认证，为交易双方提供信任保证。第三方 CA 认证机构应具有权威性、可依赖性及公正性。因此，认证机构 CA 本身的可靠性对于保证网上银行交易的安全起着至关重要的作用。CA 认证机构作为独立于交易双方当事人的第三方，对交易双方起到躲避风险的作用。在面向社会公共提供的网上银行服务中，第三方 CA 中心发挥着不可替代的重要作用。

使用公钥密码技术就可以实现数字签名，发送方 A 用其不公开的解密密钥（私钥）A_{rd} 对报文 M 进行运算，将结果 $D(M,A_{rd})$ 传给接收方 B。B 用已知 A 的加密密钥（公钥）A_{re} 对接收到的内容进行运算，得出 $E(D(M,A_{rd}),A_{re})= M$，因为除了 A 以外没有人能拥有 A 的私钥，所以除了 A 以外就没有人能产生密文 $D(M,A_{rd})$。这样就表示报文 M 被电子签名了。

如果 A 抵赖曾发报文给 B，B 就可以将 M 及 $D(M,A_{rd})$ 出示给仲裁方，仲裁方可以很容易地用密钥 A_{re} 验证 A 确实发送消息 M 给 B 从而使 A 无法抵赖，反之，如果 B 将 M 伪造成 M'则 B 不能在仲裁方面前出示 $D(M',A_{rd})$，从而证明 B 伪造了报文，可见数字签名法同时规定了验证信息完整性的作用。

7.1.2 银行智能卡

PKI/CA 技术的发展会推动金融领域信息安全应用的纵深发展，比如在银行卡的网上支付、银行卡向 IC 卡 EMV 迁移等方面。目前国内银行开始研究和推行符合国际 EMV 标准的银行卡，因为，EMV 卡支持复杂的加密技术 PKI，通过用智能卡中的密钥对文件做数字签名，就可同时实现身份识别和传输加密。这种技术让银行能够在消费终端对任何交易进行安全认证，而不需要在线授权。

智能卡是集成电路发展的产物，相当于是内嵌 CPU 的一个微型计算机平台，不仅体积小，而且便于携带，与一般的计算机一样具备加密计算能力和超大容量的存储空间。

1. 智能卡系统及其片上操作系统

用于信息安全领域的智能卡的硬件组成通常包括：中央处理器 CPU、只读存储器 ROM、随机存储器 RAM、电可擦除存储器 EEPROM、随机数发生器以及加密协处理器等。用户对智能卡的操作都是通过卡操作系统 COS 来实现的。COS 在卡片初始化时载入智能卡的 ROM 中，COS 通过命令-响应的方式与外界进行信息交流。从功能上可以将 COS 分为 5 个模块：控制模块、数据传输模块、命令解析模块、文件管理模块和安全模块。其中，控制模块完成各模块的通信和控制功能，并对存储器进行管理。数据传输模块根据智能卡所使用的通信协议，接收读写器发送的命令，并将命令的处理结果按协议指定的格式返回给读写器。命令解释模块在 ISO/IEC 7816-4 中规定了 COS 的基本命令集。命令解释模块接收命令报文，对接收到的命令进行解析、处理，然后将处理结果作为响应报文返回。文件管理模块用于管理下列有关文件。在 COS 中，数据是以文件的形式存储的，文件系统采用图 7-1 所示的层次结构：主文件 MF、专用文件 DF 和基本文件 EF。MF 是整个文件系统的根目录，是其他文件的容器；DF 相当于中间目录，可以包含其他的 DF 和 EF；EF 是直接用来存储数据的文件。安全管理模块用于保护智能卡的敏感数据，防止未经授权的人对数据进行访问。数据的安全性通过对文件的安全操作来实现。在每个文件的文件控制信息中，都规定了该文件的访问权限。安全管理模块通过对当前文件安全等级和应用的安全状态进行比较，决定应用对文件的访问权限。对于 MF 和 DF 而言，包括建立权、擦除权和选择权；对 EF 来说，包括读权限和写权限。

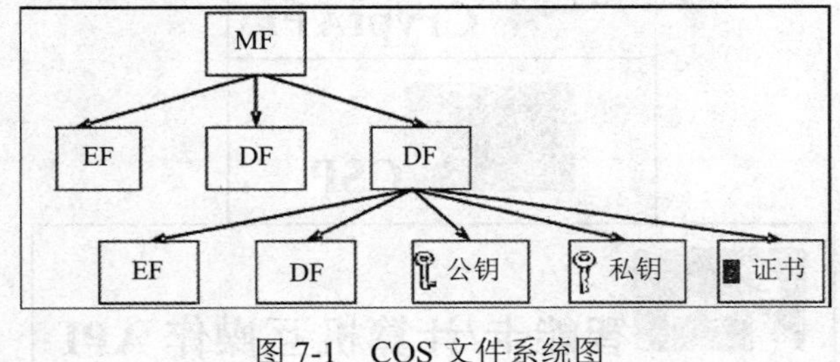

图 7-1 COS 文件系统图

智能卡普遍支持的加密算法通常有对称密码算法（DES 和 3DES）和非对称密码算法

（RSA 和 ECC）两大类。

2. 智能卡密钥管理

多款智能卡芯片（如亿恒 SLE66CX320 系列）都带有随机数发生器和加密协处理器或算法加速器。如图 7-1 所示，智能卡利用自身的硬件资源可以在卡内生成公钥、私钥对，保存在 MF 或 DF 下的密钥文件中。这样做的好处在于私钥可以永不离开智能卡硬件，任何人包括合法用户都不能读出私钥。比起用户私钥保存在易受黑客攻击的个人电脑或磁盘中的安全性大大提高。同时，智能卡中还可以保存 DES 密钥的主密钥（用于生成会话密钥），用户的公钥证书和根 CA 或者直接信任 CA 的公钥也都作为文件保存在智能卡中。智能卡对用户密钥的保护包括逻辑和物理两层，逻辑上是通过智能卡操作系统来保障密钥文件不被读出；物理上是通过智能卡中的抗篡改存储器来实现的，即任何操作都不会造成密钥泄漏，当遭遇非法操作时密钥会被硬件清除。随着智能卡上存储容量的不断增加用户还可以保存多个密钥对和证书。例如，签名密钥对和加密密钥对分开，在不同场合下应用。

3. 智能卡在 PKI 系统上的组成

为了将智能卡更加方便、安全地应用于 PKI，需要为智能卡开发应用程序编程接口（API），微软加密应用程序接口 CryptAPI 为 Win32 应用程序提供了认证、加密和签名等安全处理功能，它可以让用户在对加密机制和加密算法不了解的情况下对应用程序增加安全功能。其中 CryptAPI 本身并不实现密码运算相关的操作，而是由应用程序通过调用与 CryptAPI 函数接口相应的加密服务提供者（Cryptographic Service Provider，CSP）函数来实现。通过不同的 CSP，使 CryptAPI 可以用不同类型的智能卡实现 PKI 系统所需的加解密、签名、生成/验证证书的服务。所以，将智能卡方便地应用于 PKI 的途径之一（服务器端采用 Windows 系列操作系统的情况）就是开发相应的 CSP。各接口之间的关系如图 7-2 所示。

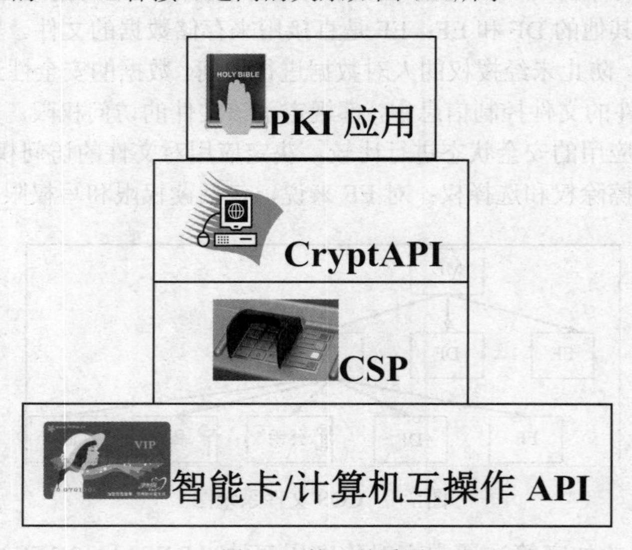

图 7-2　接口关系图

4. 基于智能卡的 PKI 的应用

PKI 提供的应用服务可以分为基于智能卡的身份认证、基于智能卡的数字签名、数字加密三类。下面分别介绍智能卡在这些服务中的应用。

（1）基于智能卡的身份认证

用户身份认证采用的最简单方法就是口令。系统事先保存了用户的身份标识符 ID 和用户口令 PW。进入系统时，用户首先输入 ID 和 PW，系统对事先保存的用户信息和用户输入的信息进行比较，从而判断用户身份的合法性。这种认证方式操作简单，但其安全程度很低，它的安全性仅仅基于用户口令的保密，而用户口令一般较短且容易猜测。因此，这种方法不能抵御口令猜测攻击。另外，口令用明文传输使系统攻击者很容易通过搭线窃听方法获取用户口令。最后，由于系统保存的是口令的明文，一方面，需要系统管理员是可信赖的，另一方面，一旦攻击者能够访问口令表，整个系统的安全性就受到威胁，口令方案也不能抵抗重放攻击。改进的方案是口令的加密传输，由于传输的是用户口令的密文，系统仅保存用户口令的密文，因而窃听者不易获得用户的真实口令。但是，这种方案仍然会受到口令猜测的攻击，且系统入侵者还可以采用离线方式对口令密文施行字典攻击。

基于智能卡的用户身份认证有两层保护机制。用户的 ID 和 PW 保存在智能卡中，用户访问时提供的 ID 和 PW 被以密文的形式传入智能卡做比较，智能卡返回是否通过的信息，这一层确认了用户是智能卡的合法拥有者。另外服务器可以生成一个随机数，传递给智能卡，要求智能卡用自己的密钥进行某种形式的加密，将密文返回给服务器，服务器用保存的密钥对随机数做同样的加密操作，则服务器确认智能卡有合法的密钥，也就认证了智能卡的合法性。反过来，智能卡也可以用同样的方法认证服务器，实现双向认证。这种方案基于智能卡的物理安全性，卡中的数据不易伪造，不能直接读取。用户没有智能卡，仅有 ID 和 PW 就不能访问服务器；仅有智能卡，没有 ID 和 PW 也不行，因此为身份认证提供了双重保护。

（2）基于智能卡的数字签名

数字签名是建立在公共密钥体制基础上的一种服务。数字签名必须保证：①接收者能够对报文发送者的签名进行认证；②发送者事后不能抵赖对报文的签名；③任何人都不能伪造其他人的签名。

基于智能卡的数字签名的过程如图 7-3 所示。

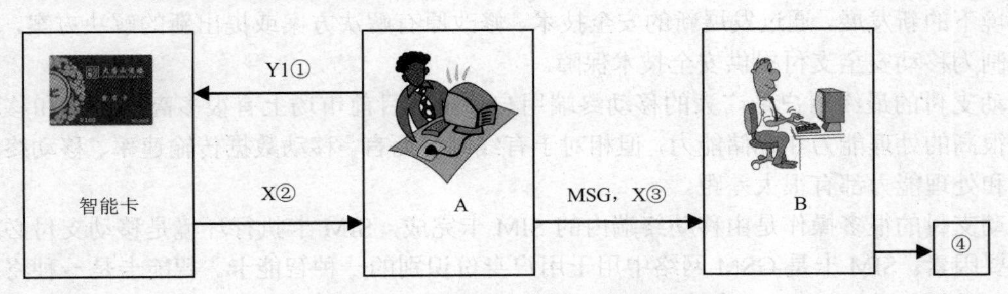

图 7-3　基于智能卡的数字签名过程图

①发送方 A 将待发送的信息 MSG 通过哈希函数 H，生成信息摘要 Y1 = H(MSG)，将 Y1 传递给智能卡。

②智能卡用指定应用的私钥 SKA 和公钥加密算法 E 对 H (MSG)进行加密，得到数字签名 X = ESKA(Y1)，返回给 A。

③A 将 MSG 和 X 一起发送给 B。

④B 对收到的 MSG′进行哈希，得到摘要 Y2 =H (MSG′)，然后 B 通过 PKI 系统获得 A 的公钥证书，验证后得到 A 的公钥，用 A 的公钥 PKA 和与 E 对应的公钥解密算法 D 对 X 进行解密，得到信息摘要 Y3 =DPKA (X)，如果 Y2 和 Y3 相同，则 B 可以确认收到的信息是完整的，并且确实来自 A，而且 A 不能否认发送过该信息。

（3）数字加密

公钥算法的运算量过于巨大，导致速度缓慢。在亿恒 SLE66C 系列芯片上，1024 位 RSA 解密一次需 270ms，而 3DES 解密一次只需要 16ms。在生成数字签名的过程中，是通过智能卡用公钥算法对很短的信息摘要进行加密，速度是可以接受的。但如果将大量信息传入智能卡，再采用公钥算法加密，这在实际中是不可行的。因此实现通信加密的方式通常是：

①A 用某种方式生成的会话密钥（例如智能卡生成）加密信息，生成密文。

②A 通过 PKI 获得 B 的公钥，用它加密会话密钥。

③A 将信息密文、数字签名和加密的会话密钥发送给 B。

④B 用私钥解密会话密钥，再用会话密钥解密信息密文，最后验证数字签名。

智能卡自问世以来发展十分迅速，芯片的计算能力和存储能力都提高了很多，基于它的应用开发技术也日益成熟，出现了 Java 卡等开放的智能卡平台。而 PKI 技术也将逐步集成到更多的操作系统中，并广为应用。基于 PKI 的电子商务、电子政务是主要的发展方向。将 PKI 技术和智能卡技术结合后，提出的解决方案将大大提高系统的安全等级。

7.1.3 移动支付

从技术的发展来看，新型银行不再仅限于有线网络互联，移动支付、手机银行开始走进我们的生活，随之而来的是对无线通信领域安全的关注。

移动支付的应用环境对安全提出了新的要求。移动支付安全机制是传统信息安全技术在移动环境下的新发展。通过发展新的安全技术、修改原有解决方案或提出新的解决方案，移动安全机制为移动安全支付提供安全技术保障。

移动支付的最终用户是广大的移动终端用户。虽然目前市场上有很多高档手机和移动终端具有很高的处理能力和存储能力，但相对于有线网络而言。移动数据传输速率、移动终端存储能力和处理能力都有很大差距。

移动支付的很多操作是由移动终端内的 SIM 卡完成，SIM 卡执行环境是移动支付必须考虑的重要因素。SIM 卡是 GSM 网络中用于用户身份识别的一种智能卡。智能卡是一种将中央处理器、所有存储器以及 I/O 接口设备集成在同一块集成电路芯片中的计算机系统。对于外界观察者来说，很难截获各个部件之间的信号流，更难分辨这些信号的内容。智能卡与外部世界靠 I/O 接口进行通信，而这种通信是依靠完善的通信协议实现的。这些协议可以鉴别读卡机上程序执行者的身份，从而保证智能卡知道谁在与它通信。智能卡中的篡改探测机制、不透明涂层、伪结构、特殊的存储器设计以及隐藏或乱置的总线，可以有效防止各种探测窃听攻击。智能卡操作系统中基于 PIN 的访问控制有效地保护了卡中的内容。

在 GSM 网络中，使用 SIM 卡保护用户的国际移动用户识别号（IMSI）、鉴权密钥（KI）以及加密与鉴权算法。SIM 卡最重要的一项功能是进行鉴权和加密。当用户移动到新的区域拨打或接听电话时，交换机都要对用户进行鉴权，以确定是否为合法用户。这时，SIM 卡和交换机同时利用鉴权算法，对鉴权密钥和 8 位随机数字进行计算。若计算结果相同，则 SIM 卡被承认。否则 SIM 卡被拒绝，用户无法进行呼叫。SIM 卡还可利用加密算法，对话音进行加密，防止窃听。SIM 卡存储的数据可分为四类：第一类是固定存放的数据。这类数据在 SIM 卡被出售之前由 SIM 卡中心写入，包括国际移动用户识别号、鉴权密钥、鉴权和加密算法等。第二类是暂时存放的有关网络的数据。如位置区域识别码（IAI）、移动用户暂时识别码（TMSI）、禁止接入的公共电话网代码等。第三类是相关的业务代码，如个人识别码（PIN）、解锁码（PUK）、计费费率等。第四类是电话号码簿。用户全部资料几乎都存储在 SIM 卡内，因此 SlM 卡又称为“用户资料识别卡”。

SIM 卡中使用的中央处理器（CPU）是 8 位，其主频通常在 8MHz 左右。SIM 卡中的 RAM 通常也只有 256 字节。目前来看使用 SIM 卡中的 CPU 进行一次 RSA 公钥签名需要很长时间，很难满足实时需求。从而，使得在因特网上很容易满足的安全要求在 GSM 网中变得非常困难。

SIM 卡提供的执行环境既有其有利的一面（非常高的安全性），又有其不利的一面（较低的运算能力）。在解决移动支付安全问题时，必须针对具体的运行环境提出实用有效的解决办法，而不能生搬硬套因特网上现有的解决方案。

1. 移动支付身份认证技术概述

移动电子商务中，每一次交易活动都会涉及到不少于两个交易实体之间的对话。所以，移动支付安全性的一个关键方面，就是能否对交易实体的身份进行认证。怎样选择安全的身份认证体制成为移动支付安全性的决定因素，一个安全的身份认证体制至少需要满足下列要求：

- 互相认证性：服务提供者和用户的相互认证。
- 可确认性：已定的接收者能够校验和证实信息的合法性、真实性和完整性。
- 不可否认性：消息的发送者对所发的消息不能抵赖，有时也要求消息的接收者不能否认所收到的消息。
- 不可伪造性：除了合法的消息发送者之外，其他人不能伪造合法的消息。

为了满足上述安全需求。身份认证体制往往需要通过引入可信的第三方来实现。这样，身份认证主要由用户实体、提供信息服务的网络和可信的第三方等三个方面组成。

对于传统应用领域，如有线电子商务，认证体制往往采用认证中心（CA）作为可信的第三方，发放和管理数字证书。数字证书是一种数字信息附加物。由证书权威机构颁发，该证书证明发送者的身份并提供加密密钥。PKl 提供与加密和数字证书相关的一系列技术，成为有线电子商务等领域身份认证或访问控制安全模块的首选。

移动支付应用领域的身份认证技术因为移动环境和移动终端的特殊性而提出了更高的要求。在无线通信环境下，PKI 无法实现无线终端和有线设备之间的互通，同时，移动终端具有计算能力非常有限以及数据流通率低的特点，使得传统的 PKI 体制无法成为移动安全支付的合理解决方案。WPKI 的出现和发展，为解决移动安全支付的身份认证问题提供了合适的选择。

2. WPKI 的体系结构

WPKI（Wireless Public Key Infrastructure，无线公开密钥体系）是 PKI 结合移动环境特点的产物。WPKI 是 WAP（Wirelless Application Protocol，无线应用协议）、WLAN（Wireless Local Area Network，无线局域网）、WVPN（Wireless Virtual Private Network，无线虚拟专用网）等移动安全基础设施建设所必需的关键性产品，在无线通信和无线网络两大领域中具有广泛的应用前景。它采用了优化的加密算法和压缩的 X.509 数字证书，实现了信息的无线传输安全，可以实现无线电子支付和无线电子转账的功能。如果手机系统采用了 WPKI 和数字证书认证技术，不法分子即使窃取了卡号和密码，也无法在无线交易中实现诈骗。比如目前的手机银行多数是 STK 卡模式，STK 卡可以有选择性地和 PKI 结合使用，可通过在卡内实现的 RSA 算法来进行签名验证，使利用手机从事移动商务活动不再是纸上谈兵。从世界范围看，数字证书技术已经被广泛地应用在国外移动支付系统中。

WPKI 主要是由 EE（End-Entity Application，终端实体应用）、RA（Registration Authority，注册中心）、CA（Certification Authority，认证中心）和 PKI Directory（PKI 目录）四部分组成。在 WPKI 的应用模式中，还涉及数据提供服务器、WAP 网关等服务设备。

如图 7-4 所示是 WPKI 最精简的体系结构图。移动终端 UIM 即为终端实体应用程序 EE。WPKI 中的 EE 是为适应在 WAP 设备中运行而设计的优化软件，它依赖 WMLSCrypt API 实现密钥管理和加密运算。注册机构与 WAP 网关一样，都是运行在有线网络外的服务器。它能执行类似于有线 PKI 中的 RA 功能，一般作为手机终端和现行 PKI 之间的连接桥梁，负责转换 WAP 客户给 PKI 中 RA 和 CA 发的请求。证书中心主要负责生成证书、颁发证书和刷新证书等。PKI 目录库是证书发布服务器，如 LDAP 目录服务器等。此外，在具体应用中，WPKI 系统结构还包括内容服务器、WAP 网关等服务设备。其中内容服务器（如图 7-4 所示的服务提供商）负责向用户提供内容服务；WAP 网关负责客户和源服务器之间的协议转换工作。

在移动电子商务中，存在着无线网络和有线网络之间的连接问题。无线应用协议（Wireless Application Protocol，WAP）作为一个事实上的工业标准，解决了这个问题，其中 WAP 协议栈如图 7-5 所示。

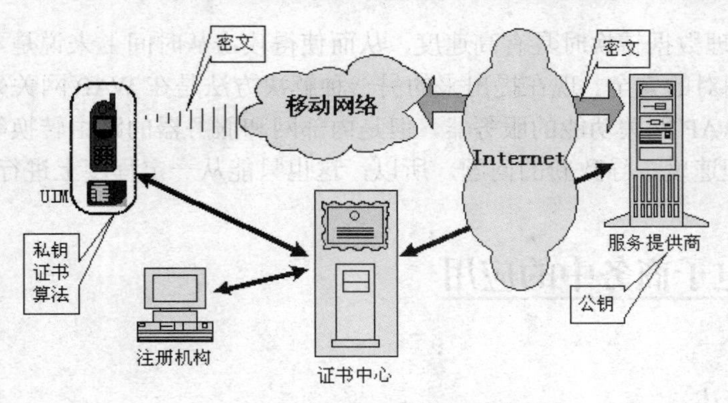

图 7-4　WPKI 系统结构图

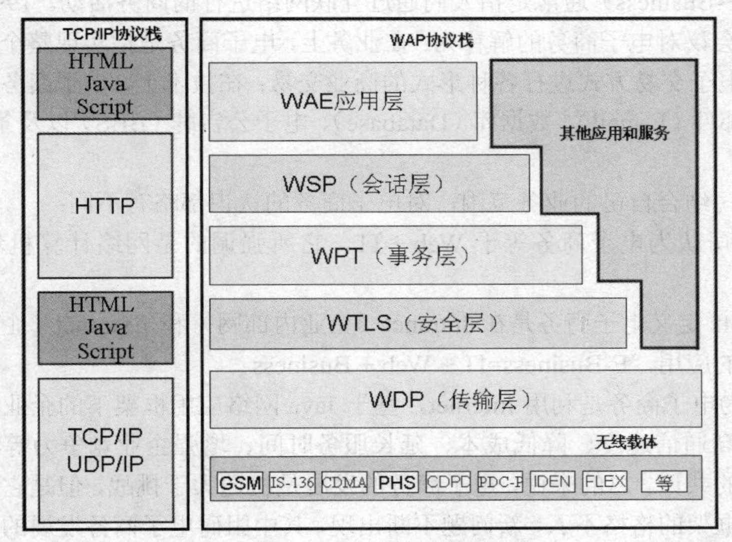

图 7-5　WAP 协议栈图

3. WPKI 存在的问题及解决方法

WPKI 基本上是 PKI 在无线环境下的扩展。WPKI 不仅可以用于移动支付，还可以用于电子邮件等其他移动电子商务领域。现在对 WPKI 技术的研究是 WAP 研究中的热点。但是，WPKI 还存在不少问题，主要包括证书的互通性、交叉认证技术、桥接技术和弹性 CA 技术等。这些问题都没有得到很好的解决，需要进一步的研究。其中 WAP 网关是敌人最常攻击的地方，所以桥接技术是显得最为严重的问题。桥接技术问题，即 Security Gap 漏洞，它之所以存在是因为 WAP 网关是无线设备和有线网络之间的互连点。在这里，无线设备和 WAP 网关之间采用 WTLS 通信，有线网络和 WAP 网关之间采用 TLS 通信，这就需要 WAP 网关将在 WTLS 下加密的数据解密之后再在 TLS 下加密。然后传给服务器，这样，解密之后的数据就会以明文的形式短暂地暴露在 WAP 网关下，成为敌人常常攻击的薄弱点。现在常用的处理方法是使得 WAP 网关在处理数据转换时具有高速度，从而使得攻击从时间上来说是不可行的。但是实际上这只是一种相对的安全。现在提出来的另一种解决方法是在 WAP 网关处采用安全性更高的内部网或含有 WAP 网关功能的服务器，但是内部网和服务器的路由转换等操作，将会直接减慢 WPKI 的处理速度，导致新的问题，所以，这也只能从一定程度上进行缓解。

7.2 PKI 在电子商务中的应用

7.2.1 电子商务概述

电子商务（E-Business）通常是指人们通过互联网络进行的商务活动。1997 年在巴黎举行的世界电子商务会议对电子商务的解释为：在业务上，电子商务是指实现整个贸易活动的电子化，交易各方以电子交易方式进行各种形式的商业交易；在技术上，电子商务采用电子数据交换（EDI）、电子邮件（E-mail）、数据库（Database）、电子公告牌（BBS）以及条形码（Barcode）等多种技术。

世界各大公司结合自己的业务范围，对电子商务的认识都略有不同：

- IBM 公司认为电子商务等于 Web + IT，它所强调的是网络计算机环境下的商业化应用
- Microsoft 定义电子商务是在 Intranet（企业内部网）和 Extranet（企业外部网）上结合起来的应用，E-Business=IT + Web + Business
- Sun 认为电子商务是利用 Internet，基于 Java 网络应用框架下的企业和跨企业的应用

电子商务提高通信速度、降低成本、延长服务时间、增强企业竞争力等特点，得到了企业界各方面人士的共识。总的来说，电子商务的发展是机遇大于挑战，但是它又在很多方面表现出与传统贸易框架的格格不入，新问题不断出现，其中阻碍电子商务发展的首要问题是安全性问题。

7.2.2 电子商务存在的主要安全问题

电子商务就是指利用电子网络进行的商务活动。随着电子交易的不断增多，电子商务的安全问题也频繁出现，主要是在开放的网络环境中如何保证信息传递的完整性、可靠性、真实性以及预防未经授权的非法入侵者这几方面的问题上。

1. 数据被非法截获、读取或者修改

在电子商务中，信息流和资金流以数据的形式在计算机网络中传输，很多传输还是远距离的。在这一过程当中，数据可能被别有用心者截获、读取，从而造成商业机密和个人隐私的泄露。更为严重的是，别有用心者还可能修改截获的数据，如把资金的数量、货物的数量、交货方式等进行修改，这会严重地影响电子商务的正常进行。

2. 身份认证

参与交易的人首先要能确定对方的真实身份与对方所声称的是否一致，特别是在涉及到电子支付时，更应该确定对方的信用卡、账户等是否真实有效。如果不进行身份识别，第三方就有可能假冒交易一方的身份，以破坏交易、破坏被假冒一方的信誉或盗取被假冒一方的交易成果，进行身份识别后，交易双方就可防止“相互猜疑”的情况，从而解决信任问题。

3. 冒名顶替和否认行为

在电子商务中，由于交易非面对面进行，如果安全措施不完善，无法对信息发送者或接收者的身份进行验证，那么别有用心者就有可能冒充合法用户发送或者接收信息，从而给合法用户造成商务损失。另外，如果没有对交易者的身份进行验证，还可能有否认行为的发生，即别有用心者会否认自己在网络上进行过的操作，也就是赖账。

随着电子商务的发展，如何保证在开放的 Internet 环境下安全、完整、有效地传输敏感数据，让高度机密的数据只能到达明确的有权知道该数据的个体手中，不被非法用户截取、破译和修改，是制约电子商务发展的关键问题。为解决这一问题，世界各国对其进行了多年的研究，初步形成了一套完整的 Internet 安全解决方案，即目前被一些企业所采用的 PKI 体系结构。PKI 体系结构是一种在开放的网络环境下保证数据传输的安全性、完整性和有效性的安全基础设施，在这种基础设施内，用户被分配了在进行业务时所使用的自己的公共/私有密钥对，私钥不能通过公钥计算出来，私钥由用户自己持有，公钥可以明文发给任何人。PKI 采用证书管理公钥，通过证书管理机构 CA，把用户的公钥和用户的其他标识信息（如名称、E-mail、身份证号等）捆绑在一起，在 Internet 上验证用户的身份。由于 PKI 体系结构在数据传输的安全性方面独具优势，目前被广泛应用于电子商务之中。

7.2.3 PKI 在电子商务安全方面的应用

1. 数据传输的机密性

PKI 是建立在公共密钥理论基础上的，从公共密钥理论出发，公钥和私钥配合使用可以保证数据传输的机密性，如图 7-6 所示。数据的发送者希望其所发送的数据能安全地传送到接收者手中，并且只被有权查看该数据的接收者所阅读。数据发送者首先利用接收者的公钥将其明文加密，然后将密文传送给接收者，接收者收到数据以后，利用其私钥将其解密，还原为明文，即使是数据被非法截获，因为没有接收者的私有密钥，别人也无法将其解密。这样使数据的发送者可以放心地发送数据。

2. 用户身份的识别

在电子交易中 PKI 可以进行身份验证，交易双方利用 PKI 提供的电子证书（Digital ID）来证实并验证其身份，在网络这一虚拟的环境中进行实时议价、采购、付款等商务活动，并保证交易的有效性，即交易不可被否认的功能。PKI 已经成为识别用户身份的事实上的技术标准，要想用数字证书进行身份验证就必须具有 PKI。如图 7-7 所示，利用 PKI 进行身份验证的原理是首先数据发送者利用其私钥将明文加密，为确保数据被指定的接收者接收，再用接收者的私有密钥加密，然后将双重加密后的密文传输给接收者，接收者先利用其私有密钥，再利用发送者的公共密钥将密文解密，这样接收者就可以确认数据确实是从指定的发送者发出的并且没有被其他人截获。利用发送者的私有密钥加密可以验证发送者的身份，而用接收者的私有密钥解密可以同时保证传输数据的机密性，使得接收方既可以根据验证结果来拒收该报文，也可以使其无法伪造报文签名及对报文进行修改，原因是数字签名是对整个报文进行的，是一组代表报文特征的定长代码，同一个人对不同的报文签名将产生不同的数字签名。这就解决了接收方可能对数据进行改动的问题，也避免了发送方逃避责任的可能性。

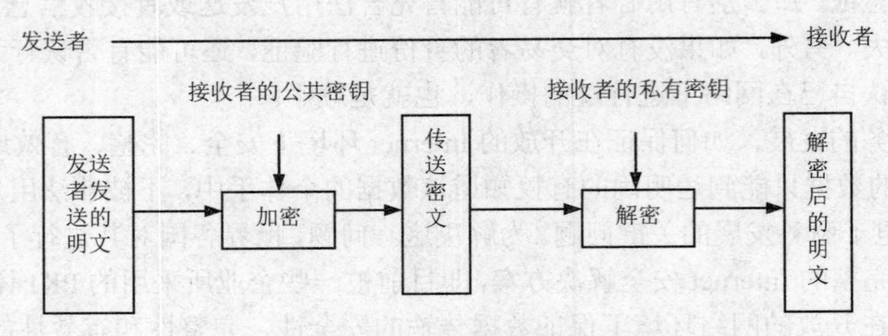

图 7-6　实现数据传输的机密性

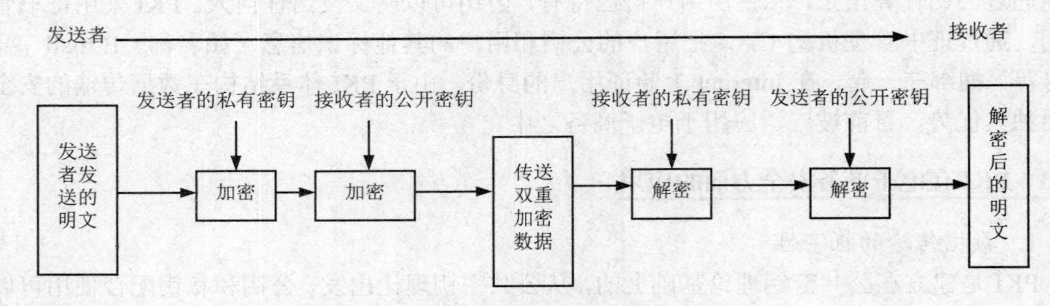

图 7-7　双重加密技术验证用户身份

3. 信任关系的建立

建立对 Internet 交易的信任是电子商务领域中一个最重要也是最具有挑战性的课题。由于 Internet 的价格优势，各公司希望通过向每一个有权访问这个网络的用户签发证书的方式，使自己的客户和合作伙伴可以通过外联网来访问自己的内部网络。对最终用户来说可能同时接受许多访问的授权，但他们并不想管理多个证书，而是希望只要拥有一个证书就能通过所有合作伙伴的网络认证。解决这一问题的关键在于如何保证多厂商 PKI 环境具有可互操作性。

PKI 由认证中心（CA）、数字证书库、密钥备份及恢复系统、证书作废系统、应用接口等构成。PKI 的关键组成部分是 CA，CA 负责生成、分发和撤销数字证书，通过认证过程将一个公共密钥值和一个人、一台计算机或一个实体联系起来。CA 具有分层的组织结构，其中每个父 CA 为下属 CA 的公共密钥签署证书提供担保。认证过程由用户证书开始，并沿着证书的路径向上进行，直到证书可以为一个更高层次的 CA 确认。当公司为得到可靠性和信任，而使用 PKI 与另一家公司进行通信时，就出现了如何建立信任关系这一难题。为了保证 CA 分层体系之间具有可操作性，即通信，不同的分层体系必须能够索取和验证每个 CA 体系的有效性。

PKI 产品开发之初，由于使用的是专利协议，这使不同 PKI 之间的可互操作性几乎为零，PKIX（Public Key Infrastructure and X.509）标准和 X.509 证书标准的开发大大增加了互操作性。目前解决信任关系问题主要有两个方案。如果 A、B 两家公司都拥有自己的 CA 机构，并且两家公司的 CA 产品都是同一家供应商提供的，一种解决方案就是保持两家公司现有的家谱结构不变，让顶层的 CA 机构安全地交换它们的公开密钥，并分别在 A、B 两家公司内部传播对方公司的公开密钥，称为直接信任模型。这一过程实现起来相当繁琐，而信任关系作废时的处理则更加复杂。比较好的另一种解决方案为交叉信任模型，即 A、B 两家公司的顶层的 CA 机构分别为对方的顶层 CA 机构的公开密钥签发一个证明证书，其他验证关系保持不变。这样，A、B 两家公司就建立起了一种交叉信任关系。当 B 公司的最终用户收到一封来自 A 公司的最终用户的信件时，它就可以沿着证书路径上溯检索到 A 公司的顶层证书，再使用 A 公司的证书对其最终用户进行验证。同时，当 A 公司的最终用户想访问 B 公司的内部网的数据时，身份验证工作由交叉证书直接完成，他可以直接利用 A 公司签发的证书连接到 B 公司的内部网络。

7.2.4 基于 PKI 的电子商务安全问题

PKI 是以公钥加密为基础的，为网络安全提供了安全保障的基础设施。从理论上来讲，是目前比较完善有效的实现身份认证和保证数据完整性的手段。但在实际实施中，也存在着一定的安全问题，主要包含以下几个方面。

1. 针对 CRL 的攻击

在 PKI 中，若用户私钥泄漏、证书过期或由于安全原因需要变更证书中某些属性的时候，必须向 CA 申请注销与之相关的旧证书。证书被注销后，与其相关的公钥和私钥将不再有效，用其实施的行为也不再有效。

证书注销方法常用的是 CRL。CRL 将申请注销的证书以链表形式组织并在 PKI 中发布和传播。由于证书注销信息在 PKI 中传播需要一段时间，若攻击者可以避免被注销进程锁定，则攻击者即攻破了 PKI 的注销机制，用户仍可以用被某个 CA 注销的证书进行非法访问。

2. 针对证书持有者态度的攻击

这类攻击源于证书持有者的消极态度，如盲目签名、证书持有者长时间不用证书、私钥可能泄漏时不及时申请注销证书等情况给攻击者留下了可乘之机和时间。

3. 针对定制协议的攻击

在 PKI 中，协议的安全和完善是至关重要的，它是 PKI 的安全基石。然而，即使是安全的协议，也可能被攻击者利用。定制协议攻击是通过定制一个协议并用它来与安全协议进行交互，从而影响安全协议产生可以利用的消息。这类攻击多是针对公钥的认证协议进行的，其条件是 PKI 中允许多个协议使用同一个公钥，这时可用定制协议来影响安全协议，用安全协议产生的信息来冒充某个参与者从而成功完成协议。

定制协议攻击在本质上是利用多个协议间的交互来实现的，避免此类攻击的基本原则是在某个密钥被使用时，在产生的消息和消息标识符之间实施一个密码绑定，从而保证一个协议中的消息不能被另一个协议中的某些消息替代。

7.2.5 PKI 体系在电子商务安全方面应用评价

1. PKI 体系结构的安全性分析

PKI 体系的安全性依赖于公钥技术的安全性，公钥体制是建立在一些难解的数学问题之上的，如大数分解、离散对数等问题。从目前市场上广泛使用的 1024 位的 RSA 公开密钥算法来说，它被破解的可能性是微乎其微的。然而它的安全性受到了计算机计算能力的发展和数学的发展两方面的挑战，根据摩尔定律的描述，计算机计算能力每隔 18 月就要翻一番，到 2020 年，计算能力将达到每秒两万万亿次。数学的飞速发展也直接威胁着现行的公钥体制，如大数分解算法，特殊数域筛选法比一般数域筛选法快了成千上万倍，1999 年，科学家们成功地分解了 512 位的合数，这些都直接威胁着公钥的安全。

PKI 将公钥证书与其拥有者的身份绑定在一起，但这种绑定关系并不等于信任关系。一方面，PKI 并不能保证私钥是绝对安全的。在 Internet 环境中，私钥很容易受到各种恶意代码的攻击，私钥很容易在用户不知晓的情况下泄露。同时，一般情况下私钥使用口令保护存储在智能卡或其他载体中，而口令本身可能是不安全的。另一方面，PKI 也不能保证数字证书的验证装置是安全的，非法的证书可能冒充合法证书，而合法证书可能被拒绝。

2. PKI 的互操作性和扩展性问题

互操作性和可扩展性是对 PKI 的一个基本要求。如果来自不同厂商的两家 CA 要进行互操作，问题要复杂得多，由于 X.509 标准中没有对使用的证书格式和扩展进行规定，以保证互操作性，所以需要进行修改，在证书扩展中，如果一家公司的 CA 关键信息上使用了另一家 CA 不支持的扩展，整个 PKI 可能需要被重新设计，而这是一个非常耗时并且费用昂贵的过程。

3. 我国 PKI 应用环境的建设问题

PKI 的应用和发展除了依赖于技术因素之外，还必须有一个良好的应用和运行环境，包括 PKI 相关法律体系、协调机制和相关政策的建立与完善。

首先，我国电子商务相关的配套法律体系还不完善。基于 PKI 体系结构的电子商务交易问题，涉及到许多相关的法律问题，包括电子证书使用的法律有效性或者能否作为交易纠纷的证据，认证管理中心所应担负的责任，如认证管理中心核发以及存储电子证书的过程是否具有足够的安全度，是否妥善保护电子证书使用者的隐私等。其次，PKI 的协调机制还不完善。PKI 建设属于基础设施建设，需要有一个跨部门的机构和组织来协调这一工作。如美国成立了联邦公钥基础设施指导委员会以指导、协调 PKI 的发展和实施，其具体任务包括确定联邦政府对 PKI 的需求，建议有关联邦 PKI 的策略、标准和指南，为密钥恢复提供指导和监督，提出 PKI

产品、协议的安全和互操作要求等。再次，相关政策和标准还不完善。在电子商务 PKI 建设中，需要有统一的规划、策略和标准，作为基础设施，它必须具有广泛适应性、互操作性、安全性、透明性和可使用性。以上这些问题严重制约了我国 PKI 体系结构的建设和电子商务的发展。

我国的电子商务近年来发展很快，但是有关的安全保障还未建立起来。为此，我们必须加快有关的电子商务安全系统。而且，针对电子商务无国界的特点，我们还应该加强国际合作，使电子商务真正发挥其应有的作用。唯有如此，我们才能顺应时代潮流，推动我国经济的发展，也唯有如此，我们才能在经济全球化的今天，参与到国际竞争中去，并进而赢得竞争的优势。PKI 不失为一个保证网络安全的非常合理和有效的解决方案。利用 PKI 作为电子商务的安全基础平台、使用 PKI 发布的数字证书实现在线交易所必须的认证和加密功能，必将成为实现安全电子商务的主要发展方向。

7.3 PKI 在电子政务中的应用

电子政务（E-Government）是指政府运用现代计算机和网络技术，将其承担的公共管理和服务职能转移到网络上进行，同时实现政府组织结构和工作流程的重组优化，超越时间、空间和部门分隔的制约，向社会提供高效优质、规范透明和全方位的管理与服务。电子政务是一种新型的政府管理模式，它为信息时代的政府治理提供了较好的范式。信息时代的政府要勇于学习各种新的信息技术，善于用新的信息技术来实现科学执政、民主执政、依法执政。

随着电子政务的发展，电子政务的信息安全越来越受到社会的关注，它已成为我国政府必须认真对待和解决的重要课题。电子政务信息安全内容主要包括：① 真实性：保证用户所申明的身份和传输的信息是真实的。②完整性：保证信息不被破坏，防止信息在传递和存储过程中发生不被确认的改变。③可控性：能根据用户身份的不同来控制对信息资源的访问权限。④机密性：保证信息不被非授权泄露，包括存储和传输机密性。⑤确认性：建立责任机制，使任何实体为其对信息所进行的任何操作承担责任。

近年来，电子政务在各国政府的实际工作中已发挥越来越重要的作用。然而，电子政务在给政府和社会带来高效率和友好服务的同时，也带来了威胁、风险和责任。为了保障政府的管理和服务职能的有效实现，必须建立电子政务安全系统。电子政务系统中的安全体系涉及到物理安全、网络安全、信息安全以及安全管理等多方面。

7.3.1 电子政务的安全

电子政务是应用现代化的电子信息技术和管理理论，对传统政务进行持续不断地革新和改善，以实现高效率的政府管理和服务。其内容十分广泛，可主要包括 G2G、G2B、G2C。

电子政务系统信息安全的宗旨就是在于充分考虑信息安全风险的前提下，确保政府部门能借助系统有效完成法律所赋予的政府职能。电子政务系统必须实现如下的信息安全目标：①

可用性目标，即确保电子政务系统有效率地运转并使授权用户得到所需信息服务。②完整性目标，包括数据完整性和系统完整性。③保密性目标，指不向非授权个人和部门暴露私有或者保密信息。④可记账性目标，指电子政务系统能如实记录一个实体的全部行为。⑤保障性目标，是电子政务系统信息安全的信任基础。

电子政务信息系统的安全取决于特定社会环境、技术环境和物理自然环境等安全环境。

社会环境的威胁主体是个人、组织和国家三个层次。具体攻击手段主要有：

①正常服务中断、停止，即通过破坏系统中的硬件、物理线路、软件以达到攻击系统的可用性的目的。

②篡改数据，即通过删改、增加、修改系统中数据内容，修改消息次序、时间以达到攻击系统的完整性的目的。

③非授权用户窃取，即非授权用户企图获取保密资料，攻击系统的机密性。

④伪造，即假冒通信一方身份发送信息，攻击系统的真实性。

以上存在的安全问题，在很大程度上来源于信息系统技术上和管理上的缺陷。典型的缺陷和安全隐患有：

①缺陷或漏洞：指信息系统中各组成部分和整个网络在初期设计进程中，由于开发人员自身的素质与设计疏忽导致可供攻击者开发利用。

②后门：指在初期开发系统过程中，开发人员为了便于后期维护在各种软硬件中有意或无意中留下的可供获得软硬件设备标识信息或进入系统的控制信息的特殊代码。

③物理自然环境恶化：指系统物理基础的支持能力下降或消失，包括电力供应不足或中断、电压波动、静电或强磁场的影响及自然灾害的发生等。

基于存在上述技术与物理安全环境的威胁和缺陷，电子政务在发展过程中，出现了很多安全问题，主要有：①网络安全域的划分和控制问题。②内部监控、审核问题。③电子政务的信任体系问题。④数字签名问题。⑤电子政务的灾难响应和应急处理问题。

只有解决了这些问题，才能使我国电子政务进程平稳前进，真正为强国富民发挥应有的作用。

在最近几年中，关于政府服务和活动的重要信息已经逐渐地可以从因特网上获得。随着电子政务的迅速发展，将使政府机构的运作方式有所变化。正在寻求电子政务如何去促进公众以及商业活动与政府之间的交互，并通过对 IT 资源的应用来提高政府的办事效率和效力。然而，电子政务被期望能够包括更多的服务，而不仅是信息的电子发布，它还应包括政府部门所提供服务的在线应用，如文件的归档和应用、税务的征收以及商品的采购等。

但是要改善由电子政务提供的服务，同时也必须面临某些威胁、风险和不利条件，许多这样的服务涉及将敏感的个人信息通过网络进行电子交换。敏感的信息和事务处理可能会需要更大的安全保证，信息安全已成为电子政务中的焦点问题之一。

由此可见，电子政务系统迫切需要建立能够解决信息资源安全的可行性方案，为政务活动建立安全平台。目前，唯一能够全面解决信息资源安全问题的可行性方案是公开密钥基础设施，即 PKI 技术。

原有的单密钥加密技术采用对称加密算法，采用此算法的加密技术如果用于网络传输中的数据会不可避免地出现安全漏洞。而 PKI 采用非对称加密算法，即由原文加密成密文的密钥不同于由密文解密为原文的密钥，以避免第三方获取密钥后将密文解密。PKI 体制克服了网络信息系统密匙管理的困难，同时解决了数字签名问题，并可用于身份认证，可以较好地解决电子政务信息的安全传输问题。

电子政务安全中涉及到的数字证书认证中心 CA、审核注册中心 RA、密钥管理中心 KM 都是组成 PKI 的关键组件，PKI 通过管理密钥和证书，为用户建立了一个安全的网络运行环境。

7.3.2 PKI 在电子政务中的安全解决方案

电子政务的实施使得政府事务变得公开、高效、透明、廉洁和信息共享，与此同时，也使得政务信息系统安全问题更加突出和严重，影响电子政务信息系统功能的发挥，甚至对政府部门和社会公众产生危害，严重的还将对国家信息安全乃至国家安全产生威胁。因此，建立安全策略是电子政务实施中的重要环节。

鉴于电子政务是政府内部部门之间、跨部门、以及政府部门与企业或个人的交互模式，具有类似申报和审批事务时交换信息的身份认证和保密要求，其在线方式需要有一个坚固可靠、安全、可管理的安全平台。因此传统的限制外界访问重要信息和资源的安全系统已无法满足，电子政务需要一种经授权后即可访问政府机关的资源和应用软件的安全体制。无论它们是电子化申请/注册，还是在线公务以及电子化政策的制定，都需要引入保密性、完整性、不可否认性和鉴权性。为了达到这个目的，构建 PKI 是目前一个较好的选择。在 PKI 中，公钥证书将保证数据的不可否认性和鉴权性；公钥/私钥的交叉使用将保证数据的机密性；数字签名将保证数据的完整性、不可否认性。因此，PKI 技术正在越来越多地被运用到电子政务应用中去。

根据电子政务的安全需求特点，可有如下基于 PKI 的安全解决方案：

1. 身份认证服务

目前在网络中比较常用的是基于口令的认证方式，这是一种弱认证方式，口令在网络传输的过程中极易被窃取和破译，不适用于安全性较高的场合，而且其认证是单向的，浏览器不能对服务器进行认证。安全电子政务系统通过使用由可信证书机构（CA）颁发的数字证书，结合对应的私钥，完成对实体的单向或双向身份认证，克服了传统的口令认证的弊端，可大大提高身份认证的安全水平。

2. 信息保密性服务和数据完整性服务

传输在网络上的敏感、机密信息和数据有可能在传输过程中被非法用户截取或恶意篡改，安全电子政务系统使用 PKI 技术来提供信息保密服务和数据完整性服务，保证交互信息的机密性和数据的完整性。一般系统由客户端和服务器端两部分组成，客户端和服务器端分别与浏览器和 Web 服务器协同工作，它们之间通过互相验证数字证书建立安全数据通道，通过 PKI 体系下的高强度加密技术，对敏感信息进行加密和解密，并进行完整性检验。

3. 不可否认服务

在电子政务中，要真正实行无纸化办公，很重要的一点是实现电子公文的流转，而在这期间，数字签名的使用非常重要。通过为客户端安全软件和服务器端安全软件增加数字签名功能可提供不可否认服务。被签名的文件是用户用自己的私钥对原始数据的哈希摘要进行加密所得的数据，信息接收者使用信息发送者的公钥对附在原始信息后的数字签名进行解密后获得哈希摘要，并通过与自己用收到的原始数据产生的哈希摘要对照，便可确信原始信息是否被篡改。

因为 PKI 技术是基于公钥密码体制的，它适用于无边界、无中心、用户间平等但不可信的 Internet 开放式网络环境中。而涉密网是一个封闭的、用户间可信但不平等的环境，利用对称密码体制就可以维持涉密系统的稳定性、可靠性和有效性，它对公钥密码体制的需求并不明显。因此，目前在我国的涉密网络中，对 PKI 技术的应用应该认真对待、积极研究并慎重实施。

7.4 PKI 在网上证券中的应用

7.4.1 网上证券概述

网上证券交易以其成本低、效率高的优势快速发展，已成为各国金融市场的主要交易手段。与一般电子商务不同的是，网上证券交易实时进行，涉及金额巨大，参与人数众多，安全问题尤其突出，在线证券交易过程中，各交易实体间的信息传递面临的安全威胁主要有，信息被窃取、篡改，身份被假冒和交易行为被否认等。

安全的网上证券交易必须保证以下 4 点：

①身份认证：使通信双方就是其所声明的那一方，证券公司的服务器需要认证客户端，客户也要认证服务器，要有双向认证的机制。方便而可靠地确认对方身份是交易的前提。

②数据保密性：在线证券交易是建立在一个开放的网络环境上的，要传送的交易数据需要加密传送，不能被非授权的第三方窃取，而导致信息泄漏，给证券交易方带来经济损失。

③数据完整性：确保通信数据在传输过程中没有被篡改，数据传输中信息的丢失、重复或次序差异、被篡改都可能导致证券交易信息的差异，从而影响证券交易各方信息的完整性。

④不可抵赖性：网上证券交易要求系统具备审查能力，以杜绝系统任何一方的抵赖行为。

现有的网上证券系统，不管是采用 Web 还是客户端软件形式，大多仅仅部署了 SSL 证书，在安全上这是很不够的；其次，很多证券公司的交易系统是使用证券公司的自签证书，没有使用公认的第三方 CA 提供的数字证书，也没有证书撤销列表（CRL），这样非常不安全；第三，大多数证券公司的网上交易系统采用“用户名+密码”的认证方式，没有采用客户端证书+USB Key 的方式来实现强身份认证来确保客户账户的安全。

随着客户对证券交易便利性和快捷性需求的日益增加，网上证券交易已成为大势所趋。因此许多证券公司与银行合作，将资源高效整合，合理分配，实现优势互补。网上证券是指投资者利用互联网委托下单，实现实时交易。网上证券交易包含网上炒股和网上银证转账等内容，涉及股民、交易所、银行三方。通过数字证书进行加密和签名，在实现交易资金实时划转的同时，还能够有效保障网上交易数据传输的机密性、完整性和不可否认性。目前已有多家证券公司和基金管理公司在其网上证券交易系统中采用了 CA 数字证书进行网上交易的身份认证和加密数据传输。

7.4.2 PKI 在网上证券的组成

1. 系统结构

在实际应用中，各证券公司实际的网络环境可能各有不同，但是总体方案的实现主要包含四个系统，分别是 CA 证书签发中心、CA 分布式管理中心、服务器、RA 证书注册中心，如图 7-8 所示。

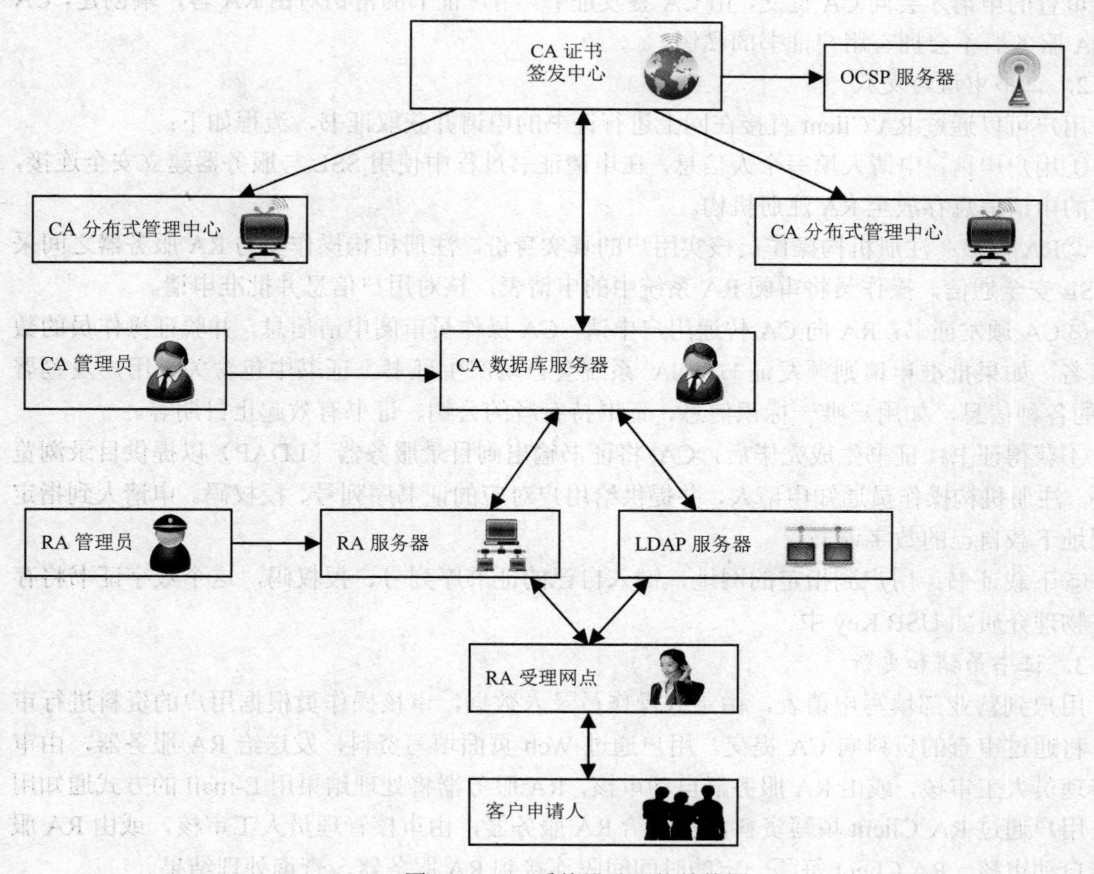

图 7-8　PKI 系统设计网络结构图

（1）CA 证书签发中心：是 CA 系统的核心部分，向外围系统提供证书签发、证书吊销、证书更新、证书状态查询等服务，定期发行 CRL，制定证书发行策略，管理外围系统的操作权限和操作员的远程登录，记录详细的操作日志，备份并在异常时恢复系统数据。

（2）CA 分布式管理中心：是 CA 服务器的管理界面，系统管理员可以通过 CA 管理器远程登录到 CA 服务器配置系统，进行各项管理操作。操作员只能使用它创建、签发、吊销证书。CA 管理器提供友好的操作界面，方便了操作员对系统的使用和维护。

（3）服务器：服务器响应应用系统查询证书状态的请求，将格式正确的请求数据转往 CA 服务器进行状态查询，确定证书是否是本 CA 签发的、是否已被吊销，并将结果返回给应用系统。OCSP 服务器和 CA 服务器通过网络进行连接，为保证在网络故障时 OCSP 服务器也可以提供证书状态查询服务，OCSP 服务器在本地保存了已吊销的证书数据信息。

（4）RA 证书注册中心：系统负责对提交了证书申请的用户真实身份进行审查，只有通过了审查的申请才会向 CA 提交，由 CA 签发证书。用户证书的密钥对由 RA 客户端创建，CA 和 RA 服务器不会拥有用户证书的私钥。

2. 证书申请与发放

用户可以通过 RA Client 直接在网上进行证书的申请并获取证书，流程如下：

①用户申请：申请人填写个人信息，在申请证书过程中使用 SSL 与服务器建立安全连接，用户的申请信息存放至 RA 注册机构。

②RA 审核：注册机构操作员核实用户的真实身份。注册机构操作员与 RA 服务器之间采用 SSL 安全通信，操作员将审阅 RA 系统中的申请表，核对用户信息并批准申请。

③CA 颁发证书：RA 向 CA 传递用户申请，CA 操作员审阅申请信息，并验证操作员的数字签名，如果批准申请则颁发证书，CA 系统会自动产生证书。证书中包含关于用户及签署 CA 的各种信息，如用户唯一标识信息、证书持有者的公钥、证书有效起止日期等。

④获得证书：证书生成完毕后，CA 将证书输出到目录服务器（LDAP）以提供目录浏览服务。注册机构操作员通知申请人，并提供给用户对应的证书序列号、授权码。申请人到指定的网址下载自己的数字证书。

⑤下载证书：用户到指定的网址，键入自己的证书序列号、授权码，这个数字证书将存储在物理介质如 USB Key 中。

3. 证书吊销和更新

用户到营业部填写申请表，由录入操作员录入数据，审核操作员根据用户的资料进行审查，将通过审查的资料向 CA 提交。用户通过 Web 页面填写资料，发送给 RA 服务器，由审核管理员人工审核，或由 RA 服务器自动审核，RA 服务器将处理结果用 E-mail 的方式通知用户。用户通过 RA Client 填写资料，发送给 RA 服务器，由审核管理员人工审核，或由 RA 服务器自动审核，RA Client 每隔一定的时间间隔连接到 RA 服务器，查询处理结果。

7.4.3 网上证券银证通业务实时交易数据的 PKI 签名实施方案

网上证券业务的主要风险来源于数据安全和系统本身的可靠性，因此网上交易系统的安全必须包括：网络系统安全、交易数据传输安全、应用系统的实时监控等。但交易数据的安全性是网上证券交易中最重要的一个环节，其安全性的设计要保证数据传输的保密性、完整性、真实性和不可抵赖性。采用 SSL/SET 等安全传输机制和基于 PKI 的安全认证机制，可以有效地满足网上证券交易系统的安全保证。

1. 网上银证通业务签名加密的 PKI 认证设计

在网上银行的银证通业务系统中，网银客户将证券公司作为可信机构，并不需要第三方信任机构的参与。因此为了解决保密通信双方在进行通信前协商产生会话密钥的问题，可以为证券公司的网上交易系统建立自己的“认证机构 CA”，并生成相应的证书，而每位网银客户在进行银证通交易时，从认证机构 CA 获取其生成的数字证书，进行双向认证。同时，银证通业务可以采取在 TCP 层上实现 SSL（安全套接层）协议，用于提高应用程序之间的数据安全，达到客户和交易服务器的合法性认证、加密数据以隐藏方式被传送和保护数据完整性的安全目的。

因此，在网上银证通交易中利用 PKI 进行交易的签名加密，应先完成如下证书申请和签发过程：

（1）用户向 CA 申请数字证书。申请人首先下载 CA 根证书，然后在申请证书过程中使用 SSL 与服务器建立连接，填写个人信息。客户浏览器自动生成密钥对，并将私钥用口令保护后保存在客户端的特定文件中。客户端浏览器同时将公钥和个人信息提交，客户的申请信息存放至 RA 注册机构。

（2）注册机构审核。注册机构操作员确认客户申请人身份，同时 RA 系统对操作员进行严格的身份认证后，由操作员审阅 RA 系统中的客户申请表，并加以批准。

（3）认证系统 CA 颁发证书。RA 向 CA 传送审批后的客户申请，CA 操作员审阅申请信息，如果批准，则由 CA 系统捆绑客户公钥和其个人信息，产生客户数字证书。

（4）下载获得有效数字证书。CA 将生成的客户数字证书输出到目录服务器以提供目录浏览服务，并由注册机构 RA 提供给客户申请人对应的证书序列号和授权码。申请人到指定的网址下载自己的数字证书，并用保存的私钥进行验证。正确的数字证书一般下载到物理介质 USB Key 中保存。

网上银证通业务签名加密的 PKI 认证设计如图 7-9 所示。

2. 网上证券交易签名加密的实现方案

网上证券服务中，目前银行推出用储蓄存折（或银行卡）直接同指定证券公司的交易系统进行资金的互划和股票的买卖，因此方案的实施需要网上银行系统和指定证券公司的交易系统相互协作，共同完成。

本方案中，银行网点为客户办理储蓄存折（或银行卡）作为客户的资金账户，同时为客户开通网上银行服务。指定证券公司的交易系统采用目前成熟的J2EE架构作为交易平台，安全、便捷地支持折（或卡）的网上证券交易，其网上交易系统主要包括网上交易业务处理系统和支付网关。

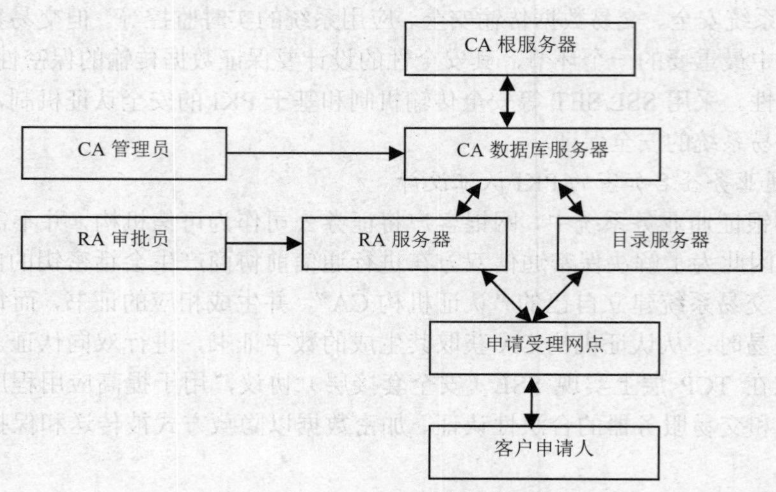

图 7-9　PKI 系统的认证设计

网银客户登录网上银行，选择“网上证券”服务，在证券交易时间内开始进行股票买卖交易。在网银客户端和指定证券公司的网上交易系统双向认证后，客户端采用基于 PKI 的数字签名技术将实时证券交易数据签名加密，传送到证券的网上交易业务系统进行交易数据的验证。然后，证券公司将划款指令由支付网关传送到银行，通过银行的金融虚拟专用网（VPN）将相应款项从客户的银行账户划转到指定证券公司的账户。

网上证券交易数据的签名加密和验证过程如图 7-10 所示。

3. *方案的安全性分析*

本方案将 PKI/CA 技术运用于网银的网上证券交易业务，采用了安全认证服务器证书，实现了双向认证，以确保网上银行客户端和证券交易业务系统的真实性和唯一性，防止了伪造攻击。首先，利用对称密码技术将证券交易数据加密，然后使用公钥算法将对称密码密钥加密再传送的数字签名技术，实现交易数据的机密性，防止了对交易数据的截取和篡改攻击，保证了交易双方的不可抵赖性。其次，由网上银行客户端自己产生临时对称密钥，不重复使用，最大程度降低了密钥的泄露概率。因此，PKI/CA 体系从技术上保证了加密密钥的安全和证券交易数据的真实性、完整性和不可抵赖性。

网上银行服务系统要求很强的安全性，因此需要目前最为成熟的 PKI 技术的支持，以实现身份认证、数据加密和数字签名，保证网上信息传送和网上结算交易的机密性、真实性、完整性和不可抵赖性。将 PKI/CA 体系应用于网银的网上证券交易业务，是 PKI 体系和网上银行应用服务的安全需求的又一次完美结合。

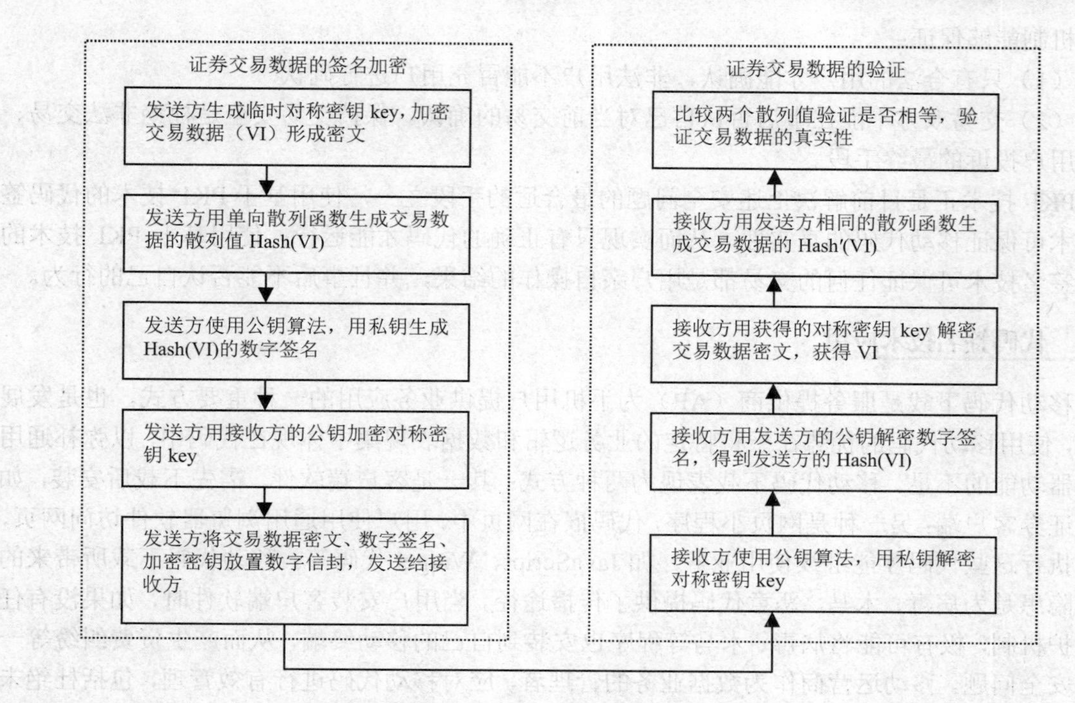

图 7-10 银证通交易数据的签名和验证实现

（其中：网上银行客户端为发送方，指定证券公司的证券业务交易系统为接收方）

7.5 PKI 在移动数据业务中的应用

随着移动通信市场的扩大和新技术手段的不断涌现，用户对移动通信的需求已从基本的话音通信逐步拓展为对移动数据业务的全面需求，数据业务收入在移动运营商总收入中的比例也在不断增长。但是，多方参与的服务模式和移动终端的敏感性使得安全问题越来越复杂。运营商在大力发展移动数据业务的时候，需要认真分析这些安全威胁，采取必要的安全措施，从而将自身的业务风险控制在可接受范围内。

移动数据业务很多安全问题都发生在用户侧，而用户侧安全的核心是终端安全和交易安全。终端安全即是要保护移动终端免受病毒、木马、恶意代码等攻击，为用户提供一个安全的客户端操作环境。在移动数据业务中，为了获得良好的用户体验，移动代码下载在所难免，而这些移动代码往往为病毒、木马、恶意代码等程序的传播提供了便利途径。要保证终端安全，必须建立一种可靠的机制，使得只有可信的代码才能传播、运行，不可靠的代码则不能在终端运行。

交易安全是指用户在移动数据业务中进行的任何交易行为，都有有效的确认机制，这种确认机制能够保证：

（1）只有合法的用户才能确认，非法用户不能冒充用户进行确认。

（2）交易双方不能在事后否认自己对当前交易的确认。保护交易安全是杜绝非法交易、避免用户投诉的最终手段。

PKI 技术正是目前解决上述安全问题的最合适的手段之一，使用基于 PKI 技术的代码签名技术可保证移动代码的真实性，从而实现只有正确的代码才能运行；使用基于 PKI 技术的移动签名技术可保证任何的交易都是用户亲自操作的结果，并且事后不能否认自己的行为。

7.5.1 代码签名技术应用

移动代码下载是服务提供商（AP）为手机用户提供业务应用的一种重要方式，也是发展趋势，使用移动代码的优势在于将特定的业务逻辑和数据表现集中体现在代码中，以弥补通用浏览器功能的不足。移动代码下载表现为两种方式：其一是客户端软件，需先下载后安装，如手机证券客户端；另一种是网页小程序，代码嵌在网页中，用户使用通用浏览器软件访问网页，只有执行这些代码才能继续使用业务，如 JavaScript、Widget 代码等。移动代码下载所带来的安全隐患是为病毒、木马、恶意代码提供了传播途径。当用户安装客户端软件时，如果没有任何保护机制，极有可能将病毒、木马等程序也安装到自己的移动终端，从而产生资费纠纷等一系列安全问题。移动运营商作为数据业务的管理者，应对移动代码进行有效管理，包括杜绝未经用户许可的服务发起及付费；控制可能导致用户对运营商投诉的终端行为；保护用户的私有数据；禁止未经鉴权的隐藏的自动运行程序以及远程控制程序。为保护移动运营商和用户的利益，应建立移动代码测试、认证机制，并采用代码签名技术对经过审核的代码进行签名，以保证只有正确的代码才能进行下载、安装和执行，如图 7-11 所示。

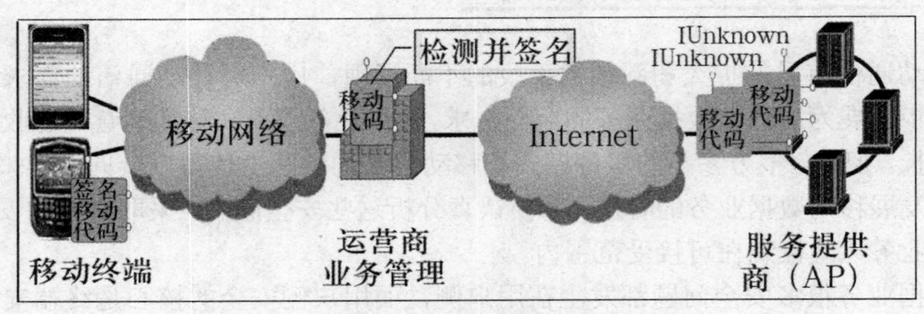

图 7-11 代码签名示意图

代码签名的具体操作流程如下。

（1）AP 将自己需要在移动终端运行的代码（如客户端、小程序）提交给移动运营商的专门业务管理机构。

（2）业务管理机构对代码进行检测，确保代码没有病毒、木马等程序，也没有恶意行为。

（3）运营商对检测后的代码通过 PKI 系统进行证书签名，并将代码发布到指定的代码下载区或返还给 AP。

（4）用户下载并安装代码，开始使用数据业务。通过移动代码测试，保证应用软件的安全性，提升应用软件质量，保证端到端业务成功率；通过认证，对应用软件进行掌控，为正常应用提供全面服务，控制竞争性应用，消除恶意应用；通过证书签名，建立追踪体系，对终端软件的安全性和质量进行把控，能够有效控制市场上的终端应用软件。

目前各个运营商已经开展了大量的数据业务，在建成 PKI 系统后，应考虑采用 PKI 系统提供代码签名技术对移动数据业务软件进行保护，对于中国移动来说，可考虑在以下软件中采用此技术进行保护：

（1）独立客户端软件，如 PushMail 客户端、无线音乐客户端等。

（2）MM 客户端以及在该客户端中能够下载的应用软件。

（3）移动 Widget 客户端引擎及 Widget。

（4）需要在由中国移动主导创新的 OPhone 平台中运行的第三方软件。

（5）KJava 平台下需要在运营商域运行的 Java 代码。

7.5.2 移动签名技术应用

移动数据业务的核心是在广大用户感受到便利或娱乐的同时，业务提供者要盈利，所以电子交易是移动数据业务中不可或缺的环节，比如用户购买一首音乐或物品时的确认、在证券或银行业务中的转账操作。电子交易是数据业务流中的关键操作，需要一种有效的确认机制来保证交易的安全，就如同在现实世界中以用户的签名作为用户确认的依据。有效的用户确认机制应满足三个条件：

（1）标识用户身份。

（2）表明用户对当前交易内容的认可。

（3）交易记录在事后可审计，双方无法否认自己的行为。

在当前的电子交易流程中，存在三种用户确认方式：用户直接单击确认、短信确认和电子签名。

（1）用户直接单击确认是指用户在使用业务过程中直接单击某个确认按钮就实现的确认方式，比如在当前的一些 WAP 业务中采用了这种方式。这种确认方式的安全性很弱，用户的身份是基于用户登录时的身份，很容易受到攻击。

（2）短信确认是指用户在进行交易时会收到一条提示短信，提示用户回复某字母或数字来完成交易，如当前的手机钱包业务中就是采用这种方式来实现确认的。这种方式可以标识用户身份并表示用户的认可，但交易记录不具备事后可审计性，用户可以在事后否认自己的行为，而交易记录无法提供不可否认的证据。

（3）电子签名是指用户在进行交易时，用自己的数字证书（对应的私钥）对交易数据进行签名，业务系统在验证用户的签名后再进行后续操作，当前很多网上银行的交易中采用了这种方式。电子签名方式具备有效用户确认机制的三个条件，并且受到我国电子签名法的保护。

可见，电子签名是当前最安全的确认方式，但在当前的电子签名实现方式中存在很大的局限性，即一张证书只能用于一个业务应用。为了能够在不同的业务中使用签名，用户不得不购买多张证书，这种方式极大阻碍了电子签名的推广使用。而采用移动签名技术，可以弥补当前电子签名实现方式中的缺陷，实现“一证多用”。

所谓“移动签名服务”是指基于 PKI 体系，利用移动设备中的私钥对任何业务应用中的交易数据进行签名的服务，从而实现用户对交易确认（认可、授权）。借助移动运营商的网络资源和号码资源，可以利用用户移动设备中的私钥，对任意的交易数据进行签名。以互联网交易为例，移动签名服务的实现流程如图 7-12 所示。

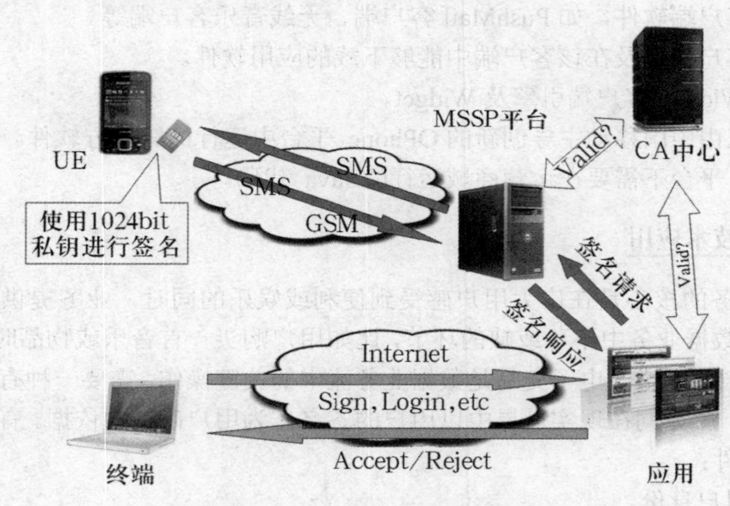

图 7-12　移动签名服务实现流程示意图

假设用户正在使用 PC 终端访问网络中的业务应用，当用户需要对交易数据进行签名时：

（1）应用先将交易数据发送给移动签名服务平台（Mobile Signature Service Platform，MSSP）。

（2）MSSP 再将其转发给用户的移动终端。

（3）用户在移动终端看到这些数据后，如果对内容认可，则用 SIM 卡内的私钥对数据进行签名。

（4）移动终端将签名结果返回给 MSSP。

（5）MSSP 再将签名返回给应用。

（6）应用收到用户的签名后，对签名进行验证，如果验证通过，则认为用户认可了交易内容，可以进行下一步操作，否则终止交易。

从上述流程可以看出，移动签名是一种与业务访问终端无关的服务，即与用户访问数据业务所使用终端无关。无论用户采用何种形式的终端来访问数据业务，如手机、PC、电视等，在进行交易确认时，都是通过自己的手机来完成的电子签名，既方便又安全。

7.6 PKI 应用的发展前景

PKI 似乎可以解决绝大多数网络安全问题，并初步形成了一套完整的解决方案，它是基于公开密钥理论和技术建立起来的安全体系，是提供信息安全服务的具有普适性的安全基础设施。该体系在统一的安全认证标准和规范基础上提供在线身份认证，是 CA 认证、数字证书、数字签名以及相关安全应用组件模块的集合。作为一种技术体系，PKI 可以作为支持认证、完整性、机密性和不可否认性的技术基础，从技术上解决网上身份认证、信息完整性和抗抵赖性等安全问题，为网络应用提供可靠的安全保障。

公钥基础设施（PKI）是信息安全基础设施的一个重要组成部分，是一种普遍适用的网络安全基础设施。数字证书认证中心 CA、审核注册中心 RA、密钥管理中心 KM 都是组成 PKI 的关键组件。作为提供信息安全服务的公共基础设施，PKI 是目前公认的保障网络社会安全的最佳体系。在我国，PKI 建设在几年前就已开始启动，截至目前，金融、政府、电信等部门已经建立了 30 多家 CA 认证中心。如何推广 PKI 应用，加强系统之间、部门之间、国家之间 PKI 体系的互通互联，已经成为目前 PKI 建设亟待解决的重要问题。

由于 PKI 体系结构是目前比较成熟、完善的 Internet 网络安全解决方案，国外的一些大的网络安全公司纷纷推出一系列的基于 PKI 的网络安全产品，如美国的 Verisign、IBM、Entrust 等安全产品供应商为用户提供了一系列的客户端和服务器端的安全产品，为电子商务的发展提供了安全保证，为电子商务、政府办公网、EDI 等提供了完整的网络安全解决方案。

随着 Internet 应用的不断普及和深入，政府部门需要 PKI 支持管理；商业企业内部、企业与企业之间、区域性服务网络、电子商务网站都需要 PKI 的技术和解决方案；大企业需要建立自己的 PKI 平台；小企业需要社会提供的商业性 PKI 服务。从发展趋势来看，PKI 的市场需求非常巨大，基于 PKI 的应用包括了许多内容，如 WWW 服务器和浏览器之间的通信、安全的电子邮件、电子数据交换、Internet 上的信用卡交易以及 VPN 等。因此，PKI 具有非常广阔的市场应用前景。

学习项目

7.7 项目一 使用手机银行进行移动支付

7.7.1 任务 1：手机银行功能的申请

实训目的：熟悉移动支付的原理、掌握建设银行手机银行申请的流程。

实训环境：具备网络条件的校内实训室。

●项目导读

1. 移动支付概述

移动支付也称为手机支付，就是允许用户使用其移动终端（通常是手机）对所消费的商品或服务进行账务支付的一种服务方式。单位或个人通过移动设备、互联网或者近距离传感直接或间接向银行金融机构发送支付指令产生货币支付与资金转移行为，从而实现移动支付功能。移动支付将终端设备、互联网、应用提供商以及金融机构相融合，为用户提供货币支付、缴费等金融业务。

移动支付主要分为近场支付和远程支付两种，所谓近场支付，就是用手机刷卡的方式坐车、买东西等，很便利。远程支付是指通过发送支付指令（如网银、电话银行、手机支付等）或借助支付工具（如通过邮寄、汇款）进行的支付方式，如掌中付推出的掌中电商、掌中充值、掌中视频等属于远程支付。目前支付标准不统一给相关的推广工作造成了很多困扰。移动支付标准的制定工作已经持续了三年多，主要是银联和中国移动两大阵营在比赛。

2. 移动支付业务

移动支付业务是由移动运营商、移动应用服务提供商（MASP）和金融机构共同推出的、构建在移动运营支撑系统上的一个移动数据增值业务应用。移动支付系统将为每个移动用户建立一个与其手机号码关联的支付账户，其功能相当于电子钱包，为移动用户提供了通过手机进行交易支付和身份认证的途径。用户通过拨打电话、发送短信或者使用 WAP 功能接入移动支付系统，移动支付系统将此次交易的要求传送给 MASP，由 MASP 确定此次交易的金额，并通过移动支付系统通知用户，在用户确认后，付费方式可通过多种途径实现，如直接转入银行、用户电话账单或者实时在专用预付账户上借记，这些都将由移动支付系统（或与用户和 MASP 开户银行的主机系统协作）来完成。

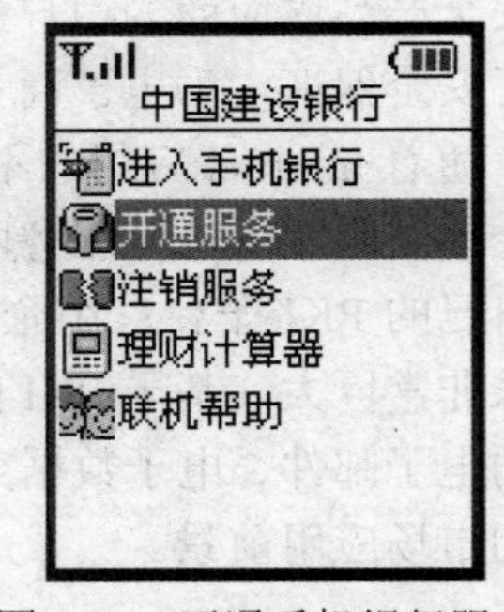

图 7-13　开通手机银行服务

●项目内容

第一步：开通手机银行服务。

客户想要使用手机银行，需先开通服务，开通成功后方可使用，如图 7-13 所示。

现在以打开网址http://ebank.ccb.com/cn/ebank/sjyh_products_list.html为例，按以下步骤操作：

（1）进入神奇宝典。

（2）选择建行手机银行。

（3）选择开通服务。

（4）阅读并接受建行手机银行服务协议。

（5）选择证件类型，输入证件号码。

（6）选择开户分行。

（7）输入账号和密码。

（8）输入姓名。

（9）输入开通服务的手机号码。

（10）设置手机银行登录密码。

（11）按“确定”键发送信息。

（12）系统验证无误后，发回开通服务成功信息。

操作界面如图 7-14 所示。

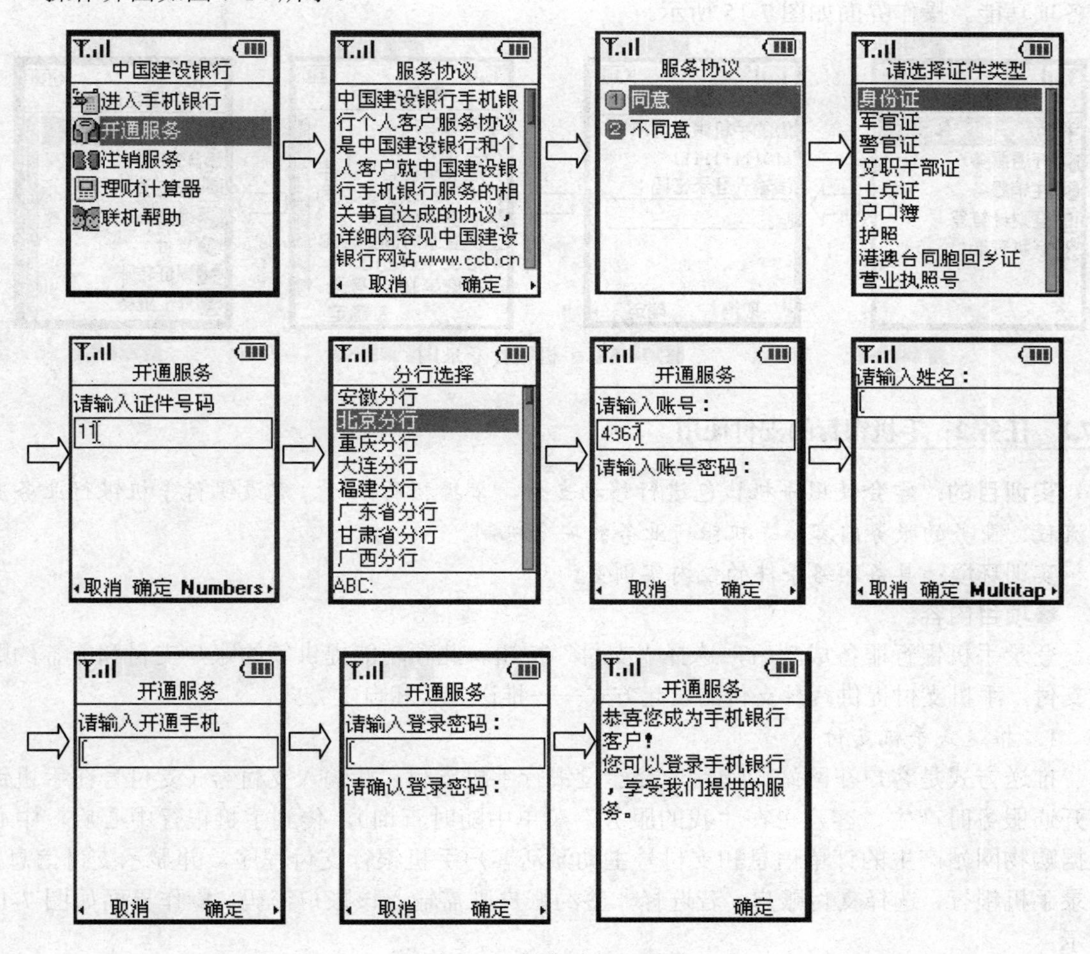

图 7-14　操作过程界面图

提示　（1）客户在开通服务流程中输入的手机号码必须和使用的手机号码相同。
（2）快捷选择分行：按分行第一个字拼音的第一个字母，可调到所在分行页面，如选择“广西分行”按“4”（G 是位于 4 键的第一个字母）键，“湖

南分行”按两次“4”键。

（3）输入密码时，手机银行系统自动转入数字、字母选择界面。当单击数字键“2”时，手机屏幕自动出现数字、字母。

第二步：手机银行登录

如果客户已开通服务，请选择“进入手机银行”，按提示输入登录密码（除使用手机自助开通服务以外，初次登录手机银行时系统还将提示输入客户号），登录成功后方可使用手机银行各项功能。操作界面如图 7-15 所示。

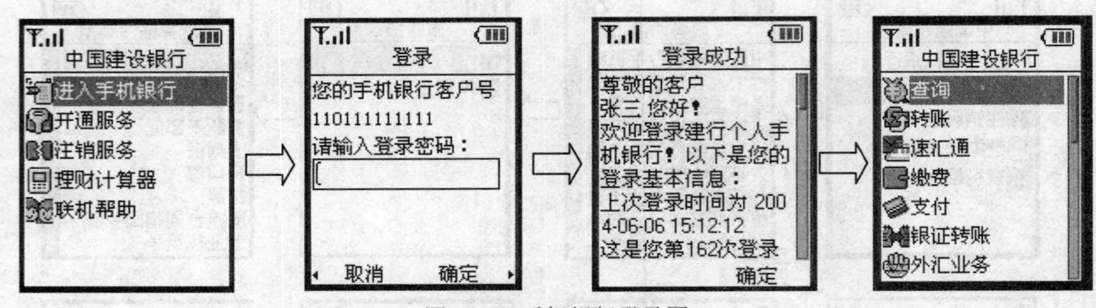

图 7-15 手机银行登录图

7.7.2 任务 2：手机银行的支付使用

实训目的：学会使用手机钱包进行移动支付，掌握招商银行、建设银行手机银行业务支付流程、业务的服务内容、手机银行业务的安全机制。

实训环境：具备网络条件的校内实训室。

●项目内容

登录手机银行服务成功后，选择“支付”按钮。此项功能提供签约账户支付和非签约账户支付，手机支付提供两种支付的发起方式——推送方式和自主方式。

1. 推送式手机支付

推送方式是客户在网站购物后选择建设银行手机支付，并输入支付号（支付号在手机银行开通服务时产生，客户可在“我的服务”菜单中随时查询），传到手机银行中心后，中心根据购物网站产生的订单信息和支付号主动激活客户手机银行支付程序，并显示支付信息，登录手机银行，选择支付账户，若选择非签约账户则需输入该账户密码。操作界面如图 7-16 所示。

2. 自主式手机支付

自主方式是客户主动发起的方式，即客户进入手机银行，选择“支付”菜单，输入已知的商户号和订单号，将信息发送到手机银行中心，中心根据商户号和订单号取得相关支付信息回送客户确认。操作界面如图 7-17 所示。

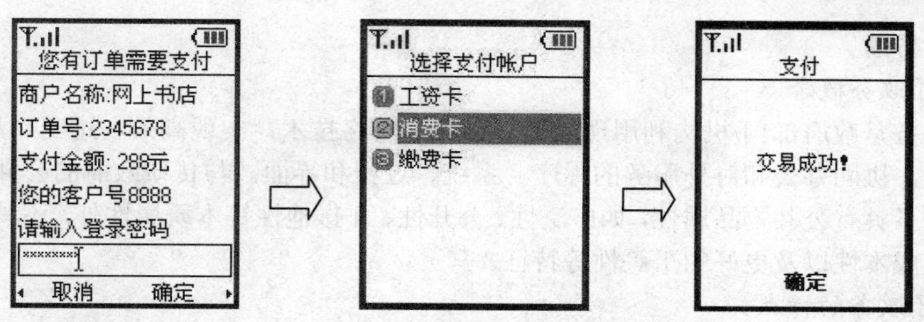

图 7-16　推送式手机支付界面图

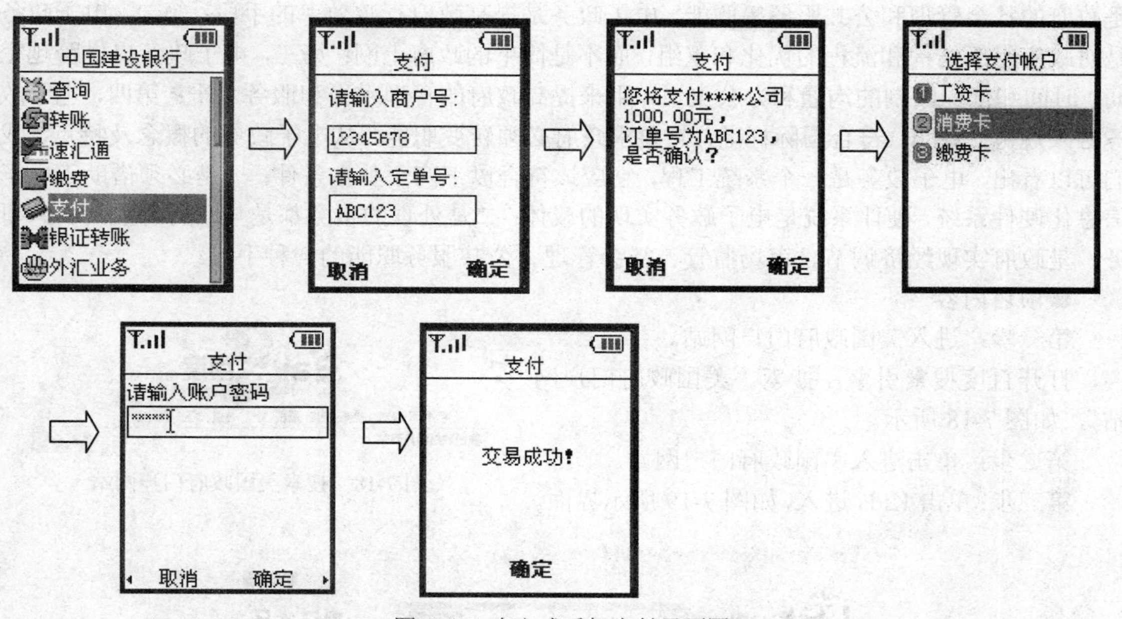

图 7-17　自主式手机支付界面图

提示　在支付流程中，若是非签约账户支付，系统自动提示输入账户密码。

7.8　项目二　国内外电子政务发展概况

7.8.1　任务 1：了解国外的电子政务发展状况

实训目的：了解国外电子政务发展状况及对我国发展电子政务的启示。

实训环境：具备网络条件的校内实训室。

●项目导读

1. 电子政务概念

电子政务是政府部门/机构利用现代信息科技和网络技术，实现高效、透明、规范的电子化内部办公，协同办公和对外服务的程序、系统、过程和界面。与传统政府的公共服务相比，电子政务除了具有公共物品属性，如广泛性、公开性、非排他性等本质属性外，还具有直接性、便捷性、低成本性以及更好的平等性等特征。

2. 电子政务的特点

电子政务的特点有以下几个方面，第一，在电子政务的概念中，核心内容是政务，也就是政府的社会管理和公共服务等职能，电子政务是提高政府行政效率的手段；第二，电子政务是对政府组织结构和流程的优化和重组，而不是简单的政府上网；第三，电子政务提供跨越空间、时间和部门限制的沟通和办公渠道，用来提高政府的管理水平和服务水平；第四，电子政务必须规范、透明，符合国际标准，它要求政府必须转变职能。从电子政务的概念及特点，我们可以看出，电子政务是一个系统工程，它应该符合以下两个基本条件：一是必须借助于电子信息化硬件系统，硬件系统是电子政务实现的载体；二是处理的事务都是与政府有关的公共事务，是政府实现经济调节、市场监管、社会管理、公共服务职能的一种手段。

●项目内容

第一步：进入美国政府门户网站。

打开百度搜索引擎，搜索“美国政府门户网站”，如图 7-18 所示。

图 7-18 搜索美国政府门户网站

第二步：单击进入美国政府门户网站。

第三步：单击 Kids 进入，如图 7-19 所示界面。

图 7-19 美国政府门户网站主页

第四步：浏览页面，如图 7-20 所示。

图 7-20 Kids 网页页面

第六步：搜索“加拿大政府门户网站”，如图 7-21 所示。

图 7-21 搜索加拿大政府门户网站

第七步：单击进入加拿大政府门户网站，如图 7-22 所示。

图 7-22 加拿大政府门户网站主页

第八步：单击 About Canada。

第九步：进入页面，单击 History 链接，浏览页面，如图 7-23 所示。

第十步：搜索“英国政府”门户网站，如图 7-24 所示。

第十一步：单击进入英国政府门户网站，如图 7-25 所示。

第十二步：单击打开 Job search。

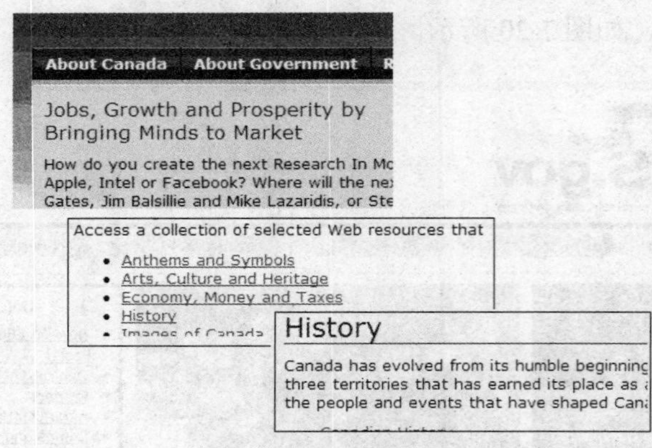

图 7-23　加拿大政府门户网站网页内容

图 7-24　搜索英国政府门户网站

第十二步：进入页面，浏览网页。

图 7-25　英国政府门户网站网页内容

7.8.2　任务 2：了解我国电子政务的发展状况

实训目的：了解江浙沪政府门户网站提供的政府电子服务的种类和作用，概括我国电子政务发展的现状。

实训环境：具备网络条件的校内实训室。

●项目内容

第一步：通过百度搜索进入江苏政府门户网站，如图 7-26 所示，该网站可以提供的政府电子服务的种类有经济、教育、就业、医疗、执法、法治、建设环保等。

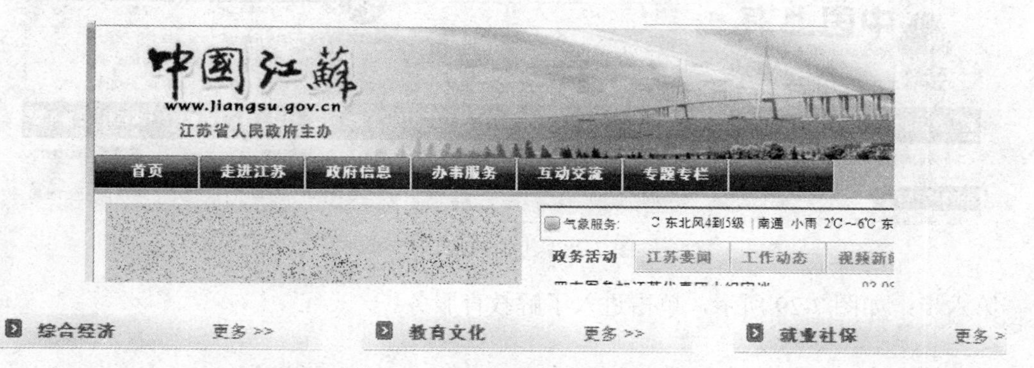

图 7-26　江苏政府门户网站

第二步：使用网站上的各种服务功能，进行深入了解。

第三步：通过百度搜索进入浙江政府门户网站，该网站可以提供的政府电子服务的种类有为个人、法人提供教育、文化、医疗、缴纳税收、人力资源等服务，还有生活资讯、链接导航服务等。

第四步：在门户网站上单击各种链接，可以通过网站更深入地了解本省的情况以及政府的政策等，如图 7-27 所示。

图 7-27　浙江政府门户网站

第五步：通过百度搜索进入上海政府门户网站，如图 7-28 所示，提供的政府电子服务种类有政府信息公开、微博、办事、互动平台、市长之窗，包括教育、社保、就业、医疗等服务。

图 7-28　上海政府门户网站

第六步：如图 7-29 所示，单击进入了解教育服务。

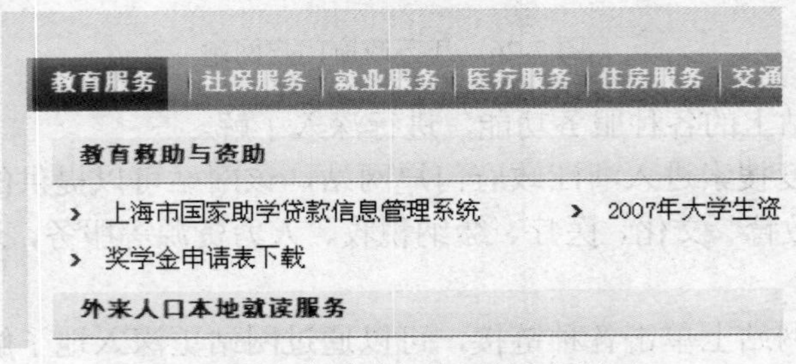

图 7-29　上海政府门户网站网页内容

知识巩固

一、选择题

1．电子交易协议是（　　）。

A．SET　　B．X.509　　C．PKCS　　D．SPKI

2．关于 PKI 技术所能解决的问题，以下所列错误的是（　　）。

A．通过加密解密技术来解决信息的保密性问题

B．通过签名技术来解决信息的不可抵赖性

C．能解决信息的完整性不被破坏

D．能提高并发情况下的 Web 服务器性能

二、判断题

1．IE 浏览器不支持 PKI。（　　）

2．CA 必须公开自己的公钥，用户才能验证其他订户证书的真实性。（　　）

3．利用 PKI 体系进行身份认证是一种先进和通行的身份认证手段，而且 PKI 体系除了能实现身份认证功能之外还能提供数据加密、数字签名等多种功能。（　　）

4．数字签名技术是网络环境中进行公文签发、项目审批等流程必不可少的技术手段。（　）

5．用户自己的密钥对，只能由自己生成。（　）

6．数据加密技术可以通过对电子文档进行数字签名，来保证文档不被篡改，一旦被篡改，可以马上检查出来。（　）

7．对文件进行数字签名和验证签名，一方面可以确认文件发送者的身份，另一方面可以保证文件的完整性且不被篡改。（　）

8．CA 认证作为信息安全基础设施之一，为互联网上用户身份的鉴别提供了重要手段。（　）。

参考答案

第 1 章

一、选择题

1．D　2．A　3．A　4．D　5．A

第 2 章

一、选择题

1．B　2．A　3．C　4．B　5．B

二、应用题

1．密文为：SUTJGEIGSKZUSK

2．密文为：NSNAHAZG NNESAIU VR CORE

3．n=35=5×7，e=5，则 d=1/5 mod 24=5，m= M = Cd mod n=5

因为 n 太小，p、q 两个素数太小，很容易猜出来。公钥体制建立在大数运算破解困难的基础上。

4．解：$n=p*q=119$

$\Phi(n)=(p-1)\times(q-1)=96$

$5d=k\times 96+1$

$d=77$

加密过程：

$C= M^e \bmod n=19^5 \bmod 119=66$

解密过程：

$M = C^d \bmod n =66^{77} \bmod 119=19$

5．n=3763=53×71，$\Phi(n)=(p-1)\times(q-1)$=3640，e=61，d=1/61 mod 3640=-179 mod 3640=3461

第 3 章

一、选择题

1．D　2．D　3．B　4．B　5．B

第4章

一、选择题

1．D　2．B　3．B　4．B　5．A　6．A　7．D　8．D　9．C　10．A

二、判断题

1．×　2．√　3．×　4．√　5．√

第5章

一、选择题

1．C　2．C　3．B　4．C　5．A　6．B　7．B　8．B

第6章

一、选择题

1．A　2．B　3．ABCD　4．ABCDE　5．AD

第7章

一、选择题

1．A　2．D

二、判断题

1．×　2．√　3．√　4．√　5．×　6．×　7．√　8．√